计算机系统基础

主　编　李瑞红　韩跃平　曹学飞
副主编　李　众　张　斌　朱云雷

北京理工大学出版社
BEIJING INSTITUTE OF TECHNOLOGY PRESS

内容简介

本书全面贯彻落实《普通高等学校本科专业类教学质量国家标准》，深入推进"双一流"建设，加快建设高水平本科教育，以培养应用型人才为目标，内容共 10 章，包括计算机各个部件的结构和工作原理及学习本课程必备的电子技术基础内容。本书注重介绍计算机的基本原理，按照自底向上的结构组织内容，融合华为鲲鹏芯片相关内容。每章配有习题及答案，以指导读者深入地进行学习。

本书既可作为软件工程及相关专业本科计算机系统基础及计算机组成原理学习的教材，也可供从事计算机相关工作的科技人员及各类自学人员参考。

版权专有　侵权必究

图书在版编目（CIP）数据

计算机系统基础 / 李瑞红，韩跃平，曹学飞主编. --北京：北京理工大学出版社，2023.12
ISBN 978-7-5763-3344-2

Ⅰ.①计… Ⅱ.①李… ②韩… ③曹… Ⅲ.①计算机系统 Ⅳ.①TP30

中国国家版本馆 CIP 数据核字（2024）第 031894 号

责任编辑： 李　薇　　　　**文案编辑：** 李　硕
责任校对： 刘亚男　　　　**责任印制：** 李志强

出版发行 /	北京理工大学出版社有限责任公司
社　　址 /	北京市丰台区四合庄路 6 号
邮　　编 /	100070
电　　话 /	（010）68914026（教材售后服务热线）
	（010）68944437（课件资源服务热线）
网　　址 /	http://www.bitpress.com.cn

版 印 次 /	2023 年 12 月第 1 版第 1 次印刷
印　　刷 /	河北盛世彩捷印刷有限公司
开　　本 /	787 mm×1092 mm　1/16
印　　张 /	16
字　　数 /	367 千字
定　　价 /	89.00 元

图书出现印装质量问题，请拨打售后服务热线，负责调换

前言

FOREWORD

"计算机系统基础"是软件工程专业的学科基础课程,也是计算机硬件课程,主要介绍计算机各大组成部件的工作原理及必要的逻辑电路知识。本书以培养应用型人才为目标,内容共10章,包括计算机各个部件的结构和工作原理及学习本课程必备的电子技术基础内容。本书注重计算机的基本原理,按照自底向上的结构组织内容,将鲲鹏知识点深度融合到课程的各个章节,如ARM架构的发展史、处理器、指令集、流水线等理论知识。作为CPU部分的补充,介绍Cache、RISC、流水线时,将鲲鹏处理器作为实例讲解。

本书通过"知识窗"栏目,融入我国关键技术、核心技术、高新技术等方面取得的成就,通过"拓展阅读"栏目,摘录习近平报告部分内容,让学生深刻领悟习近平新时代中国特色社会主义思想在"计算机系统基础"课程中的引领和创新作用,强化学生对现实社会关键技术、核心技术、高新技术认识与研究的创新思维,培养学生的理想信念、价值取向、政治信仰和社会责任等,从而提升学生的道路自信、理论自信、制度自信;把价值观培育和塑造"基因式"地融入课程,润物无声,立德树人。

本书内容的叙述通俗易懂、简明扼要,这样更有利于教师的教学和读者的自学。为了让读者能够在较短的时间内掌握本书的内容,及时地检查自己的学习效果,巩固和加深对所学知识的理解,每章后面均附有习题,并通过二维码形式给出了相应的习题参考答案。

本书参考学时为80学时,为加深理解还可以辅以相应的实验24学时。选用本书的院校可根据自己的培养方向和教学时数对内容进行取舍。

理论授课学时建议,第1章4学时,第2章24学时,第3章12学时,第4章12学时,第5章6学时,第6章4学时,第7章4学时,第8章6学时,第9章4学时,第10章4学时。实验学时建议,门电路4学时,组合逻辑电路4学时,触发器4学时,时序逻辑电路4学时,运算器2学时,存储器2学时,CPU及简单模型机设计4学时。

为了帮助教师使用本书进行教学工作,也便于学生自学,编者准备了教学辅导资源,包括各章的电子课件,需要者可联系北京理工大学出版社获取。

本书由李瑞红统稿,内容均由经验丰富的一线教师编写完成,其中第1章由中北大学李众编写,第2章由山西工学院韩跃平编写,第3、4章由中北大学李瑞红编写,

第5、6章由中北大学张斌编写，第7、8章由山西大学曹学飞编写，第9、10章由山西大学朱云雷编写。在编写过程中，得到了中北大学强彦教授的多次热情指导和帮助。华为鲲鹏楼梨华、王勒然为本书的编写提供了相关资料和帮助。在此一并表示感谢。

　　由于编者水平有限，书中难免存在疏漏和不足之处，恳请读者批评指正，以便于本书的修改和完善。如有问题，可以通过E-mail：liruihong@nuc.edu.cn与编者联系。

目 录
CONTENTS

第 1 章　计算机系统概论 ……………………………………………………………… (1)

　1.1　计算机系统简介 ……………………………………………………………… (2)

　　1.1.1　计算机的软硬件概念 …………………………………………………… (2)

　　1.1.2　计算机系统的层次结构 ………………………………………………… (2)

　　1.1.3　计算机组成和计算机体系结构 ………………………………………… (3)

　1.2　计算机硬件的主要性能指标 ………………………………………………… (4)

　　1.2.1　机器字长 ………………………………………………………………… (4)

　　1.2.2　存储容量 ………………………………………………………………… (4)

　　1.2.3　运算速度 ………………………………………………………………… (4)

　1.3　计算机的基本组成 …………………………………………………………… (5)

　　1.3.1　冯·诺依曼计算机的特点 ……………………………………………… (5)

　　1.3.2　计算机的硬件组成框图 ………………………………………………… (5)

　　1.3.3　计算机的工作过程 ……………………………………………………… (6)

　　1.3.4　哈佛结构 ………………………………………………………………… (8)

　　1.3.5　计算机体系结构的发展趋势 …………………………………………… (8)

　　1.3.6　鲲鹏处理器 ……………………………………………………………… (8)

　1.4　计算机的发展史 ……………………………………………………………… (10)

　关键词 ………………………………………………………………………………… (12)

　本章小结 ……………………………………………………………………………… (12)

　习题 1 ………………………………………………………………………………… (13)

第 2 章　计算机逻辑电路基础 ………………………………………………………… (15)

　2.1　逻辑代数基础 ………………………………………………………………… (16)

　　2.1.1　常用的数制和码制 ……………………………………………………… (16)

2.1.2 逻辑代数及运算规则 ………………………………………………………… (18)
2.1.3 逻辑函数的建立及其表示方法 ……………………………………………… (22)
2.1.4 逻辑函数的化简 ………………………………………………………………… (23)
2.2 逻辑门电路 ……………………………………………………………………………… (26)
2.2.1 门电路中半导体器件的开关特性 …………………………………………… (26)
2.2.2 常用门电路 ……………………………………………………………………… (30)
2.3 组合逻辑电路 …………………………………………………………………………… (33)
2.3.1 组合逻辑电路的分析 …………………………………………………………… (34)
2.3.2 组合逻辑电路的设计 …………………………………………………………… (34)
2.3.3 常用组合逻辑电路及其应用 …………………………………………………… (35)
2.4 触发器 …………………………………………………………………………………… (40)
2.4.1 基本触发器 ……………………………………………………………………… (40)
2.4.2 同步触发器 ……………………………………………………………………… (41)
2.4.3 边沿触发器 ……………………………………………………………………… (42)
2.5 时序逻辑电路 …………………………………………………………………………… (44)
2.5.1 时序逻辑电路的分析 …………………………………………………………… (44)
2.5.2 时序逻辑电路的设计 …………………………………………………………… (44)
2.5.3 常用中规模集成时序逻辑电路 ………………………………………………… (45)
关键词 ………………………………………………………………………………………… (48)
本章小结 ……………………………………………………………………………………… (48)
习题 2 ………………………………………………………………………………………… (49)

第 3 章 存储器 ……………………………………………………………………………… (52)
3.1 概 述 …………………………………………………………………………………… (53)
3.1.1 存储器的分类 …………………………………………………………………… (53)
3.1.2 存储器的层次结构 ……………………………………………………………… (54)
3.2 主存储器 ………………………………………………………………………………… (55)
3.2.1 主存的工作原理 ………………………………………………………………… (55)
3.2.2 存储器的性能指标 ……………………………………………………………… (56)
3.2.3 静态 RAM(SRAM) …………………………………………………………… (57)
3.2.4 动态 RAM(DRAM) ………………………………………………………… (58)
3.2.5 只读存储器 ……………………………………………………………………… (62)
3.2.6 存储器的校验 …………………………………………………………………… (63)
3.2.7 主存与 CPU 的连接 …………………………………………………………… (67)

3.3 高速缓冲存储器 ……………………………………………………………… (71)
3.3.1 Cache 的工作原理 ………………………………………………………… (71)
3.3.2 Cache—主存地址映射方式 ………………………………………………… (73)
3.3.3 替换策略 ………………………………………………………………………… (79)
3.3.4 Cache 的写操作策略 …………………………………………………………… (80)
3.4 虚拟存储器 ……………………………………………………………………… (80)
3.4.1 页式虚拟存储器 ………………………………………………………………… (81)
3.4.2 段式虚拟存储器 ………………………………………………………………… (81)
3.4.3 段页式虚拟存储器 ……………………………………………………………… (82)
3.5 外部存储器 ……………………………………………………………………… (83)
3.5.1 磁盘存储器 ……………………………………………………………………… (83)
3.5.2 光盘 ……………………………………………………………………………… (83)
3.5.3 闪存 ……………………………………………………………………………… (84)

关键词 ……………………………………………………………………………………… (84)

本章小结 …………………………………………………………………………………… (85)

习题 3 ……………………………………………………………………………………… (87)

第 4 章 计算机的运算方法 …………………………………………………………… (91)
4.1 无符号数和有符号数 …………………………………………………………… (92)
4.2 数的定点表示和浮点表示 ……………………………………………………… (93)
4.2.1 定点表示 ………………………………………………………………………… (93)
4.2.2 浮点表示 ………………………………………………………………………… (99)
4.2.3 浮点数的规格化表示 …………………………………………………………… (100)
4.2.4 IEEE 754 标准 …………………………………………………………………… (102)
4.3 定点运算 ………………………………………………………………………… (103)
4.3.1 加法与减法运算 ………………………………………………………………… (103)
4.3.2 移位运算 ………………………………………………………………………… (105)
4.3.3 乘法运算 ………………………………………………………………………… (106)
4.3.4 除法运算 ………………………………………………………………………… (110)
4.4 浮点四则运算 …………………………………………………………………… (115)
4.4.1 浮点加减运算 …………………………………………………………………… (115)
4.4.2 浮点乘除运算 …………………………………………………………………… (117)

关键词 ……………………………………………………………………………………… (120)

本章小结 …………………………………………………………………………………… (121)

习题 4 ·· (123)

第 5 章 指令系统 ·· (126)

5.1 机器指令 ·· (127)
5.1.1 指令的一般格式 ··· (127)
5.1.2 指令字长和操作码扩展 ·· (130)
5.2 指令类型 ·· (133)
5.3 寻址方式 ·· (136)
5.3.1 指令寻址 ·· (136)
5.3.2 数据寻址 ·· (137)
5.4 指令格式 ·· (144)
5.4.1 指令格式举例 ··· (144)
5.4.2 设计指令格式应考虑的各种因素 ·· (149)
5.4.3 指令格式设计举例 ·· (149)
5.5 RISC 技术 ·· (152)
5.5.1 RISC 的产生和发展及经典架构 ··· (152)
5.5.2 RISC 的主要特征 ·· (156)
5.5.3 RISC 和 CISC 的比较 ··· (156)
关键词 ·· (158)
本章小结 ··· (158)
习题 5 ··· (159)

第 6 章 CPU ·· (163)

6.1 CPU 的功能和结构 ··· (164)
6.1.1 CPU 的功能 ·· (164)
6.1.2 CPU 的结构 ·· (164)
6.2 指令周期 ·· (166)
6.2.1 指令周期的基本概念 ··· (166)
6.2.2 指令周期的数据流 ·· (168)
6.3 指令流水线 ·· (169)
6.3.1 指令流水线原理 ·· (170)
6.3.2 影响流水线性能的因素 ··· (172)
6.3.3 流水线性能指标 ·· (176)
6.4 国产芯片举例 ··· (178)
关键词 ·· (181)

本章小结 ··· (181)
　　习题 6 ··· (182)

第 7 章　控制器 ··· (184)

7.1　控制器的组成 ··· (185)
　　7.1.1　控制器的功能和组成 ··· (185)
　　7.1.2　控制单元的外特性 ··· (185)
　　7.1.3　多级时序系统 ··· (186)
　　7.1.4　控制方式 ··· (187)

7.2　微操作命令的分析 ··· (188)
　　7.2.1　取指周期 ··· (188)
　　7.2.2　间址周期 ··· (189)
　　7.2.3　执行周期 ··· (189)
　　7.2.4　中断周期 ··· (190)

　　关键词 ·· (191)
　　本章小结 ··· (191)
　　习题 7 ··· (191)

第 8 章　控制单元的设计 ··· (193)

8.1　组合逻辑设计 ··· (194)
　　8.1.1　组合逻辑设计原理 ··· (194)
　　8.1.2　组合逻辑设计举例 ··· (195)

8.2　微程序设计 ··· (198)
　　8.2.1　微程序设计的基本概念 ··· (199)
　　8.2.2　微程序设计原理 ··· (199)
　　8.2.3　微程序设计技术 ··· (201)

　　关键词 ·· (204)
　　本章小结 ··· (204)
　　习题 8 ··· (205)

第 9 章　输入/输出系统 ··· (207)

9.1　概　述 ··· (208)
　　9.1.1　输入/输出系统的发展概况 ·· (208)
　　9.1.2　输入/输出系统的组成 ·· (210)
　　9.1.3　I/O 设备与主机的连接 ··· (211)

9.1.4 I/O设备与主机信息传送的控制方式 …………………………………… (212)
9.2 程序查询方式 …………………………………………………………………… (214)
 9.2.1 程序查询流程 …………………………………………………………… (214)
 9.2.2 程序查询方式的接口电路 ……………………………………………… (215)
9.3 程序中断方式 …………………………………………………………………… (215)
 9.3.1 中断的概念 ……………………………………………………………… (216)
 9.3.2 程序中断方式的接口电路 ……………………………………………… (216)
 9.3.3 中断请求和中断判优 …………………………………………………… (217)
 9.3.4 中断响应 ………………………………………………………………… (217)
 9.3.5 中断屏蔽技术 …………………………………………………………… (218)
9.4 DMA方式 ………………………………………………………………………… (219)
 9.4.1 DMA方式的特点 ………………………………………………………… (220)
 9.4.2 DMA接口的功能和组成 ………………………………………………… (220)
 9.4.3 DMA工作过程 …………………………………………………………… (221)
 9.4.4 DMA接口的类型 ………………………………………………………… (221)
9.5 I/O接口 ………………………………………………………………………… (222)
 9.5.1 I/O接口概述 …………………………………………………………… (222)
 9.5.2 I/O接口的组成和功能 ………………………………………………… (223)
关键词 …………………………………………………………………………………… (223)
本章小结 ………………………………………………………………………………… (224)
习题9 …………………………………………………………………………………… (224)

第10章 总线系统 ………………………………………………………………… (226)

10.1 总线的基本概念 ………………………………………………………………… (227)
10.2 总线的分类 ……………………………………………………………………… (227)
 10.2.1 片内总线 ……………………………………………………………… (227)
 10.2.2 系统总线 ……………………………………………………………… (228)
 10.2.3 通信总线 ……………………………………………………………… (228)
10.3 总线特性及性能指标 …………………………………………………………… (229)
 10.3.1 总线特性 ……………………………………………………………… (229)
 10.3.2 总线性能指标 ………………………………………………………… (229)
 10.3.3 总线标准 ……………………………………………………………… (229)
10.4 总线结构 ………………………………………………………………………… (231)
 10.4.1 单总线结构 …………………………………………………………… (231)

10.4.2　多总线结构 ………………………………………………………………（231）
　　10.4.3　总线结构举例 ……………………………………………………………（232）
10.5　总线控制 ………………………………………………………………………………（233）
　　10.5.1　总线判优控制 ……………………………………………………………（233）
　　10.5.2　总线通信控制 ……………………………………………………………（235）
关键词 …………………………………………………………………………………………（237）
本章小结 ………………………………………………………………………………………（237）
习题10 …………………………………………………………………………………………（238）
参考文献 ……………………………………………………………………………………（240）

第 1 章

计算机系统概论

本章简要地说明了计算机的基本组成及工作原理、计算机系统的层次结构、计算机硬件的主要性能指标，使读者对计算机系统有大概了解，为深入学习后面章节奠定基础。

本章重难点

重点：计算机的组成、计算机系统的层次结构、计算机硬件的性能指标。
难点：计算机的工作过程。

素养目标

知识和技能目标：通过本章的学习，学生能够利用计算机的组成、计算机系统的层次结构、计算机硬件的性能指标对计算机性能进行简单分析。
过程与方法目标：学生通过学习计算机的组成和结构，以及查找资料、同学间相互讨论、请教老师等各种方法理解系列机的特点和计算机的工作过程。
情感态度和价值观目标：通过本章学习，培养学生爱国情操，立足我国信创产业的发展，激发学生学习热情，树立积极投身计算机基础研究和设计的理想。

拓展阅读

互联网核心技术是我们最大的"命门"，核心技术受制于人是我们最大的隐患。一个互联网企业即便规模再大、市值再高，如果核心元器件严重依赖外国，供应链的"命门"掌握在别人手里，那就好比在别人的墙基上砌房子，再大再漂亮也可能经不起风雨，甚至会不堪一击。我们要掌握我国互联网发展主动权，保障互联网安全、国家安全，就必须突破核心技术这个难题，争取在某些领域、某些方面实现"弯道超车"。

摘自习近平《在网络安全和信息化工作座谈会上的讲话》（2016 年 4 月 19 日），人民出版社单行本，第 10 页。

本章思维导图

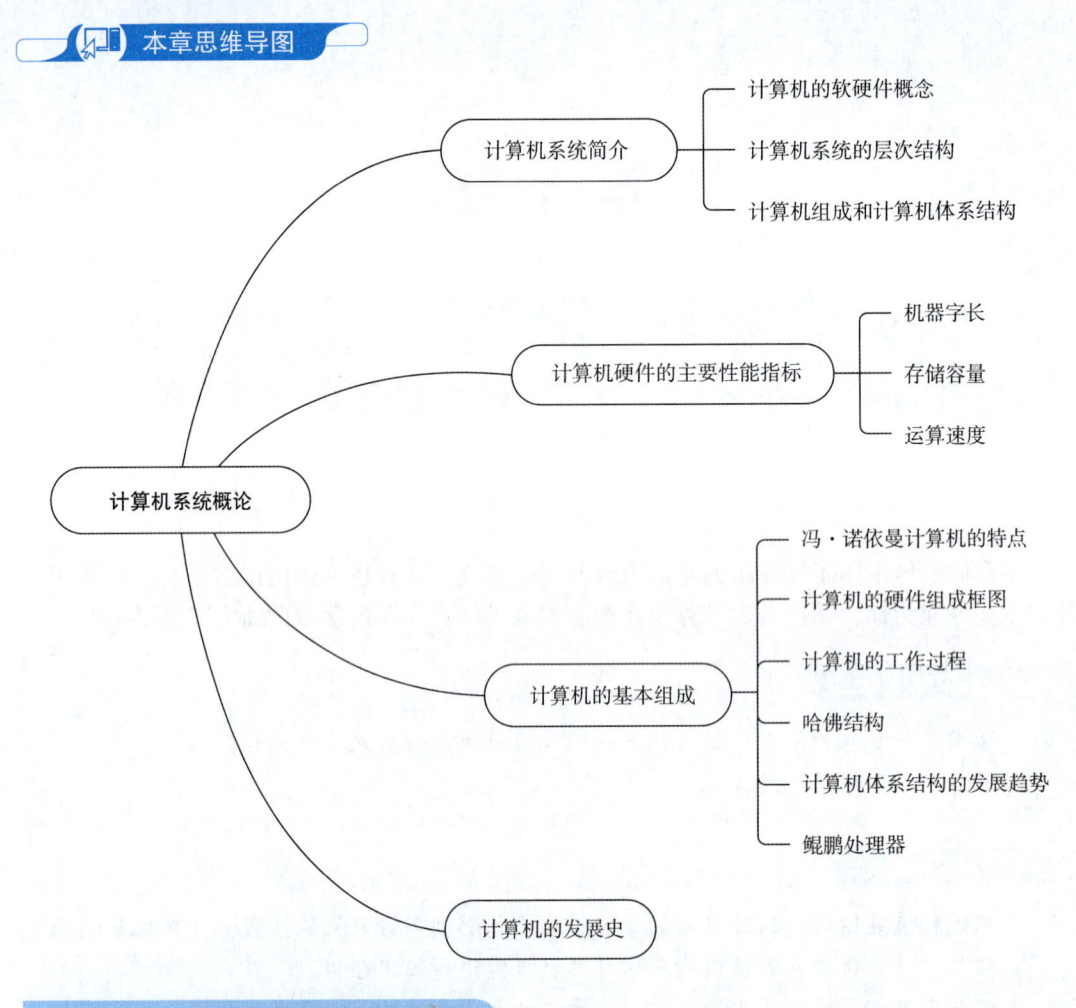

```
计算机系统概论
├── 计算机系统简介
│   ├── 计算机的软硬件概念
│   ├── 计算机系统的层次结构
│   └── 计算机组成和计算机体系结构
├── 计算机硬件的主要性能指标
│   ├── 机器字长
│   ├── 存储容量
│   └── 运算速度
├── 计算机的基本组成
│   ├── 冯·诺依曼计算机的特点
│   ├── 计算机的硬件组成框图
│   ├── 计算机的工作过程
│   ├── 哈佛结构
│   ├── 计算机体系结构的发展趋势
│   └── 鲲鹏处理器
└── 计算机的发展史
```

1.1 计算机系统简介

1.1.1 计算机的软硬件概念

计算机系统由硬件和软件两部分组成。硬件是指构成计算机的物理设备，由各类机械、电、光、磁等设备组成，如主机、外部设备（外设）等。软件是指各种功能程序，用来控制计算机运行、管理计算机软件系统和硬件系统资源等。计算机硬件是软件的基础，任何软件都离不开硬件的支持；软件是用户和计算机之间的桥梁，只有软硬件结合计算机才能正常工作。

1.1.2 计算机系统的层次结构

计算机是一个十分复杂的硬软件结合而成的整体。它通常由 5 个及以上不同的级组成，每一级都能进行程序设计，如图 1-1 所示。

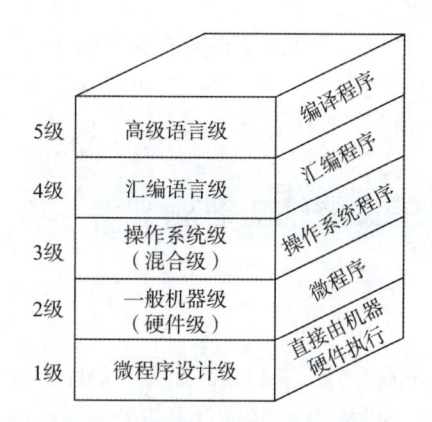

```
5级   高级语言级      编译程序
4级   汇编语言级      汇编程序
3级   操作系统级      操作系统程序
     （混合级）
2级   一般机器级      微程序
     （硬件级）
1级   微程序设计级    直接由机器
                    硬件执行
```

图 1-1 计算机系统的层次结构

第一级是微程序设计级，这是一个实在的硬件级，它由机器硬件直接执行微指令。如果某一个应用程序直接用微指令来编写，那么可在这一级上运行应用程序。

第二级是一般机器级，也称为机器语言级，它由微程序解释机器指令系统。这一级也是硬件级。

第三级是操作系统级，它由操作系统程序实现。这些操作系统程序由机器指令和广义指令组成，广义指令是操作系统定义和解释的软件指令，所以这一级也被称为混合级。

第四级是汇编语言级，它给程序人员提供一种符号形式语言，以降低程序编写的复杂性。这一级由汇编程序支持和执行。如果应用程序采用汇编语言编写，那么机器必须要有这一级的功能；如果应用程序不采用汇编语言编写，那么这一级可以不要。

第五级是高级语言级，它是面向用户的，为方便用户编写应用程序而设置。这一级由各种高级语言编译程序支持和执行。

随着大规模集成电路技术的发展和软件硬化的趋势，计算机系统的软硬件界限已经变得模糊了。因为任何操作可以由软件来实现，也可以由硬件来实现；任何指令的执行可以由硬件完成，也可以由软件来完成。

设计计算机系统时，应考虑各个方面的因素：价格、速度、可靠性、存储容量、变更周期等。

1.1.3　计算机组成和计算机体系结构

计算机体系结构是指程序员可见的系统属性，如指令集、用来表示各种数据类型的比特数、输入/输出机制、寻址方式等。计算机组成是实现计算机体系结构所体现的属性。很多的计算机制造商会提供系列机产品，它们具有相同的体系结构，但是组成不同，同一系列不同型号的计算机价格和性能不一样。某一个体系结构可以存在多年，有多种计算机型号，但组成随着技术的进步而不断更新、优化。

例如，从 1996 年联想昭阳推出了第一台笔记本电脑 S5100 起，为满足不同类型用户的需求，联想昭阳衍生出四大系列和即昭阳 K 系列、昭阳 E 系列、昭阳 M 系列和昭阳加固型笔记本。4 个笔记本电脑分支可以说是涉及了商用笔记本电脑用户所能够使用到的方方面面。昭阳 K 系列面向顶级商务用户；昭阳 E 系列则是针对中小企业用户推出；昭阳 M 系列的目标人群是保险行业用户；加固型笔记本面向特殊行业。

当两台机器的指令系统相同时，只能认为它们具有相同的结构，这两台机器如何实现这些指令可以完全不同。例如，一台机器是否具有乘法指令是结构问题，而如何实现乘法指令是组成问题，可以由专门的乘法单元实现，还可以多次使用加法单元来实现，使用不同方法的机器，其速度、价格、可靠性等都不同。

1.2 计算机硬件的主要性能指标

1.2.1 机器字长

计算机在同一时间内处理的一组二进制数被称为一个计算机的"字"，这组二进制数的位数就是"字长"。在其他指标相同时，字长越大计算机处理数据的速度就越快。计算机中的中央处理器(Central Processing Unit，CPU)位数指的是 CPU 一次能处理的二进制最大位数。早期的微型计算机的字长一般是 8 位和 16 位，586(Pentium、Pentium Pro、Pentium Ⅱ、Pentium Ⅲ、Pentium Ⅳ)大多是 32 位，现在的大多都是 64 位。

1.2.2 存储容量

存储容量包括主存储器容量和辅助存储器容量，存储容量=存储单元的个数×存储字长。

存储容量单位：bit、Byte(B)、KB、MB、GB、TB。

bit：位，简记为 b，也称为比特。它是数据存储的最小单位，在计算机的二进制数系统中，每个 0 或 1 就是一个位(bit)。相关单位换算关系如下。

1 Byte = 1 B = 8 bit = 2^3 bit

1 KB = 2^{10} B

1 MB = 2^{20} B

1 GB = 2^{30} B

1 TB = 2^{40} B

主存储器(主存)是 CPU 可以直接访问的存储器，需要执行的程序与处理的数据就是存放在主存中的。主存容量越大，系统功能就越强大，能处理的数据量就越庞大。

辅助存储器(辅存)是主存以外的存储器，如 U 盘、磁盘等。辅存容量越大，可存储的信息就越多，可安装的应用软件就越丰富。

1.2.3 运算速度

计算机的运算速度与很多因素有关，如机器主频、执行什么操作、访问存储器的速度等。

主频/时钟周期：CPU 内核工作的时钟频率(CPU Clock Speed)。通常所说的"某某 CPU 是多少兆赫的"，这个"多少兆赫"就是"CPU 的主频"。很多人认为 CPU 的主频就是其运行速度，其实不然。CPU 的主频表示在 CPU 内数字脉冲信号振荡的速度，与 CPU 实际的运算能力没有直接关系。由于主频并不直接代表运算速度，所以在一定情况下，很可能会出现主频较高的 CPU 实际运算速度较低的现象。

CPU 执行时间：一般程序执行所占用 CPU 的时间。CPU 执行时间=CPU 时钟周期数×CPU 时钟周期。

平均指令周期数(Cycle Per Instruction，CPI)：表示每条指令执行的周期数，即执行一条指令所需要的平均时钟周期数。

运算速度是衡量计算机性能的一项重要指标。通常所说的计算机运算速度（平均运算速度），是指每秒钟所能执行的指令条数，一般用"百万条指令/秒"（Million Instruction Per Second，MIPS）作为计量单位。同一台计算机，执行不同的运算所需时间可能不同，因而对运算速度的描述常采用不同的方法，常用的有 CPU 时钟频率（主频）、每秒平均执行指令数（Instruction Per Second，IPS）等。一般说来，主频越高，运算速度就越快。

1.3 计算机的基本组成

1.3.1 冯·诺依曼计算机的特点

冯·诺依曼计算机的特点如下。

(1) 采用二进制形式表示数据和指令。

(2) 指令由操作码和地址码组成。

(3) 将程序和数据存放在存储器中，计算机在工作时从存储器取出指令加以执行，自动完成计算任务。这就是"存储程序"和"程序控制"（简称存储程序控制）的概念。

(4) 指令的执行是顺序的，即一般按照指令在存储器中存放的顺序执行，程序分支由转移指令实现。

(5) 计算机由存储器、运算器、控制器、输入设备和输出设备五大基本部件组成，规定了 5 部分的基本功能。

(6) 计算机以运算器为中心，输入设备、输出设备与存储器之间的数据传送通过运算器完成。

1.3.2 计算机的硬件组成框图

典型的冯·诺依曼计算机是以运算器为中心的，如图 1-2 所示，现代计算机已经演变为以存储器为中心，如图 1-3 所示。

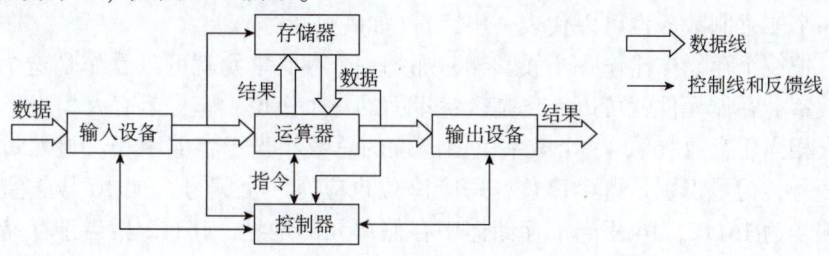

图 1-2 以运算器为中心的计算机硬件组成框图

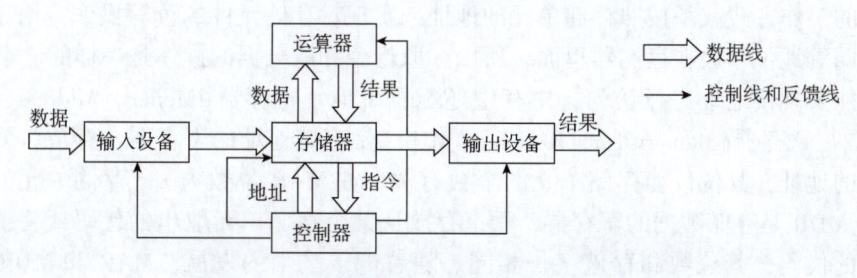

图 1-3 以存储器为中心的计算机硬件组成框图

计算机硬件组成框图中各部件的功能如下。

(1) 运算器(算术逻辑部件)由控制器控制完成算术运算、逻辑运算,运算时从存储器取数,并把计算结果送给存储器。

(2) 控制器用来控制存储器和运算器之间进行信息交换、运算器进行运算、输入/输出设备正常工作。

(3) 存储器用于存放指令和数据。

(4) 输入设备是向计算机输入信息的设备,把人熟悉的信息转化为计算机可以识别的二进制代码。

(5) 输出设备是把计算机的处理结果转换为人熟悉的信息形式,如打印机输出、显示器输出等。

1.3.3 计算机的工作过程

图 1-4 是细化的计算机硬件组成框图,以方便分析计算机的工作过程。

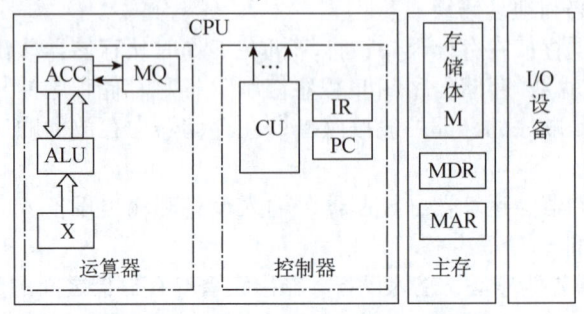

图 1-4 细化的计算机硬件组成框图

主存中存储体由许多存储单元组成,每个存储单元又包含多个存储元件,每个存储元件能够存储一位二进制代码"0"或"1"。每个存储单元能存储多位二进制代码,这一串二进制代码的位数被称为存储字长。存储字长可以是 8 位、16 位、32 位等,每个存储字既可以代表一个二进制数,也可以代表一串字符(如一个指令)。

例如,把一个存储体比作一个教学楼,那每一个存储单元就可以看作是这个教学楼里面的一个教室,存储元件就可以看作是教室里面的每个座位,座位上有人相当于存放"1",座位上没人相当于存放"0",一个教室里面座位的总数相当于存储字长。显然每个教室都要有教室编号,为了识别是哪个座位,每个座位也应有一个编号,如 16 号教室的 112 号座位可以编号为 16112,16 相当于存储体中存储单元的地址,16112 相当于存储器中存储元件的地址。

主存的工作方式就是按照存储单元的地址来实现对存储元件的读写操作。由于指令和数据都以同等地位存放在存储器里面,所以,取指令和取数据的操作是一样的。

为了能实现按地址进行访问,主存中还配置了地址寄存器(Memory Address Register, MAR)和数据寄存器(Memory Data Register, MDR)是存储地址的寄存器,存放将要访问的存储单元的地址,其位数和存储单元的个数有关,如 MAR 位数为 n,存储单元的个数就有 2^n 个。MDR 是存储数据的寄存器,用来存放从某个存储单元取出的代码或将要存放到存储单元的代码,其位数和存储字长相同。随着电子技术的发展,MAR 和 MDR 集成在 CPU 主板上。

运算器至少应包含 3 个寄存器和一个算术逻辑运算单元(ALU)，ACC 是累加器，MQ 是乘商寄存器，X 是操作数寄存器。在执行不同的运算时，这 3 个寄存器存放的操作数类别也各不相同，表 1-1 给出了执行常用的运算时各寄存器存放的数据类别。

表 1-1 执行常用的运算时各寄存器存放的数据类别

寄存器	加法	减法	乘法	除法
ACC	被加数、和	被减数、差	乘积高位	被除数、余数
MQ	—	—	乘数、乘积低位	商
X	加数	减数	被乘数	除数

按前述细化的计算机组成框图分析加、减、乘、除的操作过程。设：M 表示存储器的任一地址编号，[M]表示 M 地址编号对应的存储单元中的内容；X 表示寄存器，[X]表示 X 寄存器中的内容；ACC 表示累加器，[ACC]表示累加器里面的内容；MQ 表示乘商寄存器，[MQ]表示乘商寄存器中的内容。以下分析都认为 ACC 中已经存有上一时刻的运算结果，并将其作为下面运算的一个操作数。

(1) 加法操作过程：

[M]→X　　　　　　　将 M 地址编号对应的存储单元中的加数送至 X 寄存器中；

[ACC]+[X]→ACC　　将被加数[ACC]和加数[X]相加，结果送到 ACC。

(2) 减法操作过程：

[M]→X　　　　　　　将 M 地址编号对应的存储单元中的减数送至 X 寄存器中；

[ACC]−[X]→ACC　　被减数[ACC]减去减数[X]，结果送到 ACC。

(3) 乘法操作过程：

[M]→MQ　　　　　　将 M 地址编号对应的存储单元中的乘数送至 MQ 寄存器中；

[ACC]→X　　　　　　将被乘数[ACC]送至 X 寄存器中；

0→ACC　　　　　　　ACC 清零；

[X]×[MQ]→ACC//MQ　将[X]和[MQ]相乘，结果的高位存放在 ACC 中，低位存放在 MQ 中。

(4) 除法操作过程：

[M]→X　　　　　　　将除数[M]送至 X 寄存器中；

[ACC]÷[X]→MQ　　　[ACC]中的被除数除以[X]中的除数，商存放在 MQ 寄存器中，余数 R 在 ACC 中。

计算机的控制器指挥各部件自动地按一定的次序工作。控制器中包含程序计数器(PC)、指令寄存器(IR)、控制单元(CU)。PC 中存放当前要执行的指令的地址，具有自动加 1 的功能，即自动生成下一条按序执行的指令地址；IR 存放当前在执行的指令，该指令来自 MDR，其中的操作码 OP(IR)送至控制器 CU，用来分析指令，其中的地址码 Ad(IR)作为操作数的地址码送至 MAR。CU 分析当前的指令应完成哪些操作，发出各种微操作命令序列，来控制被控对象。

I/O 包括各种 I/O 设备和对应的接口，每一个 I/O 设备都通过接口与主机联系，接收 CU 发出的各种控制命令，并完成相应的操作。

1.3.4 哈佛结构

哈佛结构是一种将程序指令存储和数据存储分开的存储器结构，它的主要特点是将程序和数据存储在不同的存储空间中，即程序存储器和数据存储器是两个独立的存储器，每个存储器独立编址、独立访问，目的是突破程序运行时的存储与访问瓶颈。哈佛结构示意图如图1-5所示。

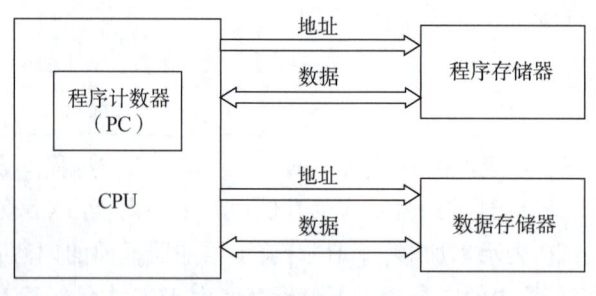

图1-5 哈佛结构示意图

哈佛架构的 CPU 典型代表是 ARM9/10 及后续 ARMv8 的处理器（如华为鲲鹏 920 处理器）。

1.3.5 计算机体系结构的发展趋势

冯·诺依曼体系结构开启了计算机系统结构发展的先河，但是因为其集中、顺序的控制而成为性能提高的瓶颈，冯·诺依曼体系结构的局限已经严重束缚了现代计算机的进一步发展，而非数值处理应用领域对计算机性能的要求越来越高，这就需要突破传统计算机体系结构的框架，寻求新的体系结构来解决实际应用问题。

各国科学家在探索各种非冯·诺依曼结构，目前在体系结构方面已经有了重大的变化和改进，如并行计算机、数据流计算机以及量子计算机、函数式编程语言计算机等非冯·诺依曼计算机，它们部分或完全不同于传统的冯·诺依曼计算机，很大程度上提高了计算机的计算性能。

近几年来人们努力谋求突破传统冯·诺依曼体制的局限，各类非冯·诺依曼化计算机的研究如雨后春笋蓬勃发展，主要表现在以下4个方面。

（1）对传统冯·诺依曼计算机进行改良。例如，传统体系计算机只有一个处理部件是串行执行的，改成多处理部件形成流水处理，依靠时间上的重叠提高处理效率。

（2）由多个处理器构成系统，形成多指令流多数据流支持并行算法结构。这方面的研究目前已经取得一些成功。

（3）否定冯·诺依曼计算机的控制流驱动方式。设计数据流驱动工作方式的数据流计算机，只要数据已经准备好，有关的指令就可并行地执行。这是真正非冯·诺依曼化的计算机，这样的研究还在进行中，已获得阶段性的成果，如神经计算机。

（4）彻底跳出电子的范畴，以其他物质作为信息载体和执行部件，如光子、生物分子、量子等。众多科学家正进行这些前瞻性的研究。

1.3.6 鲲鹏处理器

鲲鹏920处理器提供强大的计算能力，基于海思自研的具有完全知识产权的 ARMv8

架构,最多支持64核,支持多达8组72 bits(含ECC)、数据率最高3200 MT/s的DDR4接口,全面提升芯片的计算能力和总线性能。

硬件支持Cache一致性,可通过片间Cache一致性接口Hydra扩展为2/4 Sockets应用,扩展后系统核数最多支持到256核,形成性能超强的板级CC-NUMA计算节点。支持CPU Core虚拟化、内存虚拟化、中断虚拟化、I/O虚拟化等多项虚拟化技术,使系统的资源共享更加灵活、系统的迁移过程变得相对简单。

鲲鹏920处理器同样具有丰富且强大的I/O能力。芯片集成以太网控制器,用于提供网络通信功能;提供SAS控制器,用于扩展存储介质;集成PCIe控制器,用于扩展用户特性化功能,并可被用于不同CPU之间连接。芯片集成安全算法引擎、压缩/解压缩引擎、存储算法引擎等加速引擎进行业务加速。

鲲鹏920系列芯片概览如表1-2所示。

表1-2 鲲鹏920系列芯片概览

芯片型号	华为鲲鹏920 7265/7260/5255/5250	华为鲲鹏920 5220/3210
计算能力	48核/64核 ARMV8.2架构; 单核支持512 KB L2 Cache; 单核支持1 MB L3 Cache	24核/32核 ARMV8.2架构; 单核支持512 KB L2 Cache; 单核支持1 MB L3 Cache
内存支持	8个DDR控制器	4个DDR控制器
网络能力 (网络接口的速率)	2*100G;(2个100 Gbps速率的网络接口) 4*25GE;(4个25 Gbps速率的以太网标准接口) 2*50G;(2个50 Gbps速率的网络接口) 支持RoCEv2和SR-IOV(RoCE全称是RDMA over Converged Ethernet,即基于融合以太网的RDMA;SR-IOV全称是Single Root I/O Virtualization,是Intel在2007年提出的一种基于硬件的虚拟化解决方案)	2*100G; 4*25GE; 2*50G; 支持RoCEv2和SR-IOV
存储能力	2-port AHCI接口SATA控制器; x8 SAS 3.0控制器,支持STP	2-port AHCI接口SATA控制器; x8 SAS 3.0控制器,支持STP
PCIe接口	40个PCIe 4.0通道; 多达20个根端口; 支持x16接口; 支持Peer2Peer和ATS; 支持CCIX	40个PCIe 4.0通道; 多达20个根端口; 支持x16接口; 支持Peer2Peer和ATS; 支持CCIX
平台特性	最高支持4颗芯片互联; 内置引擎; 片内外设采用PCI拓扑结构	内置引擎; 片内外设采用PCI拓扑结构
加速	压缩/解压缩引擎; 安全算法引擎; RSA算法引擎	压缩/解压缩引擎; 安全算法引擎; RSA算法引擎

1.4 计算机的发展史

从第一台电子计算机诞生至今，计算机经历了一个快速发展的过程。按计算机所使用的器件及其规模，可以将电子计算机的历史分为以下 4 个阶段。

- 1946—1958 年：第一代，电子管计算机。
- 1958—1964 年：第二代，晶体管计算机。
- 1964—1970 年：第三代，集成电路计算机。
- 1970 年至今：第四代，大规模、超大规模集成电路（LSI、VLSI）计算机，第一、二代微处理器。

我国计算机的发展主要成就如下。

1958 年，中国科学院计算技术研究所（简称中科院计算所）研制成功我国第一台小型电子管通用计算机 103 机（八一型），标志着我国第一台电子计算机的诞生。

1965 年，中科院计算所研制成功第一台大型晶体管计算机 109 乙，之后推出 109 丙机，该机在两弹试验中发挥了重要作用。

1974 年，清华大学等单位联合设计、研制成功采用集成电路的 DJS-130 小型计算机，运算速度达每秒 100 万次。

1983 年，国防科技大学研制成功运算速度为每秒上亿次的银河-Ⅰ巨型机，这是我国高速计算机研制的一个重要里程碑。

1985 年，电子工业部计算机管理局研制成功与 IBM PC 机兼容的长城 0520CH 微机。

1992 年，国防科技大学研究出银河-Ⅱ通用并行巨型机，峰值速度达每秒 4 亿次浮点运算，相当于每秒 10 亿次基本运算操作，为共享主存的四处理机向量机，主要用于中期天气预报。

1993 年，国家智能计算机研究开发中心（后成立北京市曙光计算机公司）研制成功曙光一号全对称共享存储多处理机，这是国内首次以基于超大规模集成电路的通用微处理器芯片和标准 UNIX 操作系统设计开发的并行计算机。

1995 年，曙光公司又推出了国内第一台具有大规模并行处理机（MPP）结构的并行机曙光 1000（含 36 个处理机），峰值速度为每秒 25 亿次浮点运算，实际运算速度上了每秒 10 亿次浮点运算这一高性能台阶。

1997 年，国防科技大学研制成功银河-Ⅲ百亿次并行巨型计算机系统，采用可扩展分布共享存储并行处理体系结构，由 130 多个处理节点组成，峰值性能为每秒 130 亿次浮点运算。

1997 至 1999 年，曙光公司先后在市场上推出具有集群结构（Cluster）的曙光 1000A、曙光 2000-Ⅰ、曙光 2000-Ⅱ超级服务器，峰值计算速度已突破每秒 1 000 亿次浮点运算，机器规模已超过 160 个处理机。

1999 年，国家并行计算机工程技术研究中心研制的神威Ⅰ计算机通过了国家级验收，并在国家气象中心投入运行。系统有 384 个运算处理单元，峰值运算速度达每秒 3 840 亿次浮点运算。

2000 年，曙光公司推出每秒 3 000 亿次浮点运算的曙光 3000 超级服务器。

2001 年，中科院计算所研制成功我国第一款通用 CPU——"龙芯"芯片。

2002 年，曙光公司推出完全自主知识产权的"龙腾"服务器，龙腾服务器采用了"龙芯-1"CPU,采用了曙光公司和中科院计算所联合研发的服务器专用主板,采用曙光 Linux 操作系统,该服务器是国内第一台完全实现自有产权的产品,在国防、安全等部门发挥重大作用。

2003年,百万亿次数据处理超级服务器曙光4000L通过国家验收,再一次刷新国产超级服务器的历史纪录,使国产高性能产业再上新台阶。

2003年4月9日,由苏州国芯、南京熊猫、中芯国际、上海宏力、上海贝岭、杭州士兰、北京国家集成电路产业化基地、北京大学、清华大学等61家集成电路企业机构组成的"C*Core(中国芯)产业联盟"在南京宣告成立,谋求合力打造中国集成电路完整产业链。

2003年12月9日,联想承担的国家网格主节点"深腾6800"超级计算机正式研制成功,其实际运算速度达到每秒4.183万亿次浮点运算,全球排名第14位,运行效率为78.5%。

2003年12月28日,"中国芯工程"成果汇报会在人民大会堂举行,我国"星光中国芯"工程开发设计出5代数字多媒体芯片,在国际市场上以超过40%的市场份额占领了计算机图像输入芯片世界第一的位置。

2004年3月24日,在国务院常务会议上,《中华人民共和国电子签名法(草案)》获得原则通过,这标志着我国电子业务渐入法制轨道。

2004年6月21日,美国能源部劳伦斯伯克利国家实验室公布了最新的全球计算机500强名单,曙光计算机公司研制的超级计算机"曙光4000A"排名第十,运算速度达每秒8.061万亿次浮点运算。

2005年4月1日,《中华人民共和国电子签名法》正式实施。电子签名自此与传统的手写签名和盖章具有同等的法律效力,将促进和规范中国电子交易的发展。

2005年4月18日,由中科院计算所研制的中国首个拥有自主知识产权的通用高性能CPU"龙芯二号"正式亮相。

2005年5月1日,联想正式宣布完成对IBM全球PC业务的收购,联想以合并后年收入约130亿美元,个人计算机年销售量约1400万台,一跃成为全球第三大PC制造商。

2010年6月,中国运行速度最快的计算机——千万亿次超级计算机曙光"星云"落户深圳。

2013年6月17日,在德国莱比锡开幕的2013年国际超级计算机大会上,TOP500组织公布了最新全球超级计算机500强排行榜榜单,中国国防科技大学研制的"天河二号"超级计算机,以每秒33.86千万亿次的浮点运算速度夺得头筹,中国"天河二号"成为全球最快的超级计算机。"天河二号"的峰值计算速度为每秒5.49亿亿次浮点运算、持续计算速度为每秒3.39亿亿次双精度浮点运算。它运算1小时,相当于13亿人同时用计算器计算一千年,其存储总容量相当于可存储每册10万字的图书600亿册。

2017年5月,现场验收"神威·太湖之光",最高运算速度达到12.5亿亿次/秒,持续运算速度可以稳定在9.3亿亿次/秒。2017年11月13日,全球超级计算机500强榜单公布,"神威·太湖之光"以每秒9.3亿亿次的浮点运算速度第4次夺冠。

CPU作为计算机设备的运算和控制核心,负责指令读取、译码与执行,因研发门槛高、生态构建难,被认为是集成电路产业中的"珠穆朗玛峰"。

纵观全球,Intel、AMD两大巨头领跑通用CPU(桌面与服务器CPU)市场;国内,国产CPU正处于奋力追赶的关键时期,以飞腾、鲲鹏、海光、龙芯、兆芯、申威等为代表的厂商正全力打造"中国芯"。

鲲鹏是华为计算产业的主力芯片之一,为满足新算力需求,华为围绕"鲲鹏+昇腾"构筑双算力引擎,打造算、存、传、管、智5个子系统的芯片族,实现了计算芯片的全面自研。鲲鹏系列包括服务器和PC处理器。近年来,华为先后推出Hi1610、Hi1612、Hi1616等服务器CPU产品,不断实现主频与核数的提升,并最终开发出当下的旗舰产品鲲鹏920与鲲鹏920s,分别用于服务器和PC。

鲲鹏CPU基于ARMv8架构,处理器核、微架构和芯片均由华为自主研发设计。市场上目前存在超过500万种基于ARM指令集的安卓应用,与ARM服务器天然兼容,无须移植即可直接运行,且运行过程中无指令翻译环节,性能无损失,相比X86异构最高能够提升3倍性能。

2019年1月,华为宣布推出鲲鹏920,以及基于鲲鹏920的TaiShan服务器和华为云服务。鲲鹏920采用7nm制造工艺,支持64内核,主频可达2.6 GHz,集成8通道DDR4,支持PCIe 4.0及CCIX接口,可提供640 Gbps总带宽。鲲鹏920主打低功耗、强性能,在典型主频下,SPECint Benchmark评分超过930,超出业界标杆25%;同时,能效比优于业界标杆30%。

鲲鹏生态蓬勃发展。华为坚持硬件开放、软件开源,使能合作伙伴,推动鲲鹏计算产业发展。目前,已有超过12家整机厂商基于鲲鹏主板推出自有品牌的服务器及PC产品,华为还与产业伙伴联合成立了至少15个鲲鹏生态创新中心。作为鲲鹏计算产业底座的鲲鹏处理器,华为将秉承量产一代、研发一代、规划一代的演进节奏,落实长期投入、全面布局,后向兼容和持续演进的战略,高效满足市场需求。

关键词

算术逻辑运算单元:Arithmetic and Logic Unit(ALU)。
中央处理器、中央处理单元:Control Processing Unit(CPU)。
计算机体系结构、计算机系统结构:Computer Architecture。
计算机组成、计算机组织:Computer Organization。
控制器、控制单元:Control Unit(CU)。
输入/输出:Input-Output(I/O)。
主存:Main Memory。
处理器:Processor。
寄存器:Registers。
系统总线:System Bus。

本章小结

随着计算机技术的发展,计算机的应用范围也越来越广,几乎涉及人类社会的所有领域。较为突出的应用领域有:科学计算、实时控制、计算机辅助设计/计算机辅助制造、企业管理、电子银行、电子商务、远程教学、模拟教学、多媒体教学、数字图书馆、信息服务、人工智能等。

计算机硬件的主要性能指标包括机器字长、存储容量、运算速度等。随着计算机技术的发展，当前计算机的技术指标已经有了大幅度的提高，其性能还在不断地提高。

计算机系统由硬件系统和软件系统两大部分组成。冯·诺依曼体系结构的计算机硬件由运算器、控制器、存储器、输入设备和输出设备五大部件组成。软件系统包括系统软件和应用软件，其中系统软件以操作系统为核心。计算机系统的层次结构从底层向上依次为微程序设计级（硬件）、一般机器级（与硬件紧密相关）、操作系统级、汇编语言级及高级语言级。

知识窗

5.5G! 华为发布，全球首个!

人民日报 2023-10-12

近日，在2023全球移动宽带论坛期间，华为发布了全球首个全系列5.5G产品解决方案。该系列产品解决方案将通过宽带、多频、多天线、智能、绿色等方面的创新，提供10倍网络能力。

5.5G是5G和6G之间的过渡阶段，是在5G业务规模不断增长，数字化、智能化不断提速的趋势下，面向2025年到2030年规划的通信技术，是对5G应用场景的增强和扩展。具体看，5.5G在下行和上行传输速率上对比5G有望提升10倍，网络接入速率达到10 Gbps(10G比特每秒，换算成下载速率为每秒1.25G)，同时保障毫秒级时延。

按照国际标准组织3GPP定义，5G到6G间共存在R15到R20六个技术标准，其中R15到R17作为5G标准的第一阶段，R18到R20作为5G标准的第二阶段。2021年4月，5G国际标准制定组织3GPP已正式将R18协议版本定义为5.5G，标志着5G演进的需求已经成为业界共识。在国内，中国IMT—2020(5G)推进组和运营商积极投入5.5G的创新研究及测试验证，已经从关键技术创新逐步走向面向应用场景的跨产业合作创新阶段。（记者谷业凯）

（本期编辑：李娜、林帆）

习题1

1.1 填空题。

(1) 基于(　　)原理的冯·诺依曼计算机，其工作方式的基本特点是(　　)。

(2) 计算机硬件是指(　　)，软件是指(　　)，固件是指(　　)。

(3) (　　)和(　　)都存放在存储器中，(　　)能自动识别它们。

(4) 计算机唯一能直接执行的语言是(　　)语言。

(5) 计算机将存储、算术逻辑运算和控制3个部分合称为(　　)，再加上(　　)和(　　)就组成了计算机硬件系统。

(6) 指令的解释是由计算机的(　　)来完成的，运算器用来完成(　　)。

(7) 计算机硬件的主要技术指标包括(　　)、(　　)和(　　)。

1.2 选择题。

(1) 完整的计算机系统应该包括(　　)。

A. 运算器、存储器和控制器　　　　B. 外部设备和主机
C. 主机和实用程序　　　　　　　　D. 配套的硬件设备和软件系统

(2) 计算机只懂机器语言,而人类熟悉高级语言,故人机通信必须借助(　　)。
A. 编译程序　　B. 编辑程序　　C. 连接程序　　D. 载入程序

(3) 只有当程序要执行时,它才会将源程序翻译成机器语言,而且一次只能读取、翻译并执行源程序中的一行语句,此程序被称为(　　)。
A. 目标程序　　B. 编译程序　　C. 解释程序　　D. 汇编程序

(4) 一片 1 MB 的磁盘能存储(　　)的数据。
A. 10^6 字节　　B. 10^{-6} 字节　　C. 10^9 字节　　D. 2^{20} 字节

(5) 计算机中(　　)负责指令译码。
A. 算术逻辑单元　　　　　　　　B. 控制单元
C. 存储器译码电路　　　　　　　D. 输入/输出译码电路

(6) 将高级语言程序翻译成机器语言程序需借助于(　　)。
A. 连接程序　　B. 编辑程序　　C. 编译程序　　D. 汇编程序

(7) 存储单元是指(　　)。
A. 存放一个字节的所有存储元集合
B. 存放一个存储字的所有存储元集合
C. 存放一个二进制信息位的存储元集合
D. 存放一条指令的存储元集合

(8) (　　)可区分存储单元中存放的是指令还是数据。
A. 存储器　　B. 运算器　　C. 控制器　　D. 用户

(9) 冯·诺依曼计算机工作方式的基本特点是(　　)。
A. 多指令流单数据流　　　　　　B. 按地址访问并顺序执行指令
C. 堆栈操作　　　　　　　　　　D. 存储器按内容选择地址

1.3　什么是机器字长,它对计算机性能有何影响?
1.4　什么是存储容量、主存、辅存?
1.5　计算机系统由哪些部分组成?硬件由哪些部分构成?
1.6　冯·诺依曼计算机的主要设计思想是什么?
1.7　计算机硬件有哪些部件,各部件的作用是什么?
1.8　计算机软件包括哪几类?试说明它们的用途。
1.9　简述计算机系统的多级层次结构的分层理由及各层的功能。
1.10　如何理解计算机体系结构和计算机组成?
1.11　试举一个熟悉的计算机应用的例子。
1.12　计算机硬件系统的主要性能指标有哪些?
1.13　通过计算机系统的层次结构的学习,您对计算机系统有何了解?

第 2 章

计算机逻辑电路基础

　　数字逻辑电路是实现计算机硬件的基础组成部件，是用数字信号完成对数字量进行算术运算和逻辑运算的电路，也称为数字电路。按其组成结构，数字电路可分为分立元件电路和集成电路。分立元件电路是将独立的晶体管、电阻等元器件用导线连接起来的电路；集成电路是将元器件及导线均采用半导体工艺集成制作在同一块半导体硅片上，并封装于一个壳体内的电路。

　　数字电路按其功能可分为组合逻辑电路和时序逻辑电路。组合逻辑电路在任何时刻的输出状态仅取决于当前所有输入信号的组合，与电路原来的状态无关，不具有"记忆"功能。组合逻辑电路可用于实现加法器、译码器、数据选择器等逻辑功能部件。时序逻辑电路在任何时刻的输出状态不仅与当前的输入信号有关，而且还与电路原来的状态有关，具有"记忆"功能。时序逻辑电路可用于实现寄存器、移位寄存器、计数器等功能部件。

　　构成数字电路的基本单元器件是各种逻辑门电路(Gate Circuit)。目前常用的集成门电路主要有两类：一类是由三极管构成的 TTL 集成门电路；另一类是由 CMOS 管构成的集成门电路。

本章重难点

　　重点：逻辑代数的基本运算、常用的中规模组合逻辑电路、常用的中规模时序逻辑电路、触发器。

　　难点：触发器。

素养目标

　　知识和技能目标：通过本章学习，学生能够熟悉数字电路以及器件的逻辑功能，具有用逻辑思维方法分析常用数字电路逻辑功能的能力以及用小规模集成芯片、常用中规模集成芯片设计简单数字电路的能力。

　　过程与方法目标：学生通过学习门电路、触发器的逻辑功能，以及查找资料、同学间相互讨论、实验验证等各种方法学会组合逻辑电路、时序逻辑电路的分析和设计。

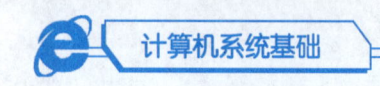

> **情感态度和价值观目标**：引导学生从学习逻辑函数的描述方法去理解辩证法中事物的多样性，将学习中所获得的知识、思想、方法和动机的多样性融合于创新能力的培养中，激发和提高创新意识。

本章思维导图

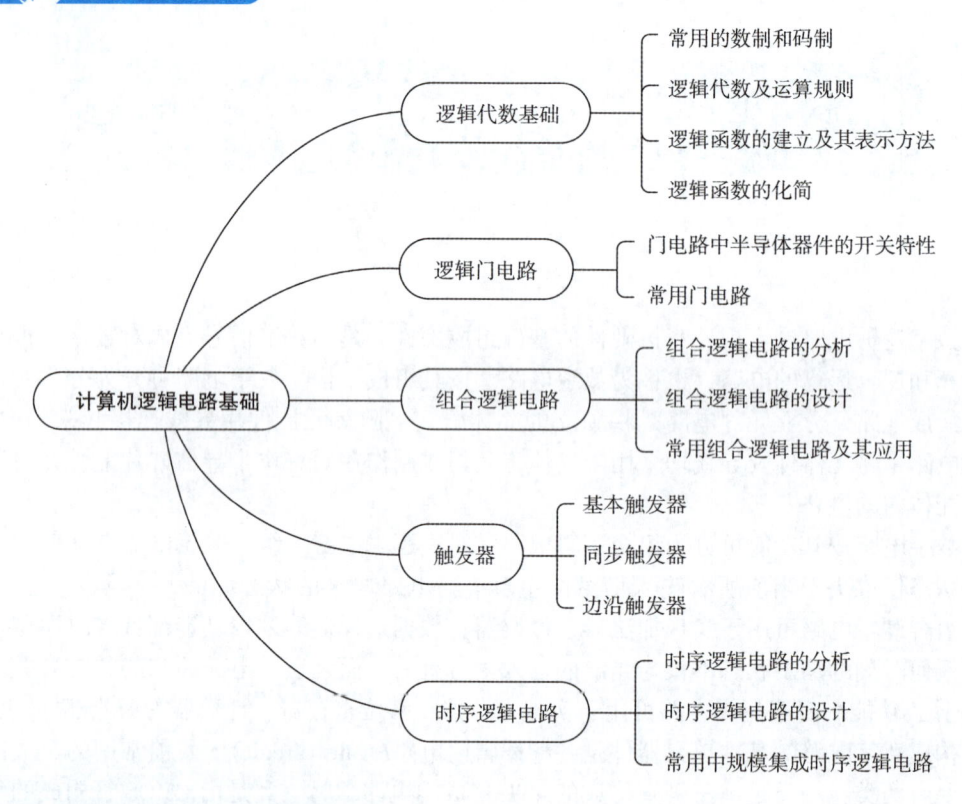

```
                        ┌─ 常用的数制和码制
            ┌─ 逻辑代数基础 ─┼─ 逻辑代数及运算规则
            │              ├─ 逻辑函数的建立及其表示方法
            │              └─ 逻辑函数的化简
            │
            ├─ 逻辑门电路 ─┬─ 门电路中半导体器件的开关特性
            │              └─ 常用门电路
            │
计算机逻辑电路基础 ─┼─ 组合逻辑电路 ─┬─ 组合逻辑电路的分析
            │              ├─ 组合逻辑电路的设计
            │              └─ 常用组合逻辑电路及其应用
            │
            ├─ 触发器 ─┬─ 基本触发器
            │         ├─ 同步触发器
            │         └─ 边沿触发器
            │
            └─ 时序逻辑电路 ─┬─ 时序逻辑电路的分析
                            ├─ 时序逻辑电路的设计
                            └─ 常用中规模集成时序逻辑电路
```

2.1 逻辑代数基础

2.1.1 常用的数制和码制

一个数通常可以用两种不同的方法来表示：一种是按"值"表示，即选定某种进位制来表示某个数的值，这就是所谓的数制。按"值"表示时需要解决三个问题：一是恰当地选择"数字符号"及其组合规则；二是确定小数点的位置；三是正确表示出数的正、负符号。另一种是按"形"表示，就是用一组编码形式来表示出某些数的值。按"形"表示时，先要确定编码规则，然后按此规则编出一组代码，并给每个代码赋予一定的含义，这就是所谓的码制。

1. 常用数制及其相互转换

1）十进制（Decimal）

十进位计数制简称十进制，用 0、1、2、3、4、5、6、7、8、9 这 10 个数字符号的不同组合来表示一个数，计数的基数是 10。当任何一位数比 9 大 1 时，向高位进 1，本位复 0，即"逢十进一"。任何一个十进制数都可用其幂的形式表示，如

$$213.46 = 2\times100 + 1\times10 + 3\times1 + 4\times0.1 + 6\times0.01$$
$$= 2\times10^2 + 1\times10^1 + 3\times10^0 + 4\times10^{-1} + 6\times10^{-2}$$

显然，任意一个十进制数 N 都可以表示为

$$(N)_{10} = K_{n-1}\times10^{n-1} + K_{n-2}\times10^{n-2} + \cdots + K_1\times10^1 + K_0\times10^0 +$$
$$K_{-1}\times10^{-1} + K_{-2}\times10^{-2} + \cdots + K_{-m}\times10^{-m}$$

式中，n、m 为正整数；K_i 为系数，是十进制 10 个数字符号中的某一个；10 是进位基数，10^i 是十进制数的位权（$i = n-1, n-2, \cdots, 1, 0, -1, \cdots, -m$），表示系数 K_i 在十进制数中的地位，位数越高，位权越大。

任意一个 R 进制数 $(N)_R$ 都可表示为

$$(N)_R = K_{n-1}\times R^{n-1} + K_{n-2}\times R^{n-2} + \cdots + K_1\times R^1 + K_0\times R^0 +$$
$$K_{-1}\times R^{-1} + K_{-2}\times R^{-2} + \cdots + K_{-m}\times R^{-m}$$

式中，R 为进位基数；R^i 是位权；K_i 为系数。

2）二进制（Binary）

二进位计数制简称二进制，用 0、1 两个数字符号的不同组合来表示一个数，计数规律为"逢二进一"，当 1+1 时，本位复 0，向相邻高位进 1，即 1+1=10（读"壹零"）。

二进制数 N 可以表示为

$$(N)_2 = K_{n-1}\times2^{n-1} + K_{n-2}\times2^{n-2} + \cdots + K_1\times2^1 + K_0\times2^0 +$$
$$K_{-1}\times2^{-1} + K_{-2}\times2^{-2} + \cdots + K_{-m}\times2^{-m}$$

式中，2 为进位基数；2^i 是位权；K_i 为系数。一个二进制数可以按照位权展开转换为十进制数，例如：

$$(1011.011)_2 = 1\times2^3 + 0\times2^2 + 1\times2^1 + 1\times2^0 + 0\times2^{-1} + 1\times2^{-2} + 1\times2^{-3}$$
$$= (11.375)_{10}$$

十进制数转换为二进制数时，整数部分和小数部分应分别进行。整数部分采用连续除 2 取余数法，除到商为 0 为止，小数部分采用连续乘 2 取整数法，不论是除 2 取余数还是乘 2 取整数，先得到的数距离小数点最近。例如，将十进制数 11.375 转换为二进制数：

```
2 | 11
2 |  5    余1    K_0         0.375
2 |  2    余1    K_1         ×   2
2 |  1    余0    K_2         0.750        K_{-1}=0
    0    余1    K_3         ×   2
                            1.50         K_{-2}=1
                            ×   2
                            1.0          K_{-3}=1
```

所以，$(11.375)_{10} = (1011.011)_2$。

3）十六进制（Hexadecimal）

由于多位二进制数不便于识别和记忆，所以在一些计算机的资料中采用十六进制或八进制数来计数。十六进制用 0、1、2、3、4、5、6、7、8、9、A、B、C、D、E、F 这 16 个数字符号的不同组合来表示一个数，计数规律为"逢十六进一"，即 F+1=10。

十六进制的进位基数 $16 = 2^4$，因此二进制数与十六进制数之间的转换非常简便。二进制数转换为十六进制数时，从小数点开始向左、向右每 4 位分为一组，不足 4 位的，整数部分在最左边补零、小数部分在最右边补零补足 4 位，然后依次以 1 位十六进制数替换

4位二进制数即可，例如：

$(1011001001.011110101)_2 = (001011001001.011110101000)_2 = (2C9.7A8)_{16}$

2. 码制

数字电路处理的信息，一类是数值，另一类是文字和符号等，它们都可用多位二进制数来表示，这种多位二进制数称为代码，给每个代码赋以一定的含义称为编码。若需要编码的信息量为 N，则用作代码的一组二进制数的位数 n 应该满足 $2^n \geq N$。

在数字电路中常使用二–十进制码（BCD 码），所谓二–十进制码就是用 4 位二进制数的代码来表示 1 位十进制数。4 位二进制数共有 16 种不同的组合可作为代码，而十进制数的 10 个数字符号只需用其中的 10 种组合来表示，因而从 16 种组合中选用哪 10 种组合的编码方案有很多种，常用的几种二–十进制编码如表 2-1 所示。

表 2–1 常用的几种二–十进制编码

十进制数	编码种类						
	8421 码	2421 码（A 码）	2421 码（B 码）	5421 码	余 3 码	余 3 循环码	格雷码
0	0000	0000	0000	0000	0011	0010	0000
1	0001	0001	0001	0001	0100	0110	0001
2	0010	0010	0010	0010	0101	0111	0011
3	0011	0011	0011	0011	0110	0101	0010
4	0100	0100	0100	0100	0111	0100	0110
5	0101	0101	1011	1000	1000	1100	0111
6	0110	0110	1100	1001	1001	1101	0101
7	0111	0111	1101	1010	1010	1111	0100
8	1000	1110	1110	1011	1011	1110	1100
9	1001	1111	1111	1100	1010	1010	1101
权	8421	2421	2421	5421			

2.1.2 逻辑代数及运算规则

当 1 位二进制数码的 0 和 1 两个数表示不同事物或事物的不同数字逻辑状态时，它们之间还可以进行逻辑推理和采用逻辑代数方法进行逻辑运算。逻辑代数是英国数学家乔治·布尔（Geroge·Boole）于 1847 年在他的著作中首先进行系统论述的，所以又称布尔代数。因为它所研究的是二值变量的运算规律，所以又称为二值代数。在普通代数学中，其变量取值可从 $-\infty$ 到 $+\infty$，而逻辑代数中变量的取值只能是 0 和 1，而且逻辑代数中的 0 和 1 与十进制数中的 0 和 1 有着完全不同的含义，它代表了对立或矛盾的两个方面，如开关的接通和断开；一件事件的是与非、真与假；电平或电位的高和低等。至于在某个具体问题上 0 和 1 究竟具有什么样的含义，则要视具体研究的对象而定。

在逻辑代数中，最基本的逻辑运算有与、或、非 3 种，其余复杂逻辑运算都可以由这 3 种基本的逻辑运算组成。下面用 3 个指示灯的控制电路来分别说明 3 种基本逻辑运算的含义。为了详细完整描述电路的逻辑关系，设开关 A、B 为逻辑变量，灯为逻辑函数 F，开关闭合或灯亮用 1 表示,开关断开或灯灭用 0 表示。

1. 逻辑代数的 3 种基本运算

1) 与逻辑

定义:只有当决定一件事件的条件全部具备之后,该事件才会发生。

图 2-1(a) 是一个典型的与逻辑电路。图中要发生的事件是灯亮,显然,只有开关 A、B 同时闭合,灯 F 才会亮。所以这个电路符合与逻辑的定义。

与运算的逻辑表达式为 $F = A \cdot B = AB$,式中"·"为与逻辑符号,通常省略不写。与逻辑也被称为逻辑乘。实现逻辑与运算的单元电路称为与门,两输入与门如图 2-1(b) 所示。与运算可以推广到多个逻辑变量 $F = A \cdot B \cdot C \cdots = ABC \cdots$,对应的逻辑门电路如图 2-1(c) 所示。

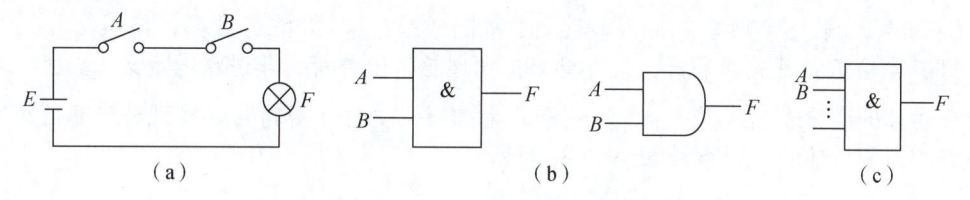

图 2-1 与逻辑电路图和逻辑符号
(a)与逻辑电路;(b)两输入与门;(c)多输入与门

真值表是把输入条件全部可能出现的组合和对应的输出结果,列成的表格。与运算的真值表如表 2-2 所示。

表 2-2 与运算的真值表

A	B	F
0	0	0
0	1	0
1	0	0
1	1	1

2) 或逻辑

定义:决定一件事件的多个条件中只要有一个具备之后,该事件就会发生。

图 2-2(a) 是一个典型的或逻辑电路。图中要发生的事件是灯亮,显然,只要开关 A、B 有一个闭合,灯 F 就会亮。所以这个电路符合或逻辑的定义。

或运算的逻辑表达式为 $F = A + B$,式中"+"为或逻辑符号。或逻辑也被称为逻辑加。实现逻辑或运算的单元电路叫或门,两输入或门如图 2-2(b) 所示。或运算可以推广到多个逻辑变量 $F = A + B + C + \cdots$,对应的逻辑门电路如图 2-2(c) 所示。

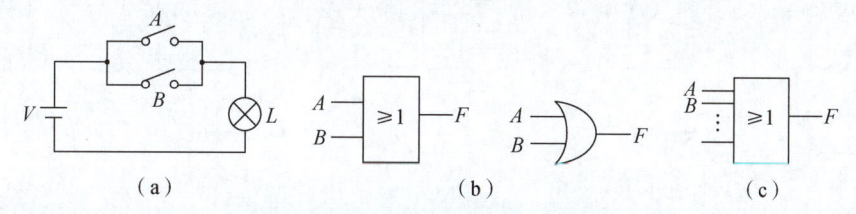

图 2-2 或逻辑电路图和逻辑符号
(a)或逻辑电路;(b)两输入或门;(c)多输入或门

或运算的真值表如表 2-3 所示。

表 2-3 或运算的真值表

A	B	F
0	0	0
0	1	1
1	0	1
1	1	1

3）非逻辑

定义：决定一件事件的条件不具备时，该事件才会发生。

图 2-3(a)是一个典型的非逻辑电路。图中要发生的事件是灯亮，显然，开关 A 闭合，灯 F 就会灭；开关 A 断开，灯才会亮。所以这个电路符合非逻辑的定义。

非运算的逻辑表达式为 $F = \overline{A}$，式中 A 上的"—"为非运算符号。实现逻辑非运算的单元电路叫非门，非门逻辑符号如图 2-3(b)所示。

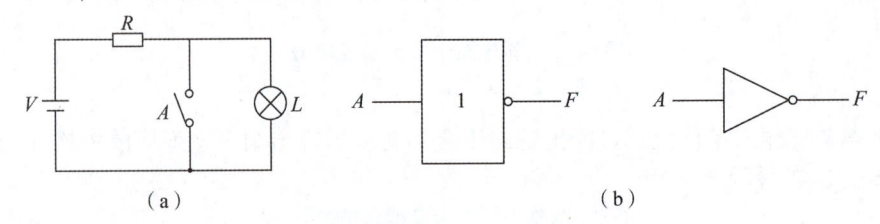

(a)　　　　　　　　　　　(b)

图 2-3 非逻辑电路图和逻辑符号
(a)非逻辑电路；(b)非门

非运算的真值表如表 2-4 所示。

表 2-4 非运算的真值表

A	F
0	1
1	0

2. 复合逻辑运算

由与、或、非 3 种基本逻辑运算可以组合成多种复合逻辑运算，图 2-4 列出了几种常用的复合逻辑运算。

与非　　　或非　　　与或非　　　异或　　　同或
$F = \overline{A \cdot B}$　$F = \overline{A+B}$　$F = \overline{A \cdot B + C \cdot D}$　$F = A \oplus B$　$F = A \odot B$

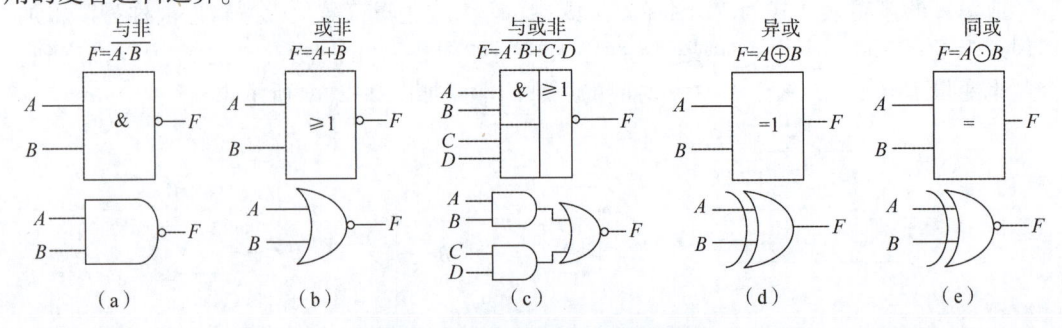

(a)　　　(b)　　　(c)　　　(d)　　　(e)

图 2-4 常用的复合逻辑运算
(a)与非门；(b)或非门；(c)与或非门；(d)异或门；(e)同或门

（1）异或运算：两个输入变量，输入相异输出为1，输入相同输出为0，其真值表如表2-5所示。由真值表可得逻辑函数表达式为 $F = \overline{A}B + A\overline{B} = A \oplus B$，式中 $\oplus$ 为异或运算符号。

（2）同或运算：两个输入变量，输入相同输出为1，输入相异输出为0，其真值表如表2-6所示。由真值表可得逻辑函数表达式为 $F = AB + \overline{A}\,\overline{B} = A \odot B$，式中 $\odot$ 为同或运算符号。

表 2-5 异或运算的真值表

A	B	F
0	0	0
0	1	1
1	0	1
1	1	0

表 2-6 同或运算的真值表

A	B	F
0	0	1
0	1	0
1	0	0
1	1	1

3. 逻辑代数的基本公式和常用公式

1）基本公式

根据逻辑代数中与、或、非3种基本运算规则，可推导出表2-7所示的逻辑代数的一些基本公式。表中所有公式都可用逻辑函数相等的概念予以证明。两个逻辑函数相等，就是对逻辑函数中逻辑变量的所有取值组合，两逻辑函数的值均相同。

表 2-7 逻辑代数的一些基本公式

序号	规律	公式
1	0、1律	$0 + A = A,\ 1 + A = 1,\ 1 \cdot A = A,\ 0 \cdot A = 0$
2	重叠律	$A + A = A,\ A \cdot A = A$
3	互补律	$A + \overline{A} = 1,\ A \cdot \overline{A} = 0$
4	交换律	$A + B = B + A,\ A \cdot B = B \cdot A$
5	结合律	$(A + B) + C = A + (B + C),\ (A \cdot B) \cdot C = A \cdot (B \cdot C)$
6	分配律	$A \cdot (B + C) = A \cdot B + A \cdot C,\ A + B \cdot C = (A + B)(A + C)$
7	反演律	$\overline{A \cdot B} = \overline{A} + \overline{B},\ \overline{A + B} = \overline{A} \cdot \overline{B}$
8	还原律	$\overline{\overline{A}} = A$

反演律还可以扩展：$\overline{A \cdot B \cdot C \cdots} = \overline{A} + \overline{B} + \overline{C} + \cdots$，$\overline{A + B + C + \cdots} = \overline{A} \cdot \overline{B} \cdot \overline{C} \cdots$。

2）常用公式

逻辑代数中的常用公式如表 2-8 所示。

表 2-8 逻辑代数中的常用公式

序号	规律	公式
1	吸收律	$A + AB = A$，$A(A + B) = A$，$A + \overline{A}B = A + B$，$AB + \overline{A}C + BC = AB + \overline{A}C$，$AB + \overline{A}C + BCD = AB + \overline{A}C$
2	对合律	$AB + A\overline{B} = A$，$(A + B)(A + \overline{B}) = A$

4. 逻辑代数的基本规则

1）代入规则

对于任何一个逻辑等式，以某个逻辑变量或逻辑函数同时取代等式两端任何一个相同的逻辑变量后，等式仍然成立。

利用代入规则可以方便地扩展公式。例如，在反演律 $\overline{AB} = \overline{A} + \overline{B}$ 中，用 BC 代替等式中的 B，则等式扩展为 $\overline{ABC} = \overline{A} + \overline{B} + \overline{C}$。

2）反演规则

反演律又被称为德·摩根定理，将其推广可获得反演规则：对于任何一个逻辑函数 F，如果将其中的"·"换成"+"，"+"换成"·"；"0"换成"1"，"1"换成"0"；原变量换成反变量，反变量换成原变量，且运算顺序保持不变，则得到新的逻辑函数 $\overline{F}$ 是原函数 F 的反函数。

利用反演律要注意：

① 不在一个变量上的非号应保持不变；

② 变换后，原来的运算顺序保持不变。例如，$F = A \cdot B + \overline{C} + D$，则 $\overline{F} = \overline{A} + \overline{\overline{BCD}}$。

3）对偶规则

将逻辑函数 F 中的"·"换成"+"，"+"换成"·"；"0"换成"1"，"1"换成"0"，得到一个新的逻辑表达式 F'。F' 即 F 的对偶式。

利用对偶规则时要注意，变换后，原来的运算顺序要保持不变。

若两个逻辑函数相等，则它们的对偶式也相等。因此，对偶规则可用于证明等式。

2.1.3 逻辑函数的建立及其表示方法

在生产或科学实验中，为了解决某个实际问题，必须研究其因变量和自变量之间的逻辑关系，从而得出相应的逻辑函数。一般来说，应根据实际的逻辑命题确定哪些是逻辑变量，哪些是逻辑函数，然后研究它们之间的因果关系，列出真值表，写出表达式。下面通过一个简单的例子来说明逻辑函数的建立过程，以及逻辑函数的几种表示方法。

【例 2-1】设计一个 A、B、C 三人表决电路。当表决某个提案时，多数人同意，则提案通过，要求设计一个满足上述要求的逻辑电路。

解：(1) 分析设计要求，列出真值表。

设 A、B、C 同意提案时取值为 1，不同意时取值为 0；F 表示表决结果，提案通过则取值为 1，否则取值为 0。可得真值表如表 2-9 所示。

表 2-9 逻辑函数的真值表

A	B	C	F
0	0	0	0
0	0	1	0
0	1	0	0
0	1	1	1
1	0	0	0
1	0	1	1
1	1	0	1
1	1	1	1

(2) 根据真值表写出逻辑函数表达式：

$$F = \overline{A}BC + A\overline{B}C + AB\overline{C} + ABC$$

(3) 化简：

$$F = \overline{A}BC + A\overline{B}C + AB\overline{C} + ABC = AB + AC + BC$$

(4) 根据化简后的逻辑函数表达式，画出逻辑电路图，如图 2-5 所示。

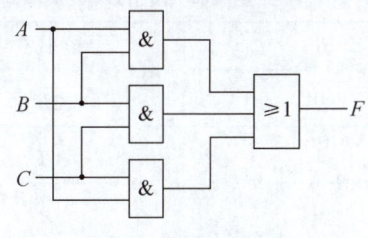

图 2-5 逻辑电路图

从上例可以看出，逻辑函数可以用真值表、逻辑函数表达式、逻辑电路图 3 种方式来表示，并且各种方式可以相互转换。另外，逻辑函数还可以用卡诺图表示，将在后面的逻辑函数的化简中介绍。

2.1.4 逻辑函数的化简

设计逻辑电路时，每个逻辑函数表达式对应一个逻辑电路，因此化简和变换逻辑函数可以简化逻辑电路、节省器材、降低成本、提高电路的运算速度与系统的可靠性。

逻辑函数的化简方法有两种：代数化简法和卡诺图化简法。

1. 代数化简法

代数化简法是直接利用逻辑代数的基本公式、常用公式和定理进行化简的一种方法。

利用互补律 $A + \overline{A} = 1$ 化简：

$$F_1 = AB\overline{C} + \overline{A}B\overline{C} = B\overline{C}$$

利用对合律 $AB + A\overline{B} = A$ 化简：

$$F_2 = (A\overline{B} + \overline{A}B)C + (AB + \overline{A}\,\overline{B})\overline{C} = (A \oplus B)C + (\overline{A \oplus B})\overline{C} = C$$

利用吸收律 $A + AB = A$ 化简：

$$F_3 = A\overline{C} + ABCD(E + F + G) = A\overline{C}$$

利用吸收律 $A + \overline{A}B = A + B$ 和交换律化简：

$$F_4 = AB + \overline{A}\,\overline{C} + \overline{B} = AB + (\overline{A}\,\overline{C} + \overline{B}) = AB + \overline{A}\,\overline{C} + \overline{B} = (AB + \overline{B}) + \overline{A}\,\overline{C}$$
$$= A + \overline{B} + \overline{A}\,\overline{C} = (A + \overline{A}\,\overline{C}) + \overline{B} = A + \overline{C} + \overline{B}$$

2. 卡诺图化简法

用代数化简法需要熟记逻辑代数的基本公式和常用公式，还需要一定的运算技巧才能熟练化简。用卡诺图化简逻辑函数简单直观，且容易确定是否已经得到最简结果，但只适用于逻辑变量比较少的逻辑函数的化简。

1) 逻辑函数的最小项表示

如果一个逻辑函数有 n 个变量，就有 2^n 个最小项。例如，两个变量 A、B，有 4 个最小项，分别是 $\overline{A}\,\overline{B}$、$\overline{A}B$、$A\overline{B}$、$AB$。这些最小项的特点是，每一个与项都只有两个变量，每一个变量在某一个与项中只能以原变量或反变量的形式出现一次。显然，A、$\overline{A}BA$、$AB\overline{B}$、$AB\,\overline{B}\,\overline{A}$……都不是最小项。

为了便于使用卡诺图，常将最小项编号，两变量逻辑函数的最小项及编号如表 2-10 所示。

表 2-10 两变量逻辑函数的最小项及编号

A	B	最小项	编号
0	0	$\overline{A}\,\overline{B}$	m_0
0	1	$\overline{A}B$	m_1
1	0	$A\overline{B}$	m_2
1	1	AB	m_3

任何逻辑函数都可以写成最小项表达式。

【例 2-2】将函数 $F = A + BC$ 变换成最小项表达式。

解：$F = A + BC$
$$= A(B + \overline{B})(C + \overline{C}) + (A + \overline{A})BC$$
$$= ABC + AB\overline{C} + A\overline{B}C + A\overline{B}\,\overline{C} + ABC + \overline{A}BC$$
$$= ABC + AB\overline{C} + A\overline{B}C + A\overline{B}\,\overline{C} + \overline{A}BC$$
$$= m_7 + m_5 + m_6 + m_4 + m_3$$
$$= \sum m(3, 4, 5, 6, 7)$$

2) 卡诺图的构成

逻辑函数的卡诺图由逻辑函数的最小项对应的小方格构成，任意两个相邻的小方格所对应的最小项只有一个变量之差，如图 2-6(a)、图 2-6(b)、图 2-6(c)分别是两变量、3 变量和 4 变量的卡诺图。

A\B	0	1
0	$\bar{A}\bar{B}$	$\bar{A}B$
1	$A\bar{B}$	AB

(a)

A\BC	00	01	11	10
0	$\bar{A}\bar{B}\bar{C}$	$\bar{A}\bar{B}C$	$\bar{A}BC$	$\bar{A}B\bar{C}$
1	$A\bar{B}\bar{C}$	$A\bar{B}C$	ABC	$AB\bar{C}$

(b)

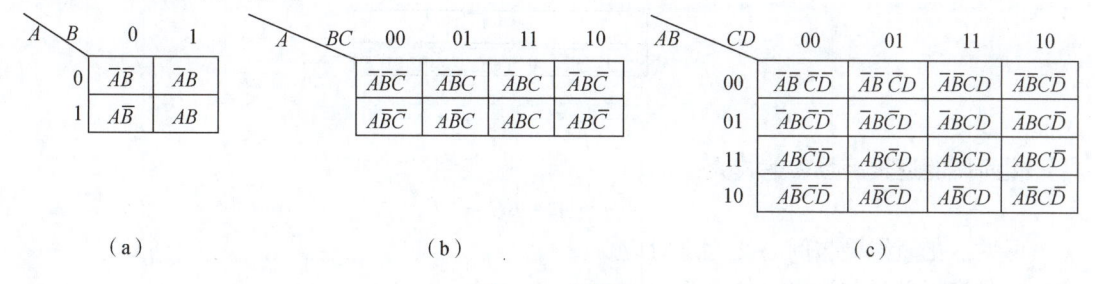

AB\CD	00	01	11	10
00	$\bar{A}\bar{B}\bar{C}\bar{D}$	$\bar{A}\bar{B}\bar{C}D$	$\bar{A}\bar{B}CD$	$\bar{A}\bar{B}C\bar{D}$
01	$\bar{A}B\bar{C}\bar{D}$	$\bar{A}B\bar{C}D$	$\bar{A}BCD$	$\bar{A}BC\bar{D}$
11	$AB\bar{C}\bar{D}$	$AB\bar{C}D$	$ABCD$	$ABC\bar{D}$
10	$A\bar{B}\bar{C}\bar{D}$	$A\bar{B}\bar{C}D$	$A\bar{B}CD$	$A\bar{B}C\bar{D}$

(c)

图 2-6 卡诺图

(a)两变量卡诺图；(b)3 变量卡诺图；(c)4 变量卡诺图

3) 用卡诺图表示逻辑函数

先确定是几变量的逻辑函数，画出对应的卡诺图，将逻辑函数最小项表达式中的各个最小项在对应的小方格内填 1，其余填 0 或不填。例 2-2 逻辑函数对应的卡诺图如图 2-7 所示。

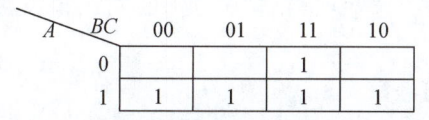

A\BC	00	01	11	10
0			1	
1	1	1	1	1

图 2-7 例 2-2 逻辑函数对应的卡诺图

4) 用卡诺图化简逻辑函数

在卡诺图中，代表最小项的小方格排列规则是，在逻辑上相邻的最小项，几何位置上也要相邻(上下相邻、左右相邻)，并满足循环相邻(同一行最左和最右相邻，同一列最上和最下相邻)。因为任意两个相邻的小方格所对应的最小项只有一个变量之差，所以这两个相邻的最小项合并后，可以消去一个变量，只留相同变量相与；任意 4 个相邻的最小项合并后，可以消去两个变量，只留相同变量相与，……

用卡诺图化简逻辑函数的步骤如下。

(1) 画出函数卡诺图。
(2) 对填"1"的相邻最小项方格画包围圈。
(3) 将各圈分别化简。
(4) 将各圈化简结果逻辑加。

画包围圈的规则如下。

(1) 包围圈必须包含 2^n 个相邻"1"方格，且必须成方形。
(2) 先圈小再圈大，圈越大越好。
(3) "1"方格可重复圈，但每圈必须有新"1"。
(4) 每个"1"格必须圈到，孤立项也不能漏掉。

注意：

(1) 同一列最上边和最下边循环相邻，可画圈。
(2) 同一行最左边和最右边循环相邻，可画圈。
(3) 4 个角上的"1"方格也循环相邻，可画圈。

【例 2-3】化简图 2-7 表示的逻辑函数。

解： 对应的卡诺图画圈后如图 2-8 所示。

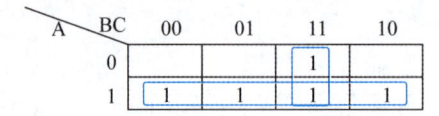

A\BC	00	01	11	10
0			1	
1	1	1	1	1

图 2-8 例 2-2 逻辑函数对应的卡诺图画圈后

化简后的逻辑函数表达式为

$$F = A + BC$$

可见，化简结果与例 2-2 完全对应。

5）具有无关项的逻辑函数化简

前面讨论的逻辑函数，其函数的真值是完全确定的，不是"0"就是"1"，但在实际问题中会遇到一些情况：①电路输入变量的某些取值组合对输出结果没有影响；②由于外部条件的限制，输入变量的某些组合不会在电路上出现，或者不允许出现。如果这样，其对应的输出是"1"或是"0"也就无关紧要了。通常将这些组合值对应的最小项叫无关项、约束项或任意项，在真值表和卡诺图里通常用 Ø（或×）表示，在逻辑函数表达式中常用 d 表示。在进行逻辑函数化简时，这些项当作"0"或"1"对结果没有影响，具体取值根据使逻辑函数化简得更简单而定。

【例 2-4】 用卡诺图化简函数

$$Y = \sum m(0, 1, 4, 6, 9, 13) + \sum d(2, 3, 5, 7, 10, 11, 15)$$

解：（1）画变量卡诺图，最小项编号最大 13，所以画出 4 变量的卡诺图，如图 2-9 所示。

（2）填图，如图 2-9 所示。

（3）画包围圈，如图 2-9 所示。

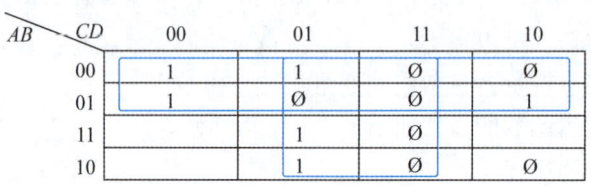

AB\CD	00	01	11	10
00	1	1	Ø	Ø
01	1	Ø	Ø	1
11		1	Ø	
10		1	Ø	Ø

图 2-9 例 2-4 卡诺图

（4）写出最简与或式 $Y = \bar{A} + D$。

2.2 逻辑门电路

构成计算机系统的硬件电路是各种数字电路，而集成逻辑门电路是各种数字电路的基本逻辑单元。计算机系统中的基本算术运算和逻辑运算都通过逻辑门电路来实现。下面讨论半导体二极管和三极管的开关特性以及分立元件逻辑门电路的基本原理。

2.2.1 门电路中半导体器件的开关特性

1. 半导体二极管的开关特性

图 2-10 是二极管开关电路，假定输入信号的高电平为 U_{IH}，低电平为 U_{IL}；输出高电

平为 U_{OH}，低电平为 U_{OL}。则当输入低电平 $u_I = U_{IL} = 0$ 时，二极管导通，若忽略二极管导通压降，则 $u_O = U_{OL} = 0$；当输入高电平 $u_I = U_{IH} = V_{CC}$ 时，二极管截止，输出 $u_O = U_{OH} = V_{CC}$。因此，在输入端加高、低电平可以控制二极管的开关状态。

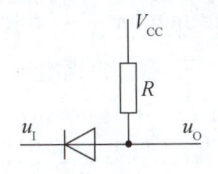

图 2-10 二极管开关电路

但是二极管开关状态的转换不可能瞬间完成，二极管由导通到截止及由截止到导通的过程都需要一定的时间。由截止到导通所需的时间被称为开通时间 t_{on}，这段时间很短，通常可以忽略不计。由导通到截止所需的时间被称为关闭时间 t_{off}，此转换过程会产生很大的反向电流，需经过一段恢复时间后反向电流才接近于0，二极管才真正进入截止状态，一般是纳秒数量级，它的存在限制了二极管的工作速度。其变化过程如图 2-11(b) 所示。

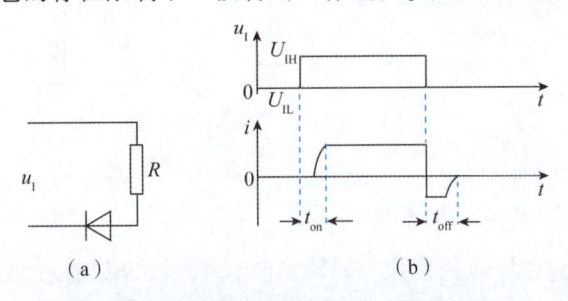

图 2-11 二极管开关电路及其动态电流波形
(a)开关电路；(b)输入电压与输出动态电流

产生上述现象的原因是二极管在正向导通时，从 P 区扩散到 N 区的空穴在 N 区内有一定量的存储；同样，从 N 区扩散到 P 区的电子在 P 区内有一定量的存储，如图 2-12(a) 所示。当突然给二极管加反向电压时，存储在 P 区的电子和 N 区的空穴，它们的消散都需要一定的时间，因而形成瞬时反向电流 $-I_F$，如图 2-12(b) 所示。

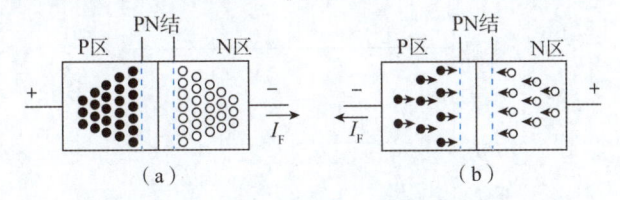

图 2-12 二极管由导通到截止
(a)二极管加正向电压时；(b)二极管突然加反向电压时

正向电流越大、二极管的结面积越大，存储电荷就越多，反向恢复时间就越长。

二极管从反向截止到正向导通，在 P 区和 N 区内电荷的积累同样也需要时间，但它和 t_{off} 相比小得多，故可以忽略不计。

2. 半导体三极管的开关特性

图 2-13(a)、图 2-13(b) 分别是硅三极管开关电路和输出特性。

当输入低电平 $u_I = U_{IL} < 0.7 \text{ V}$ 时，三极管因发射结电压小于其导通电压而截止，工作

在输出特性的截止区，三极管的集电极 c 和发射极 e 之间近似于开路，相当于开关断开，$i_B \approx 0$，$i_C \approx 0$，$u_O = u_{CE} \approx V_{CC}$，其等效电路如图 2-14(a)所示。

当输入高电平 $u_I = U_{IH}$，比如 $u_I = V_{CC}$ 时，三极管饱和导通（通常认为 $u_{CE} = u_{BE}$ 的状态为临界饱和状态）。此时，三极管的基极电流 i_B 大于其临界饱和电流 I_{BS}，三极管工作在输出特性的饱和区，$u_O = U_{CES} \leq 0.3 \text{ V}$，三极管的集电极 c 和发射极 e 之间近似短路，相当于开关闭合，$u_O \approx 0$，其等效电路如图 2-14(b)所示。

由图 2-13(b)可知，三极管除了截止区与饱和区，还有放大区。放大状态主要应用于模拟电路中。数字电路中，三极管的输入信号一般都是高、低电平，所以三极管不是工作在截止区，就是工作在饱和区。

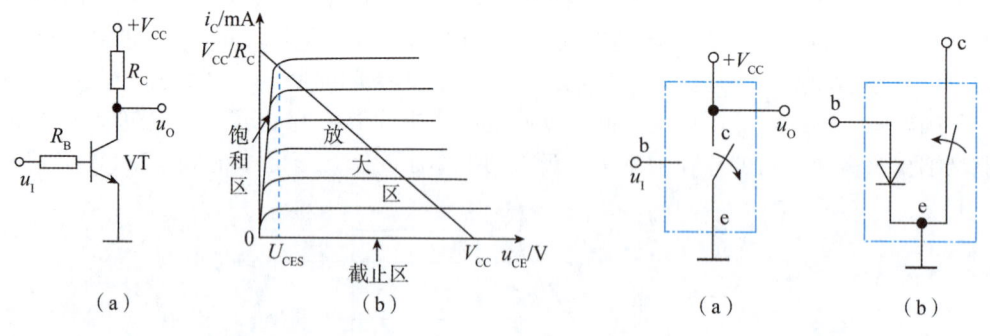

图 2-13 三极管开关电路及输出特性图
（a）开关电路；（b）输出特性

图 2-14 三极管开关等效电路
（a）截止状态；（b）饱和导通状态

三极管在截止与饱和导通两种状态间转换时，由于 PN 结存在结电容，其内部电荷的积累和消散都需要一定的时间，三极管由截止到导通所需的时间为开通时间 t_{on}，由导通到截止所需的时间为关闭时间 t_{off}，一般情况下，$t_{off} > t_{on}$。三极管的动态开关时间限制了开关电路的工作速度，如图 2-15 所示，三极管集电极电流 i_C 的变化滞后于输入电压 u_I 的变化。

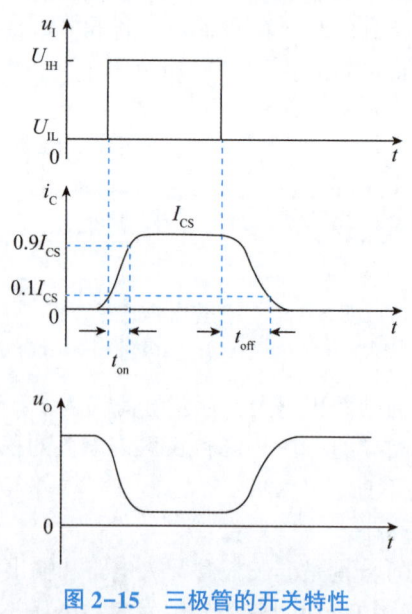

图 2-15 三极管的开关特性

3. MOS 管的开关特性

绝缘栅场效应管(Metal Oxide Semiconductor, MOS)有 4 种类型：N 沟道增强型、P 沟道增强型、N 沟道耗尽型、P 沟道耗尽型。数字电路中普遍采用增强型 MOS 管。

1) N 沟道增强型绝缘栅场效应管(N Metal Oxide Semiconductor, NMOS)的工作状态及条件

图 2-16 为 NMOS 管共源接法及其输出特性曲线，输出特性曲线分为以下 3 个区域。

(1) 截止区：当 $u_{GS} < U_{GS(th)}$ ($U_{GS(th)}$ 为 MOS 管的开启电压)时，D-S(D 表示漏极，S 表示源极)间没有导电沟道，$i_D \approx 0$，这时 D-S 间的内阻极高，可达数百兆欧。

(2) 恒流区(饱和区)：当 $u_{GS} \geq U_{GS(th)}$，$u_{GD} < U_{GS(th)}$ 时，即特性曲线的中间部分，有 i_D 产生，且 i_D 基本不随 u_{DS} 而变化，i_D 主要取决于 u_{GS}，特性曲线近似水平，D-S 间可以看成一个受 u_{GS} 控制的电流源。

(3) 可变电阻区：当 $u_{GS} \geq U_{GS(th)}$，$u_{GD} > U_{GS(th)}$ 时，即特性曲线最左侧部分，i_D 随 u_{DS} 的增加而直线上升，二者之间基本上是线性关系，此时 MOS 管近似为一个线性电阻。u_{GS} 值越大，则曲线越陡，等效电阻就越小。

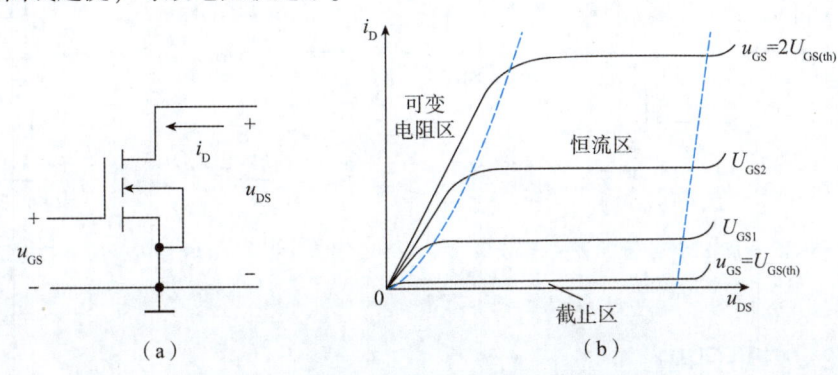

图 2-16 NMOS 管共源接法及其输出特性曲线

(a) NMOS 管共源接法；(b) 输出特性曲线

2) P 沟道增强型 MOS 管(简称 PMOS 管)的工作状态及条件

图 2-17 为 PMOS 管共源接法及输出特性曲线。类似地，输出特性曲线分为 3 个区域。

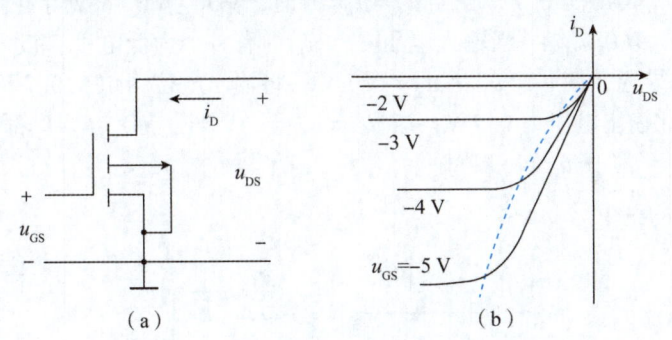

图 2-17 PMOS 管共源接法及输出特性曲线

(a) PMOS 管共源接法；(b) 输出特性曲线

(1) 当 $|u_{GS}| < |U_{GS(th)}|$ 时，处于截止区。

(2) 当 $|u_{GS}| \geq |U_{GS(th)}|$，$|u_{GD}| < |U_{GS(th)}|$ 时，处于恒流区(饱和区)。

(3) 当 $|u_{GS}| \geq |U_{GS(th)}|$，$|u_{GD}| > |U_{GS(th)}|$ 时，处于可变电阻区。

注意：对于 PMOS 管，无论是结构、符号，还是特性曲线，与 NMOS 管都有着明显的对偶关系。它的各个工作区的 u_{GS}、u_{DS} 极性都与 NMOS 管相反，开启电压 $U_{GS(th)}$ 也是负的。

在数字电路中，MOS 管不是工作在截止区，就是工作在可变电阻区。恒流区主要应用于模拟电路中。

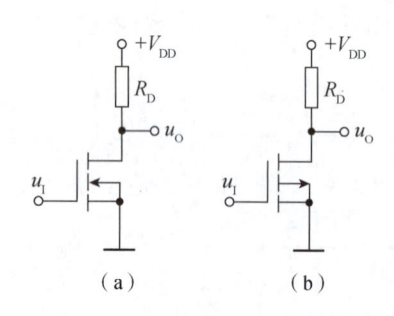

图 2-18(a)、图 2-18(b) 分别为 NMOS 管和 PMOS 管的开关电路。

MOS 管的开关特性与三极管类似。以 NMOS 管开关电路为例，当 $u_{GS} < U_{GS(th)}$ 时，NMOS 管截止，D-S 间的等效电阻极高，在 $10^9 \Omega$ 以上，则输出高电平 U_{OH}，且 $U_{OH} \approx V_{DD}$。此时 NMOS 管的 D-S 间相当于断开的开关，如图 2-19(a) 所示。

当 $u_{GS} \geq U_{GS(th)}$ 时，NMOS 管导通并工作在可变电阻区，D-S 间的等效电阻很小，在 1 kΩ 以内，则输出低电平 U_{OL}，且 $U_{OL} \approx 0$。此时 NMOS 管的 D-S 间相当于闭合的开关，如图 2-19(b) 所示。

图 2-18 NMOS 管和 PMOS 管的开关电路
(a) NMOS；(b) PMOS

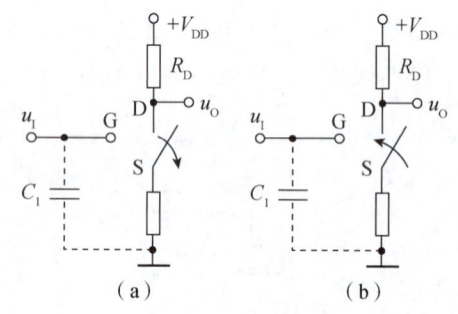

图 2-19 NMOS 管的开关等效电路
(a) 截止状态；(b) 导通状态

2.2.2 常用门电路

1. 二极管与门

最简单的与门由二极管和电阻组成，其电路和逻辑符号如图 2-20 所示。

设 $V_{CC} = 5$ V，A、B 输入端的高、低电平分别为 $U_{IH} = 3$ V，$U_{IL} = 0$，二极管 VD_1、VD_2 的正向导通压降 $u_{D1} = u_{D2} = 0.7$ V。当 $u_A = u_B = 0$ 时，VD_1、VD_2 都处于正向导通状态，$u_Y = u_{D1} + u_A = u_{D2} + u_B = 0.7$ V；当输入电压 u_A、u_B 中有一个为低电平，设 $u_A = 0$，$u_B = 3$ V 时，则 VD_1 抢先导通，使 $u_Y = u_{D1} + u_A = 0.7$ V，将输出电位钳位在 0.7 V，使 VD_2 受反向电压而截止，因此输出电压为 0.7 V；当 $u_A = u_B = 3$ V 时，VD_1、VD_2 都处于正向导通状态，$u_Y = u_{D1} + u_A = u_{D2} + u_B = 3.7$ V。

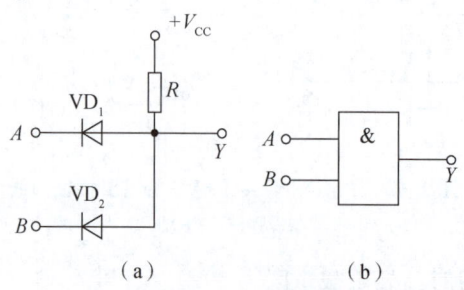

图 2-20 二极管与门
(a) 电路；(b) 逻辑符号

规定 3 V 以上为高电平,用逻辑 1 状态表示;0.7 V 以下为低电平,用逻辑 0 状态表示,可得表 2-11 的真值表。显然 Y 和 A、B 是与逻辑关系,用逻辑函数表达式表示为 Y = AB。

表 2-11 与门真值表

A	B	Y
0	0	0
0	1	0
1	0	0
1	1	1

2. 二极管或门

由二极管和电阻组成的或门,其电路和逻辑符号如图 2-21 所示。当至少有一个输入为高电平 U_{IH} 时,相应的二极管导通,使输出为高电平 U_{OH};只有当两个输入均为低电平 U_{IL} 时,两个二极管均截止,使输出为低电平 U_{OL}。其真值表如表 2-12 所示,显然 Y 和 A、B 是或逻辑关系。用逻辑函数表达式表示为 Y = A + B。

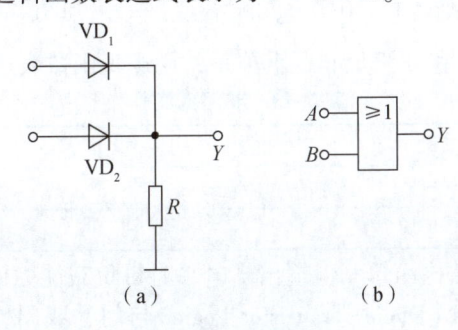

图 2-21 二极管或门
(a)电路;(b)逻辑符号

表 2-12 或门真值表

A	B	Y
0	0	0
0	1	1
0	0	0
1	1	1

由二极管组成的与门和或门电路结构简单、价格便宜,但存在着输出电平偏移的问题,若电路由多级组成,电平偏移值就会增大而出现逻辑错误;另外,抗干扰能力和带负载能力均较差,负载电阻的变化对输出电平的影响较大。

3. 三极管非门

非门也叫反相器,图 2-22 所示是三极管非门电路及其逻辑符号。设 $U_{IL} = 0$,$U_{IH} = 5$ V。当 $u_A = U_{IL} = 0$ 时,三极管截止,$i_B = i_C \approx 0$,所以 $u_Y = V_{CC} = 5$ V,输出高电平;当 $u_A = U_{IH} = 5$ V 时,发射结正偏,且有

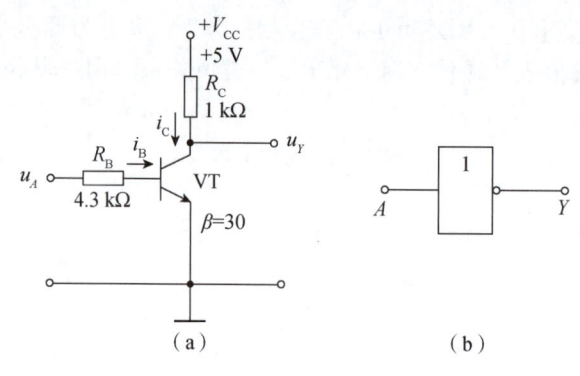

图 2-22　三极管非门

(a) 电路；(b) 逻辑符号

$$i_B = \frac{u_A - u_{BE}}{R_B} = \frac{5 - 0.7}{4.3} \text{ mA} = 1 \text{ mA}$$

$$I_{BS} \approx \frac{V_{CC}}{\beta R_C} = \frac{5}{30 \times 1} \text{ mA} \approx 0.17 \text{ mA}$$

因 $i_B > I_{BS}$，所以三极管 VT 工作在饱和状态，$u_Y = U_{CES} = 0.3$ V，输出低电平。其真值表如表 2-13 所示，显然 Y 和 A 满足非逻辑关系，用逻辑函数表达式表示为 $Y = \overline{A}$。

表 2-13　非门真值表

A	Y
0	1
1	0

三极管非门的特点：结构简单，但输出高电平时带负载能力差。

以上讨论了基本的 DTL（Diode-Transistor Logic）与门、或门、非门，利用它们还可以构成 DTL 与非门、或非门，但由于它们带负载能力较差，开关特性也不理想，所以工程上已很少应用。现代数字电路广泛采用集成门电路，集成门电路按内部有源器件的不同可分为两大类：一类为由三极管构成的晶体管-晶体管逻辑（Transistor-Transistor Logic，TTL）集成门电路；另一类是由互补金属氧化物半导体（Complementary Metal Oxide Semiconductor，CMOS）管构成的集成门电路。

本章作为计算机系统硬件结构的知识补充，限于篇幅，关于 TTL 集成门电路的组成结构、工作原理与外部电气特性等可参见相关数字电路教材。

4. MOS 管门电路

单极型逻辑门以 MOS 管作为开关元器件，图 2-23、图 2-24、图 2-25 分别是 CMOS 非门、CMOS 与非门、CMOS 或非门电路。

图 2-23 中，VT_P 是 PMOS 管，VT_N 是 NMOS 管，它们的栅极连接起来作为输入端，漏极连接起来作为输出端，VT_P 的源极接电源 V_{DD}，VT_N 的源极接地。要求 $V_{DD} > U_{GS(th)N} + |U_{GS(th)P}|$，且 $|U_{GS(th)P}| = U_{GS(th)N}$。

当输入为低电平，即 $u_I = 0$ 时，由于 $u_{GSN} = 0 < U_{GS(th)N}$，$VT_N$ 截止；由于 $|u_{GSP}| = V_{DD} > |U_{GS(th)P}|$，$VT_P$ 导通。故输出 $u_O \approx V_{DD}$，即 u_O 为高电平。

当输入为高电平，即 $u_I = V_{DD}$ 时，由于 $u_{GSN} = V_{DD} > U_{GS(th)N}$，$VT_N$ 导通；由于 $|u_{GSP}| = 0 < |U_{GS(th)P}|$，$VT_P$ 截止。故输出 $u_O \approx 0$，即 u_O 为低电平。

CMOS 反相器电源利用率高，输出电压幅度几乎与电源电压 V_{DD} 相同。而且无论电路处于何种状态，VT_N、VT_P 中总有一个是截止的，所以 CMOS 反相器的静态功耗很低。

图 2-24 CMOS 与非门和图 2-25 CMOS 或非门的工作原理参见相关数字电路教材。

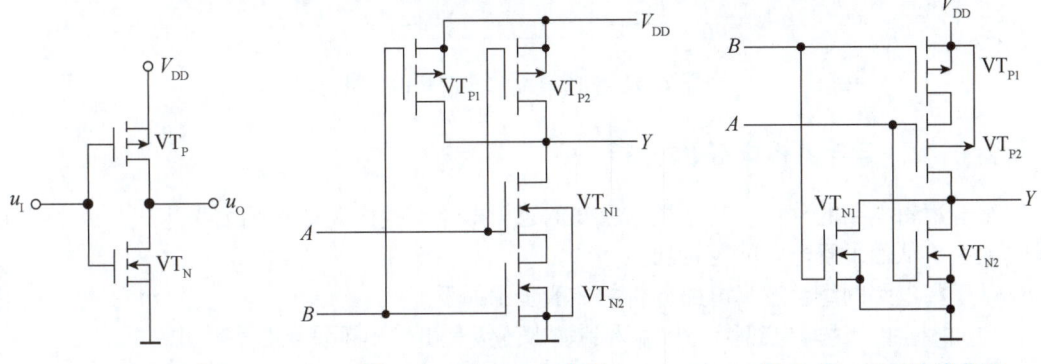

图 2-23　CMOS 非门　　　图 2-24　CMOS 与非门　　　图 2-25　CMOS 或非门

5. TTL 三态输出门（TS 门）

三态输出门（Three-State Output Gate，TS），是指逻辑门的输出除高、低电平两种状态外，还有第三种状态——高阻状态 Z（或称禁止状态）的门电路。三态输出门在计算机系统中常用于总线结构。图 2-26 所示是三态输出与非门的逻辑符号，EN（$\overline{EN}$）为控制端，或称使能端。图 2-26（a）是 EN = 1 时处于正常的与非门工作状态，称为控制端高电平有效，在逻辑符号上，控制端没有小圆圈。图 2-26（b）是 $\overline{EN}$ = 0 时为工作状态，控制端低电平有效，在逻辑符号上，控制端则用小圆圈表示低电平有效。

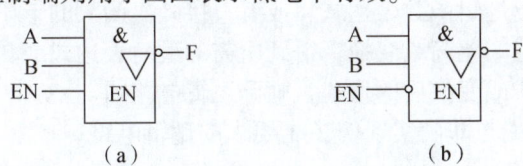

图 2-26　三态输出与非门的逻辑符号
（a）使能端高电平有效；（b）使能端低电平有效

2.3　组合逻辑电路

组合逻辑电路在任何时刻的输出状态仅取决于当前所有输入信号的组合，与电路原来的状态无关。组合逻辑电路的结构框图如图 2-27 所示，具有如下特点。

（1）电路中不存在输出端到输入端的反馈通道。

（2）电路中无"记忆"元件，一般由各种门电路组合而成。

图 2-27 中 A_1，A_2，…，A_m 表示输入 m 个逻辑变量，L_1，L_2，…，L_n 表示 n 个输出变量。每一个输出变量是部分或全部输入变量的函数，它们之间的函数关系表示为

$$L_1 = f_1(A_1, A_2, \cdots, A_m)$$
$$L_2 = f_2(A_1, A_2, \cdots, A_m)$$
$$\vdots$$
$$L_n = f_n(A_1, A_2, \cdots, A_m)$$

图 2-27 组合逻辑电路的结构框图

2.3.1 组合逻辑电路的分析

组合逻辑电路的分析，就是根据已知的逻辑电路，找出其逻辑函数表达式，或者列出其真值表，从而了解电路的逻辑功能。

基于门电路的组合逻辑电路分析的一般步骤如下。

(1) 根据组合逻辑电路图，从输入到输出逐级写出输出逻辑函数表达式。
(2) 根据需要对表达式进行化简或变换，或者列出真值表。
(3) 根据表达式或真值表确定电路的逻辑功能。

2.3.2 组合逻辑电路的设计

组合逻辑电路的设计，就是根据给出的实际逻辑问题，求出实现这一逻辑功能的最简单逻辑电路。

应用门电路设计组合逻辑电路的一般步骤如下。

(1) 根据逻辑功能要求，进行逻辑抽象，列出真值表。
(2) 根据真值表写出逻辑函数表达式，或者直接画出函数的卡诺图。
(3) 把逻辑函数表达式化简或变换，得到所需的最简表达式或转换成需要的形式。
(4) 按照最简表达式或变换后的形式，画出逻辑电路图。

【例 2-5】用 3 输入端与非门实现例 2-1 要求的逻辑电路。

解： 由【例 2-1】可知，

$$F = AB + AC + BC$$

题设要求用与非门实现，故利用反演律对上式作变换如下：

$$F = AB + AC + BC = \overline{\overline{AB}\,\overline{AC}\,\overline{BC}}$$

根据变换后的与非-与非表达式，画出逻辑电路图，如图 2-28 所示。

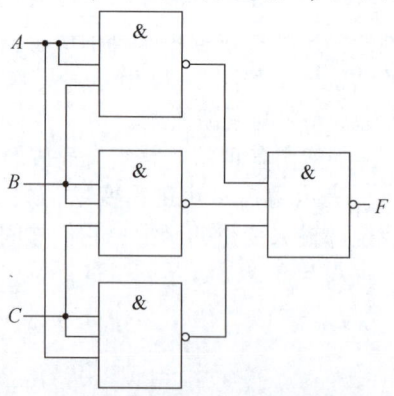

图 2-28 例 2-5 逻辑电路图

2.3.3　常用组合逻辑电路及其应用

随着数字集成电路生产工艺的不断成熟，具有通用性的数字逻辑功能电路在计算机系统中经常出现，这种通用性的功能电路已制成标准化、系列化的中大规模的单片商品集成电路芯片。常用的集成中规模组合逻辑电路包括译码器、数据选择器和加法器等。

1. 译码器

译码器(Decoder)是一种多输入、多输出的组合逻辑电路，其结构框图如图2-29所示。译码器有 N 个输入，最多可有 M 个输出，它的输入是一组二进制代码，输出则是高、低电平信号。对应每一组代码，只有一个输出为有效电平，其余输出为无效电平。其中 M 和 N 的关系满足：$2^N \geq M$。

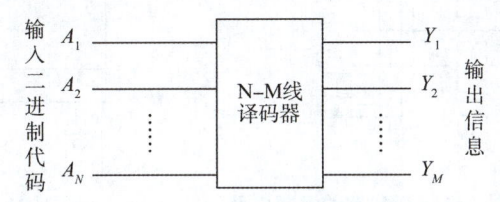

图 2-29　译码器结构框图

将具有特定含义的一组二进制代码，按其原意翻译为相对应的输出信号的电路，称为二进制译码器。常用的二进制译码器有2线-4线译码器74139、3线-8线译码器74138、4线-16线译码器74154等。

用与非门组成的74138译码器的逻辑电路图如图2-30所示，其逻辑符号如图2-31所示。该译码器有3个二进制编码输入端 A_2、A_1 和 A_0，3个选通控制输入端 ST_A、$\overline{ST_B}$ 和 $\overline{ST_C}$，8个译码输出端 $\overline{Y_7} \sim \overline{Y_0}$。

74138译码器的真值表如表2-14所示，从表中可以看出其具有如下功能。

(1) 该译码器的输入是原码输入，输出是低电平有效。例如，当 $A_2A_1A_0=000$ 时，仅选中一个对应的输出 $\overline{Y_0}=0$，其余输出均为无效高电平1。

(2) ST_A、$\overline{ST_B}$ 和 $\overline{ST_C}$ 是选通控制输入端，当 $ST_A=0$ 或 $\overline{ST_B}+\overline{ST_C}=1$ 时，输出 $\overline{Y_7} \sim \overline{Y_0}$ 全为无效高电平状态，译码器不工作；只有当 $ST_A=1$ 且 $\overline{ST_B}+\overline{ST_C}=0$ 时，译码器才允许译码。利用这3个"片选"控制端可以将多个芯片连接起来以扩展译码器。

(3) 当选通控制输入端有效时，写出输出 $\overline{Y_7} \sim \overline{Y_0}$ 的表达式：

$\overline{Y_0}=\overline{\overline{A_2}\,\overline{A_1}\,\overline{A_0}}=\overline{m_0}$　　$\overline{Y_1}=\overline{\overline{A_2}\,\overline{A_1}\,A_0}=\overline{m_1}$　　$\overline{Y_2}=\overline{\overline{A_2}\,A_1\,\overline{A_0}}=\overline{m_2}$　　$\overline{Y_3}=\overline{\overline{A_2}\,A_1\,A_0}=\overline{m_3}$

$\overline{Y_4}=\overline{A_2\,\overline{A_1}\,\overline{A_0}}=\overline{m_4}$　　$\overline{Y_5}=\overline{A_2\,\overline{A_1}\,A_0}=\overline{m_5}$　　$\overline{Y_6}=\overline{A_2\,A_1\,\overline{A_0}}=\overline{m_6}$　　$\overline{Y_7}=\overline{A_2\,A_1\,A_0}=\overline{m_7}$

由输出表达式可以看出，$\overline{Y_7} \sim \overline{Y_0}$ 是对应 A_2、A_1、A_0 这3个变量的最小项，因此能够方便地实现任意3变量的逻辑函数。

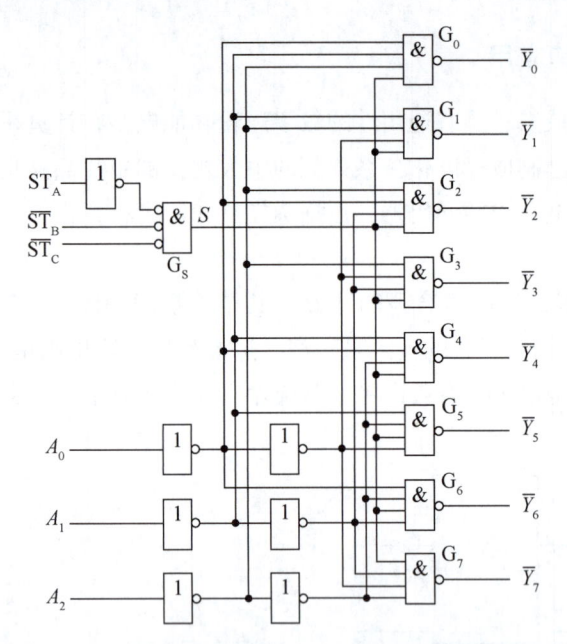

图 2-30 用与非门组成的 74138 译码器的逻辑电路图 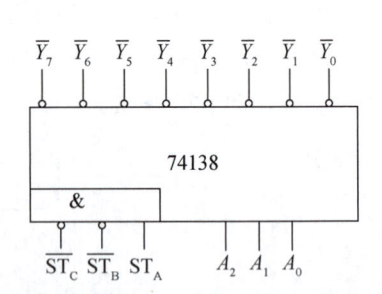　　图 2-31 74138 的逻辑符号

表 2-14　74138 译码器的真值表

输入						输出							
ST_A	$\overline{ST_B}$	$\overline{ST_C}$	A_2	A_1	A_0	$\overline{Y_7}$	$\overline{Y_6}$	$\overline{Y_5}$	$\overline{Y_4}$	$\overline{Y_3}$	$\overline{Y_2}$	$\overline{Y_1}$	$\overline{Y_0}$
×	1	×	×	×	×	1	1	1	1	1	1	1	1
×	×	1	×	×	×	1	1	1	1	1	1	1	1
0	×	×	×	×	×	1	1	1	1	1	1	1	1
1	0	0	0	0	0	1	1	1	1	1	1	1	0
1	0	0	0	0	1	1	1	1	1	1	1	0	1
1	0	0	0	1	0	1	1	1	1	1	0	1	1
1	0	0	0	1	1	1	1	1	1	0	1	1	1
1	0	0	1	0	0	1	1	1	0	1	1	1	1
1	0	0	1	0	1	1	1	0	1	1	1	1	1
1	0	0	1	1	0	1	0	1	1	1	1	1	1
1	0	0	1	1	1	0	1	1	1	1	1	1	1

注释：×表示任意状态。

2. 数据选择器

数据选择器(Multiplexer，MUX)又称多路选择器或多路开关，基本功能是在 n 路地址输入信号的控制下，从 2^n 个数据输入信号中选择一个作为输出。数据选择器的特点是多路输入、一路输出。常用的数据选择器有双 4 选 1 数据选择器 74153、8 选 1 数据选择器 74151 等。

74151 的逻辑符号如图 2-32 所示，有 8 个数据输入端 $D_7 \sim D_0$、3 个地址输入端 $A_2 \sim A_0$、1 个选通控制输入端 $\overline{S}$ 和 1 个输出端 Y。真值表如表 2-15 所示。

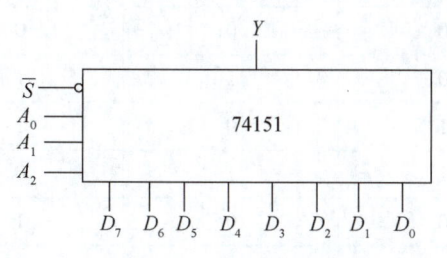

图 2-32　74151 的逻辑符号

表 2-15　74151 的真值表

输入				输出
使能输入	地址输入			
$\overline{S}$	A_2	A_1	A_0	Y
1	×	×	×	0
0	0	0	0	D_0
0	0	0	1	D_1
0	0	1	0	D_2
0	0	1	1	D_3
0	1	0	0	D_4
0	1	0	1	D_5
0	1	1	0	D_6
0	1	1	1	D_7

当 $\overline{S}$ 为 0 时，输出的逻辑函数表达式为

$$Y = \overline{A}_2 \overline{A}_1 \overline{A}_0 D_0 + \overline{A}_2 \overline{A}_1 A_0 D_1 + \overline{A}_2 A_1 \overline{A}_0 D_2 + \overline{A}_2 A_1 A_0 D_3 + A_2 \overline{A}_1 \overline{A}_0 D_4$$
$$+ A_2 \overline{A}_1 A_0 D_5 + A_2 A_1 \overline{A}_0 D_6 + A_2 A_1 A_0 D_7 = \sum_{i=0}^{7} m_i D_i$$

由输出表达式可以看出，若将 $A_2 A_1 A_0$ 作为 3 个输入变量，同时令 $D_0 \sim D_7$ 为适当的状态，就可以在 74151 的输出端实现任意 3 变量的组合逻辑函数。

3. 加法器

加法器（Adder）是计算机系统运算器的基本部件之一，两个多位二进制数相加时，除了最低位外，每一位都应考虑来自低位的进位，即将两个对应位的加数和来自低位的进位 3 个数相加，这种运算被称为全加，实现全加运算的电路被称为全加器。

根据全加器的功能，列出全加器的真值表，如表 2-16 所示。其中 A 和 B 分别是加数和被加数，C_i 是相邻低位来的进位数，S 为全加器的和，C_o 是向相邻高位的进位数。

表 2-16 全加器的真值表

A	B	C_i	S	C_o
0	0	0	0	0
0	0	1	1	0
0	1	0	1	0
0	1	1	0	1
1	0	0	1	0
1	0	1	0	1
1	1	0	0	1
1	1	1	1	1

根据真值表，列出表达式：

$$S = \overline{A}\,\overline{B}C_i + \overline{A}B\,\overline{C_i} + A\overline{B}\,\overline{C_i} + ABC_i = A \oplus B \oplus C_i$$

$$C_o = \overline{A}BC_i + A\overline{B}C_i + AB\,\overline{C_i} + ABC_i = AB + (A \oplus B)C_i$$

$$= AB + AC_i + BC_i = AB + (A + B)C_i$$

全加器的逻辑符号如图 2-33 所示。

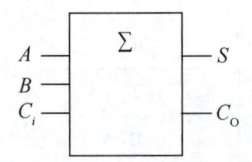

图 2-33 全加器的逻辑符号

为了实现 n 位二进制数的加法，可采用几个全加器并行处理。进位的处理有两种，其中一种是将低位的进位输出接到高位的输入端，即逐位进位，称为"串行进位"。串行进位全加器的电路结构简单，4 位串行进位全加器的逻辑电路如图 2-34 所示。由图可知，每 1 位的进位信号送给下 1 位作为输入信号，所以，任意 1 位的加法运算必须在低 1 位的运算完成之后才能进行。这种进位处理方式的运算结果，要经过 4 位全加器运算完成之后才能确定，因此，它的运算速度不高。为了克服这一缺点，可以采用另一种进位处理方式，即超前进位的方式。

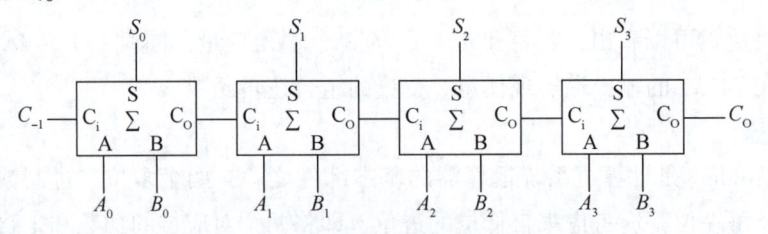

图 2-34 4 位串行进位全加器的逻辑电路

以两个 4 位二进制数 $A_3 \sim A_0$ 和 $B_3 \sim B_0$ 相加为例来说明。根据 1 位二进制全加器的表达式，可以写出本位和 $S_3 \sim S_0$、进位 $C_3 \sim C_0$ 的逻辑表达式：

$$S_0 = A_0 \oplus B_0 \oplus C_{-1}, \quad C_0 = A_0 B_0 + (A_0 + B_0) C_{-1}$$
$$S_1 = A_1 \oplus B_1 \oplus C_0, \quad C_1 = A_1 B_1 + (A_1 + B_1) C_0$$
$$S_2 = A_2 \oplus B_2 \oplus C_1, \quad C_2 = A_2 B_2 + (A_2 + B_2) C_1$$
$$S_3 = A_3 \oplus B_3 \oplus C_2, \quad C_3 = A_3 B_3 + (A_3 + B_3) C_2$$

设 $d_i = A_i B_i$、$t_i = A_i + B_i$，经化简并整理得函数 C_i 的表达式分别为

$$C_0 = d_0 + t_0 C_{-1}$$
$$C_1 = d_1 + t_1 d_0 + t_1 t_0 C_{-1}$$
$$C_2 = d_2 + t_2 d_1 + t_2 t_1 d_0 + t_2 t_1 t_0 C_{-1}$$
$$C_3 = d_3 + t_3 d_2 + t_3 t_2 d_1 + t_3 t_2 t_1 d_0 + t_3 t_2 t_1 t_0 C_{-1}$$

可见，在进行计算的时候可以同时计算 $C_3 \sim C_0$ 的值，而不用逐级计算，大大提高运算速度。利用上述思想，就可以在加法运算过程中，将各级进位信号同时送到各位全加器的进位输入端，而不用逐级传递向高位产生进位，这种进位方式为超前进位。4 位超前进位加法器原理图如图 2-35 所示。

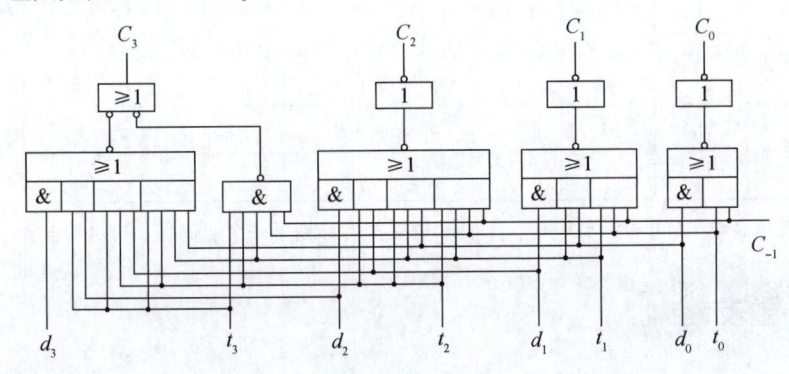

图 2-35 4 位超前进位加法器的原理图

但是 C_3 的复杂程度明显增加。当位数较高时，复杂程度会更高，因而通常采取折中的办法：n 位二进制数分为若干组，组内采用超前进位，组和组之间采用串行进位的方法。

4. 算术逻辑器件

4 位多功能算术逻辑器件（Arithmetic and Logic Unit，ALU）74181 既能完成 4 位算术运算，也可以完成 4 位逻辑运算。由模式控制端 M 的取值确定是执行算术运算还是逻辑运算，由工作方式选择端 S_3、S_2、S_1、S_0 的取值组合确定具体执行什么算术逻辑运算。74181 有正逻辑和负逻辑两种工作方式，正逻辑的算术/逻辑运算功能如表 2-17 所示。

表 2-17 74181 ALU 正逻辑工作方式的算术/逻辑运算功能

工作方式选择端				逻辑运算	算术运算
S_3	S_2	S_1	S_0	$M = 1$	$M = 0, C_{-1} = 0$
0	0	0	0	$F = \overline{A}$	$F = A$
0	0	0	1	$F = \overline{A + B}$	$F = A + B$
0	0	1	0	$F = \overline{A} B$	$F = A + \overline{B}$

续表

工作方式选择端				逻辑运算	算术运算
S_3	S_2	S_1	S_0	$M=1$	$M=0$,$C_{-1}=0$
0	0	1	1	$F=0$	$F=$ 减 1
0	1	0	0	$F=\overline{AB}$	$F=A$ 加 $A\overline{B}$
0	1	0	1	$F=\overline{B}$	$F=(A+B)$ 加 $A\overline{B}$
0	1	1	0	$F=A\oplus B$	$F=A$ 减 B 减 1
0	1	1	1	$F=A\overline{B}$	$F=A\overline{B}$ 减 1
1	0	0	0	$F=\overline{A}+B$	$F=A$ 加 AB
1	0	0	1	$F=\overline{A\oplus B}$	$F=A$ 加 B
1	0	1	0	$F=B$	$F=A+\overline{B}$ 加 AB
1	0	1	1	$F=AB$	$F=AB$ 减 1
1	1	0	0	$F=1$	$F=A$ 加 A^*
1	1	0	1	$F=A+\overline{B}$	$F=(A+B)$ 加 A
1	1	1	0	$F=A+B$	$F=(A+\overline{B})$ 加 A
1	1	1	1	$F=A$	$F=A$ 减 1

注释：1 表示高电平，0 表示低电平，∗表示每 1 位均移到下一个更高位，即 $A^*=2A$。

2.4 触发器

触发器(Flip-Flop，FF)是能够存储一位二进制信息的基本逻辑器件，触发器与逻辑门电路是构成时序逻辑电路的基本单元器件。

触发器从功能上来说有以下 3 个特点。

(1) 有两个稳定状态：0 状态和 1 状态，能储存 1 位二进制信息。

(2) 当外加输入信号为有效电平时，触发器能发生状态转换，可以从一种稳态翻转到另一种新的稳态。

(3) 触发器具有记忆功能，是存储信息的基本单元。在输入信号的有效电平消失后，触发器能稳定保持住当前状态。

约定：在输入新的信号之前的状态称为"现态"，用 Q^n 表示，在输入新的信号之后的状态称为"次态"，用 Q^{n+1} 表示。

2.4.1 基本触发器

基本 RS 触发器的逻辑电路图如图 2-36(a)所示，两个与非门输入、输出端采用交叉反馈连接方式，$\overline{R}_D$、$\overline{S}_D$ 是低电平有效的两个触发信号输入端，其中 $\overline{S}_D$ 是置"1"端，$\overline{R}_D$ 是置"0"端；Q 和 $\overline{Q}$ 是两个相反信号的互补输出端。逻辑符号如图 2-36(b)所示，图中 $\overline{R}_D$、$\overline{S}_D$ 端小圆圈"。"表示低电平有效。

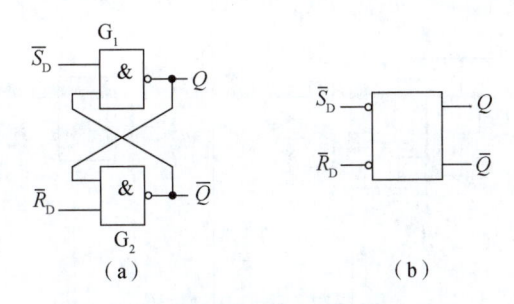

图 2-36　与非门组成的基本 RS 触发器
(a)逻辑电路图；(b)逻辑符号

基本 RS 触发器的特性表如表 2-18 所示，有置 0、置 1、保持功能，另外置 0、置 1 端不允许同时有效，输入信号同时有效时的状态叫"不定状态"，禁止使用。

表 2-18　基本 RS 触发器的特性表

$\overline{R}_D$	$\overline{S}_D$	Q^n	Q^{n+1}	说明
0	1	0	0	置 0
0	1	1	0	
1	0	0	1	置 1
1	0	1	1	
1	1	0	0	保持
1	1	1	1	
0	0	0	×	不定状态(禁用)
0	0	1	×	

根据表 2-18，可得 RS 触发器输出与输入信号之间逻辑函数关系的特性方程为

$$\begin{cases} Q^{n+1} = S_D + \overline{R}_D Q^n \\ \overline{S}_D + \overline{R}_D = 1 \end{cases}$$

其中，$\overline{S}_D + \overline{R}_D = 1$ 表示两个输入信号之间必须满足的约束条件。

2.4.2　同步触发器

同步触发器是能够实现在同一时钟脉冲信号(Clock Pulse，CP)的控制下，在同一时刻发生状态变化的触发器。

图 2-37(a)所示为同步 D 触发器的逻辑电路图，又称 D 锁存器，其逻辑符号如图 2-37(b)所示。可以看出，在 CP=0 期间，D 信号被封锁，输出保持原来状态；在 CP=1 期间，D=0 时输出 Q=0，D=1 时输出 Q=1。所以 D 触发器又称"跟随型"触发器，对于电路后半部分的基本 RS 触发器，总有置 0、置 1 端不相等，从而克服了输入信号存在约束的问题。

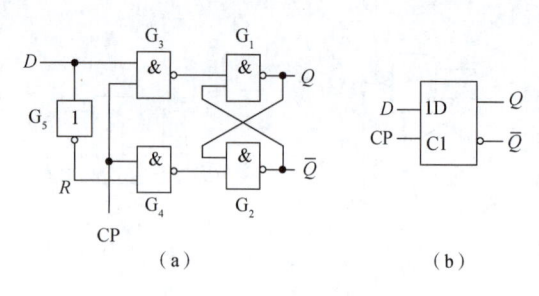

图 2-37 同步 D 触发器
(a)逻辑电路图；(b)逻辑符号

同步 D 触发器在 CP＝1 时的特性表如表 2-19 所示。可见 D 触发器只有置 0 和置 1 两项功能。

表 2-19 同步 D 触发器在 CP＝1 时的特性表

D	Q^n	Q^{n+1}	说明
0	0	0	输出与 D 触发器相同
0	1	0	
1	0	1	
1	1	1	

根据表 2-19，可得 D 触发器的特性方程为

$$Q^{n+1} = D$$

2.4.3 边沿触发器

为进一步提高触发器的抗干扰能力，希望触发器状态的转换仅取决于时钟脉冲 CP 上升沿或下降沿到来时输入信号的状态，而在此之前或之后输入状态的变化，对触发器的次态没有任何影响，把这种触发器叫作边沿触发器。边沿触发器的具体电路结构形式很多，但边沿触发或控制的特点却是相同的。下面以边沿 D 触发器和边沿 JK 触发器为例进行简单介绍。

1) 边沿 D 触发器

维持阻塞边沿 D 触发器的逻辑电路图和逻辑符号如图 2-38 所示。该触发器是在 CP 上升沿（由 0 变 1 的瞬间）到来前接收信号，CP 上升沿到来时刻翻转，上升沿结束后输入即被封锁，所以有边沿触发器之称。

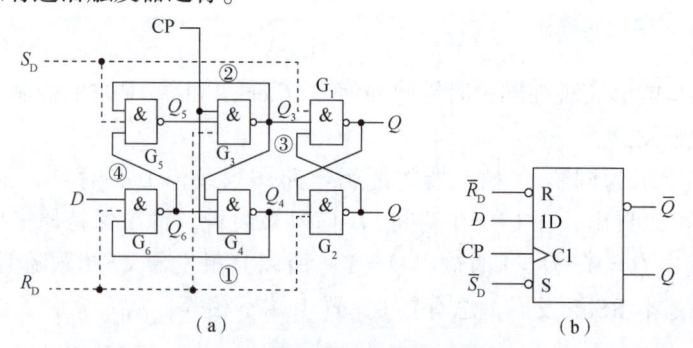

图 2-38 维持阻塞边沿 D 触发器
(a)逻辑电路图；(b)逻辑符号

2）边沿 JK 触发器

下降沿触发的边沿 JK 触发器的逻辑电路图和逻辑符号如图 2-39 所示。该触发器是在 CP 下降沿（由 1 变 0 的瞬间）到来前接收信号，CP 下降沿到来时刻翻转，下降沿结束后输入即被封锁。

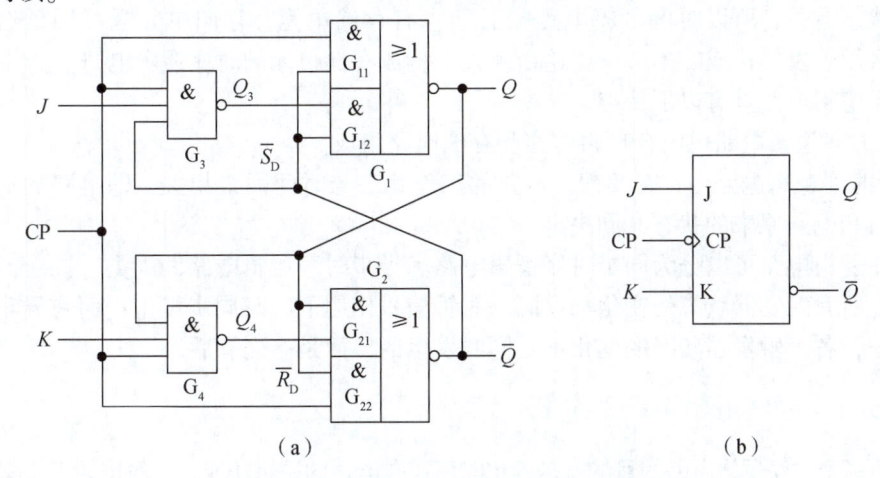

图 2-39 下降沿触发的边沿 JK 触发器
（a）逻辑电路图；（b）逻辑符号

具体分析图 2-39 可知，JK 触发器对输入信号没有约束条件。当 CP 下降沿到来时，$J=0$，$K=0$ 时，保持在原来的状态；$J=0$，$K=1$ 时，完成置 0 功能；$J=1$，$K=0$ 时，完成置 1 功能；$J=1$，$K=1$ 时，状态翻转。在 CP 下降沿到来时 JK 触发器的特性表如表 2-20 所示。

表 2-20 在 CP 下降沿到来时 JK 触发器的特性表

CP	J	K	Q^n	Q^{n+1}	说明
×	×	×	×	Q^n	保持
⎍	0	0	0	0	保持
⎍	0	0	1	1	
⎍	0	1	0	0	置 0
⎍	0	1	1	0	
⎍	1	0	0	1	置 1
⎍	1	0	1	1	
⎍	1	1	0	1	翻转
⎍	1	1	1	0	

注：CP=×表示非下降沿，其他×表示任取 0 或 1。

根据表 2-20，可得 JK 触发器的特性方程为

$$Q^{n+1} = J\overline{Q^n} + \overline{K}Q^n$$

2.5 时序逻辑电路

由于时序逻辑电路在任意时刻的输出状态不仅与当时的输入信号有关，而且还与电路原来的状态有关，所以时序逻辑电路中必须含有存储单元。存储单元既可用延迟元件组成，也可用触发器构成。本节只讨论由触发器构成存储单元的时序逻辑电路。

时序逻辑电路具有以下特点。

(1) 时序逻辑电路由组合逻辑电路和存储电路组成。

(2) 时序逻辑电路中存在反馈，电路的工作状态与时间因素相关，即电路的输出由当前的输入和电路原来的状态共同决定。

时序逻辑电路可以分为同步时序逻辑电路和异步时序逻辑电路两大类。同步时序逻辑电路中，所有触发器状态的变化都在同一时钟信号作用下同时同步发生；而在异步时序逻辑电路中，各个触发器状态的变化不是同时发生的，而是有先有后。

2.5.1 时序逻辑电路的分析

分析一个时序逻辑电路的目的就是确定时序逻辑电路的逻辑功能，一般按如下步骤进行。

(1) 从给定的逻辑电路图中，写出每个触发器的时钟方程(各触发器时钟信号 CP 的逻辑表达式)、驱动方程(触发器输入信号的逻辑表达式)及电路的输出方程。

(2) 求得电路的状态方程。将各个触发器的驱动方程分别代入相应的特性方程，求出每个触发器的次态方程，从而得到由这些状态方程组成的整个时序逻辑电路的状态方程组。

(3) 列出完整的状态转换真值表。具体方法是，依次假定初态，并代入电路的状态方程和输出方程，求出次态和输出。把输入、CP 脉冲和初态列在真值表的左边，把次态和输出列在真值表的右边，所得到的表格即状态转换真值表(简称状态转换表)。

(4) 确定电路的逻辑功能。

(5) 根据状态转换表可以画出状态转换图和时序图。

(6) 根据需要检查自启动能力。

2.5.2 时序逻辑电路的设计

时序逻辑电路设计是时序逻辑电路分析的逆过程，即根据给定的逻辑功能要求，选择适当的逻辑器件，设计出符合要求的时序逻辑电路。

时序逻辑电路的设计分为：小规模时序逻辑电路设计(Small Scale Integration，SSI)、中规模时序逻辑电路设计(MSI)、采用现场可编程逻辑器件(Field Programmable Gate Array，FPGA)和复杂可编程逻辑器件(Complex Programmable Logic Device，CPLD)进行设计。小规模时序逻辑电路设计，要求采用尽可能少的标准小规模集成触发器和门电路，通过一般设计步骤得到符合要求的逻辑电路。中规模时序逻辑电路设计采用标准中规模集成组件进行逻辑设计。

小规模同步时序逻辑电路设计的一般步骤如下。

(1) 依据设计要求进行逻辑抽象，画出状态转换图或列出状态转换表。在此，需要确定输入变量个数、输出变量个数和状态个数以及状态之间的转换关系。

(2) 状态化简，若有两个或两个以上的状态，它们的输入相同，转换到的次态和输出也相同,则这两个状态为等价状态。状态化简就是将互为等价的两个或多个状态合并成一个状态,建立最小规模的状态转换图,从而使电路结构简单。

(3) 状态分配。首先确定触发器的数目 n,若最小状态数为 N,通常取 $2^{n-1} < N \leq 2^n$,然后进行状态分配。即给每个状态分配一个二进制代码,故又叫状态编码,编码的方案可以是多种多样的,可根据题目要求来分配。

(4) 选定触发器类型,求输出方程和驱动方程。

(5) 检查自启动能力,如果所设计的时序逻辑电路有无效状态,应检查电路有无自启动能力。若电路不能自启动,则应采取措施解决。

(6) 根据输出方程和驱动方程画出逻辑电路图。

2.5.3 常用中规模集成时序逻辑电路

下面简单介绍常用于计算机系统的寄存器、移位寄存器、计数器等时序逻辑器件。

1. 寄存器(Register)

在数字系统中,常需要用寄存器将一些数码暂时存放起来。寄存器的基本功能是存储或传输用二进制数码表示的数据或信息,即完成信息的寄存、移位、传输操作。一个触发器能寄存一位二进制数码,所以要寄存 N 位二进制数需要 N 个触发器。此外,寄存器还应具有由门电路构成的控制电路,以保证信号的接收和清除。

图 2-40(a) 所示是 4 位寄存器 74175 的逻辑电路图,它由 4 个边沿 D 触发器构成,CP 是时钟端,$\overline{CR}$ 是异步清零端,D_0、D_1、D_2、D_3 是数据输入端,$Q_0 \sim Q_3$ 为原码输出端,$\overline{Q_0} \sim \overline{Q_3}$ 为反码输出端。触发器输出端的状态仅取决于时钟信号上升沿到达时刻 D 端的状态。

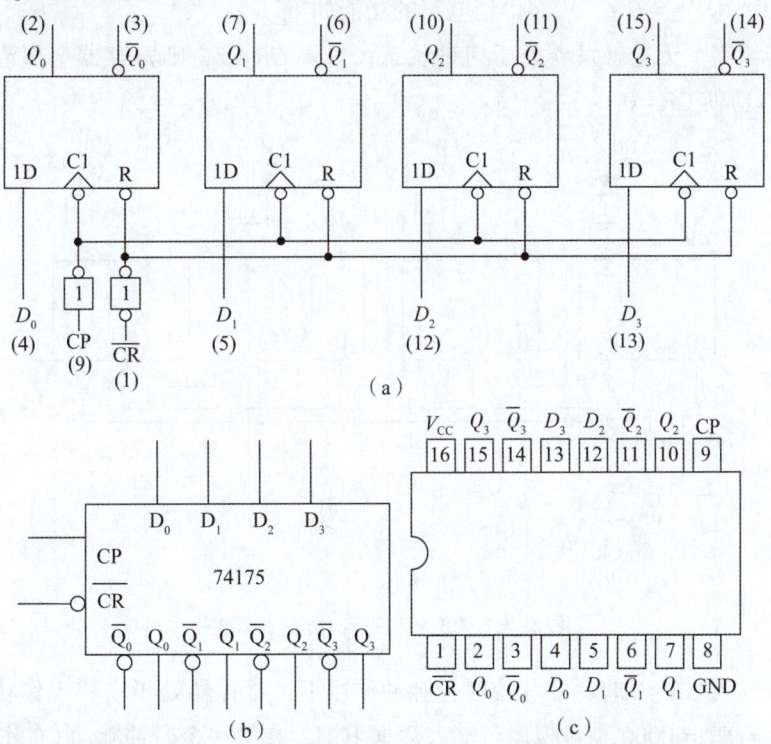

图 2-40 4 位寄存器 74175 的逻辑电路图、逻辑符号和引脚图

(a) 逻辑电路图;(b) 逻辑符号;(c) 引脚图

图 2-40(a)所示电路的逻辑功能如下。

(1)异步清零。无论触发器处于何种状态，只要$\overline{CR}=0$，则$Q_0 \sim Q_3$均为 0。不需要异步清零时，应使$\overline{CR}=1$。

(2)置数。当$\overline{CR}=1$时，在 CP 上升沿到达瞬间，并行送数，使$Q_0^{n+1}=D_0$，$Q_1^{n+1}=D_1$，$Q_2^{n+1}=D_2$，$Q_3^{n+1}=D_3$。

(3)保持。当$\overline{CR}=1$，且 CP=0 或 CP=1 或 CP 为下降沿时，不满足时钟条件，各触发器保持原状态不变。

根据以上的分析结果可得出，74175 是带有异步清零端单拍接收方式的 4 位寄存器，D 端具有很强的抗干扰能力。

图 2-40(b)、图 2-40(c)所示是 74175 的逻辑符号和引脚图。

2. 移位寄存器(Shifting Register)

国产 CMOS 双 4 位移位寄存器 CC4015 内部包含两个同样的相互独立的逻辑电路，图 2-41 所示是其中一个逻辑电路图，CP 是时钟端，CR 是清零端，高电平有效，D_S 是串行数据输入端，$Q_0 \sim Q_3$ 是输出端。

由图 2-41 可以写出各触发器的驱动方程：$D_0=D_S$，$D_1=Q_0^n$，$D_2=Q_1^n$，$D_3=Q_2^n$。将各触发器的驱动方程代入 D 触发器的特性方程，得到电路的状态方程：$Q_0^{n+1}=D_S$，$Q_1^{n+1}=Q_0^n$，$Q_2^{n+1}=Q_1^n$，$Q_3^{n+1}=Q_2^n$。从而得到电路的功能如下。

(1)异步清零。无论触发器处于何种状态，只要 CR=1，则寄存器全部清零。不需要异步清零时，应使 CR=0。

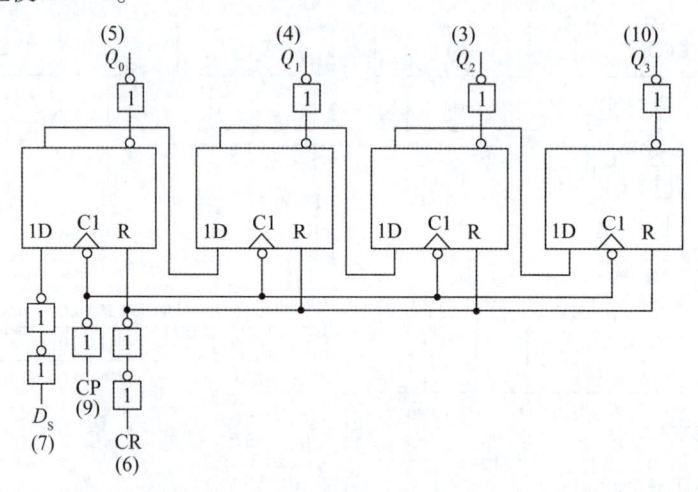

图 2-41　4 位移位寄存器逻辑电路图

(2)右移。当 CR=0 时，在移位时钟脉冲作用下，寄存器处于右移工作状态。设初态$Q_0^n=Q_1^n=Q_2^n=Q_3^n=0000$，且拟串行输入数据 1011，在第一个时钟脉冲 CP 作用前使$D_S=1$，在第一个移位脉冲作用下，即依次右移一位。在 4 个 CP 脉冲作用下输入数据依次为 1011，移位寄存器里的代码转换如表 2-21 所示，即经过 4 个 CP 脉冲以后，串行输入的 4

个数据全部移入了移位寄存器中。

表 2-21 CC4015 的代码转换表

时钟脉冲顺序	串行输入数据	移位寄存器状态			
		Q_0^{n+1}	Q_1^{n+1}	Q_2^{n+1}	Q_3^{n+1}
0	0	0	0	0	0
1	1	1	0	0	0
2	0	0	1	0	0
3	1	1	0	1	0
4	1	1	1	0	1

(3) 保持。当 CR=0,且 CP=0 或 CP=1 或 CP 为下降沿时,不满足时钟条件,各触发器保持原状态不变。

3. 计数器(Counter)

计数器的基本功能是统计时钟脉冲的个数,也可用于分频、定时、产生节拍脉冲和脉冲序列以及进行数字运算等。计算机中的时序发生器、分频器、指令计数器等都要使用计数器。导航系统中的加速度计、网站设置的网页计数器、文字编辑中的字数统计器等都需要计数器。

同步 4 位二进制加法计数器 74161 的逻辑符号如图 2-42 所示。

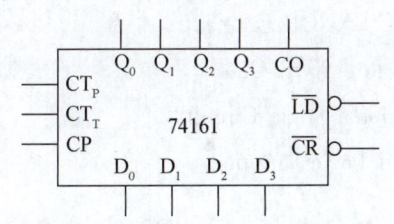

图 2-42 同步 4 位二进制加法计数器 74161 的逻辑符号

同步 4 位二进制加法计数器 74161 的逻辑功能表如表 2-22 所示,具有下列功能。

(1) 异步清零:只要 $\overline{CR}=0$,则 $Q_0 \sim Q_3$ 均为 0。不需要异步清零时,应使 $\overline{CR}=1$。

(2) 同步置数:当 $\overline{CR}=1$ 且 $\overline{LD}=0$ 时,在 CP 上升沿到达瞬间,并行送数,$Q_0^{n+1}=D_0$,$Q_1^{n+1}=D_1$,$Q_2^{n+1}=D_2$,$Q_3^{n+1}=D_3$。

(3) 保持:当 $\overline{CR}=\overline{LD}=1$,而 CT_P 和 CT_T 不同时为 1 时,输出端保持原来的状态不变,同时 CO 为无效。

(4) 计数:当 $\overline{CR}=\overline{LD}=CT_P=CT_T=1$ 时,电路工作在计数状态。从电路的 0000 状态开始连续输入 16 个计数脉冲时,电路将从 1111 状态返回到 0000 状态,CO 端从高电平跳变至低电平。可以利用 CO 端输出的高电平或下降沿作为进位输出信号。

表 2-22　74161 的逻辑功能表

输入									输出			
CP	$\overline{CR}$	$\overline{LD}$	CT_P	CT_T	D_0	D_1	D_2	D_3	Q_0^{n+1}	Q_1^{n+1}	Q_2^{n+1}	Q_3^{n+1}
Ø	0	Ø	Ø	Ø	Ø	Ø	Ø	Ø	0	0	0	0
↑	1	0	Ø	Ø	d_0	d_1	d_2	d_3	d_0	d_1	d_2	d_3
Ø	1	1	0	1	Ø	Ø	Ø	Ø	保持			
Ø	1	1	Ø	0	Ø	Ø	Ø	Ø	保持(但 CO=0)			
↑	1	1	1	1	Ø	Ø	Ø	Ø	计数			

关键词

数字逻辑电路：Digital Logic Circuits。

门电路：Gate Circuit。

与门：AND Gate。

或门：OR Gate。

非门：NOT Gate。

与非门：NAND Gate。

同或门：Equivalence Gate，XNOR Gate。

异或门：Exclusive-OR Gate，XOR Gate。

组合逻辑电路：Combinational Logic Circuits。

时序逻辑电路：Sequential Logic Circuits。

触发器：Flip-Flop，FF。

译码器：Decoder。

数据选择器：Multiplexer(MUX)。

寄存器：Register。

计数器：Counter。

加法器：Adder。

全加器：Full Adder。

算术逻辑器件：Arithmetic and Logic Unit(ALU)。

本章小结

本章介绍了实现计算机功能必需的数字逻辑基础，对不具备数字逻辑基础的学生提供了有效的知识保障。

知识窗

重大突破！水电机组核心控制系统首次实现全国产化

中央广播电视总台 2022-11-24

11月24日，由我国企业自主研发的新一代继电保护系统在澜沧江中下游的小湾水电站正式投运。这意味着被称为水电站"大脑"的核心控制系统全面实现国产化，这也是我国水电控制系统一项重大技术突破。

计算机监控、调速器、励磁和继电保护四大系统是水电站的核心控制系统，是确保机组及电网稳定的重要基础。以前，这套系统的关键部件一直依赖进口。华能集团牵头组建联合研发团队，对水电核心控制系统的硬件及软件开展大量的适配、比选和研发工作，攻克了关键软硬件存在的"卡脖子"技术难题，实现了水电核心控制系统全流程100%国产化。完成重大技术创新34项，17项关键技术填补了国内空白。为我国清洁能源水电开发提供完全自主可控的"国产大脑"。（记者古峻岭）

习题2

2.1 填空题。

(1) $(35.75)_{10}$ = ( )$_2$ = ( )$_{8421BCD}$。

$(30.25)_{10}$ = ( )$_2$ = ( )$_{16}$。

(2) 一位十六进制数可以用( )位二进制数来表示。

(3) 当逻辑函数有 n 个变量时，共有( )个变量取值组合。

(4) 逻辑函数的常用表示方法有( )、( )、逻辑电路图等。

(5) 逻辑函数 $F = \overline{A} + B + \overline{CD}$ 的反函数是( )，对偶式是( )。

(6) 已知函数的对偶式为 $\overline{AB} + \overline{CD} + BC$，则它的原函数为( )。

(7) 逻辑函数的化简方法有( )和( )。

(8) 化简逻辑函数 $L = \overline{A}\,\overline{B}\,\overline{C}\,\overline{D} + A + B + C + D =$ ( )。

(9) 按逻辑功能不同，触发器可分为( )触发器、( )触发器、( )触发器、( )触发器和( )触发器等。

(10) JK 触发器的特性方程是( )，它具有( )、( )、( )和( )功能。

(11) D 触发器的特性方程是( )。

(12) 数字电路按照是否有记忆功能通常可分为两类：( )逻辑电路和( )逻辑电路。

2.2 选择题。

(1) 一个 16 选 1 数据选择器，其地址输入(选择控制输入)端有( )个。

A. 1　　　　B. 2　　　　C. 4　　　　D. 16

(2) 一个 8 选 1 数据选择器的数据输入端有( )个。

A. 8　　　　B. 2　　　　C. 3　　　　D. 4

(3) 在下列逻辑电路中，不是组合逻辑电路的有(　　)。
A. 译码器　　　　B. 编码器　　　　C. 全加器　　　　D. 寄存器

(4) 存储 8 位二进制信息要(　　)个触发器。
A. 2　　　　　　B. 4　　　　　　C. 6　　　　　　D. 8

(5) 4 个触发器存储的信息有(　　)种状态。
A. 4　　　　　　B. 2　　　　　　C. 8　　　　　　D. 16

(6) 下列逻辑电路中为时序逻辑电路的是(　　)。
A. 译码器　　　　B. 加法器　　　　C. 寄存器　　　　D. 数据选择器

(7) N 个触发器可以构成最大计数长度(进制数)为(　　)的计数器。
A. N　　　　　B. $2N$　　　　　C. N^2　　　　　D. 2^N

(8) 一位 8421BCD 码计数器至少需要(　　)个触发器。
A. 3　　　　　　B. 4　　　　　　C. 5　　　　　　D. 10

(9) 为实现将 JK 触发器转换为 D 触发器，应使(　　)。
A. $J = \overline{D}, K = D$　　　　　　　　B. $K = \overline{D}, J = D$
C. $J = K = \overline{D}$　　　　　　　　　D. $J = K = D$

(10) 一个八进制计数器与一个二进制计数器串联可得到(　　)进制计数器。
A. 八　　　　　　B. 二　　　　　　C. 二十八　　　　　D. 十六

2.3　写出图 2-43 中的逻辑函数表达式并分析其逻辑功能。

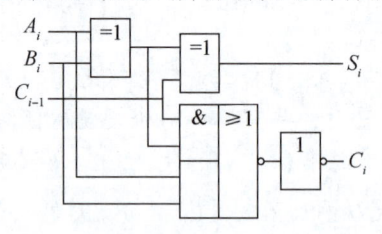

图 2-43　2.3 题图

2.4　根据图 2-44 给定的逻辑器件，已知 A、B 波形，分别画出 Y_1、Y_2、Y_3 的输出波形。

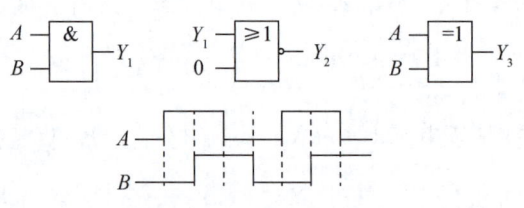

图 2-44　2.4 题图

2.5　如图 2-45 所示，设触发器初态为 1，试对应输入波形画出 Q_1 的波形。

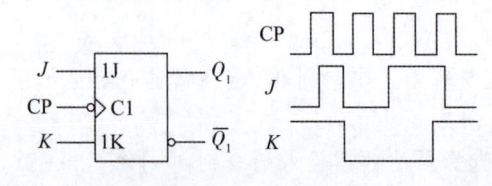

图 2-45　2.5 题图

2.6 分析图 2-46 所示由 TTL 边沿 JK 触发器组成电路的逻辑功能(设触发器初始值 $Q_2Q_1Q_0=000$):

(1) 写出 JK 触发器的特性方程;
(2) 简述各个 JK 触发器接法的特点;
(3) 画出该电路的时序图;
(4) 该电路实现了怎样的功能?

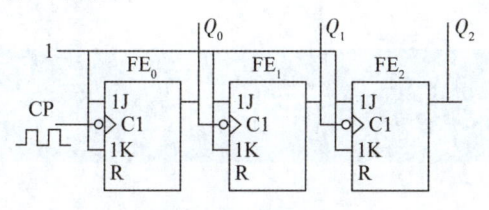

图 2-46　2.6 题图

2.7 分析图 2-47 所示由 74LS160 所构成的计数器为几进制,给出分析过程,并画出状态转换图。

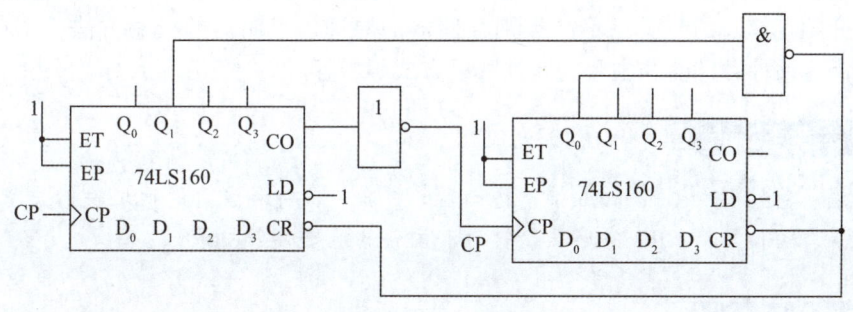

图 2-47　2.7 题图

2.8 某汽车驾驶员培训班进行结业考试,有 3 名评判员 A、B、C,其中 A 为主评判,评判时按照少数服从多数的原则通过,但主评判认为合格的也能通过。具体设计要求如下:

(1) 列出真值表;
(2) 写出逻辑函数的最小项表达式;
(3) 化简逻辑函数表达式;
(4) 用与非门实现,画出逻辑电路图;
(5) 用 74LS138 译码器(图 2-48)附加必要的门电路实现,并画出逻辑电路图。

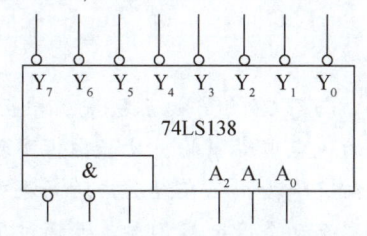

图 2-48　74LS138 译码器

2.9 用 CT74LS160 设计七进制计数器。

习题答案

第 3 章

存储器

存储器是计算机系统的重要组成部分，用来存放数据和程序，本章从存储器的层次结构入手，介绍存储器的分类、不同类别存储器的原理、存储器的校验方法、主存和 CPU 的连接、高速缓冲存储器和主存的地址映射方式等内容。

本章重难点

重点：存储器和 CPU 的连接、存储器的校验、缓存和主存的地址映射关系。

难点：存储器和 CPU 的连接、缓存和主存的地址映射关系。

素养目标

知识和技能目标：通过本章学习，学生能够利用存储器的原理和结构，对计算机的存储系统进行合理的设计和分析。

过程与方法目标：学生通过学习存储器的原理和结构，以及查找资料、同学间相互讨论、请教老师等各种方法学会对计算机存储系统进行合理分析和设计。

情感态度和价值观目标：通过本章学习，学生在计算机存储系统设计中把握好全局和局部、当前和长远、宏观和微观、主要矛盾和次要矛盾、特殊和一般的关系。

拓展阅读

——必须坚持系统观念。万事万物是相互联系、相互依存的。只有用普遍联系的、全面系统的、发展变化的观点观察事物，才能把握事物发展规律。我国是一个发展中大国，仍处于社会主义初级阶段，正在经历广泛而深刻的社会变革，推进改革发展、调整利益关系往往牵一发而动全身。我们要善于通过历史看现实、透过现象看本质，把握好全局和局部、当前和长远、宏观和微观、主要矛盾和次要矛盾、特殊和一般的关系，不断提高战略思维、历史思维、辩证思维、系统思维、创新思维、法治思维、底线思维能力，为前瞻性思考、全局性谋划、整体性推进党和国家各项事业提供科学思想方法。

摘自 2022 年 10 月 16 日习近平在中国共产党第二十次全国代表大会上的报告（二、开辟马克思主义中国化时代化新境界）。

> **本章思维导图**

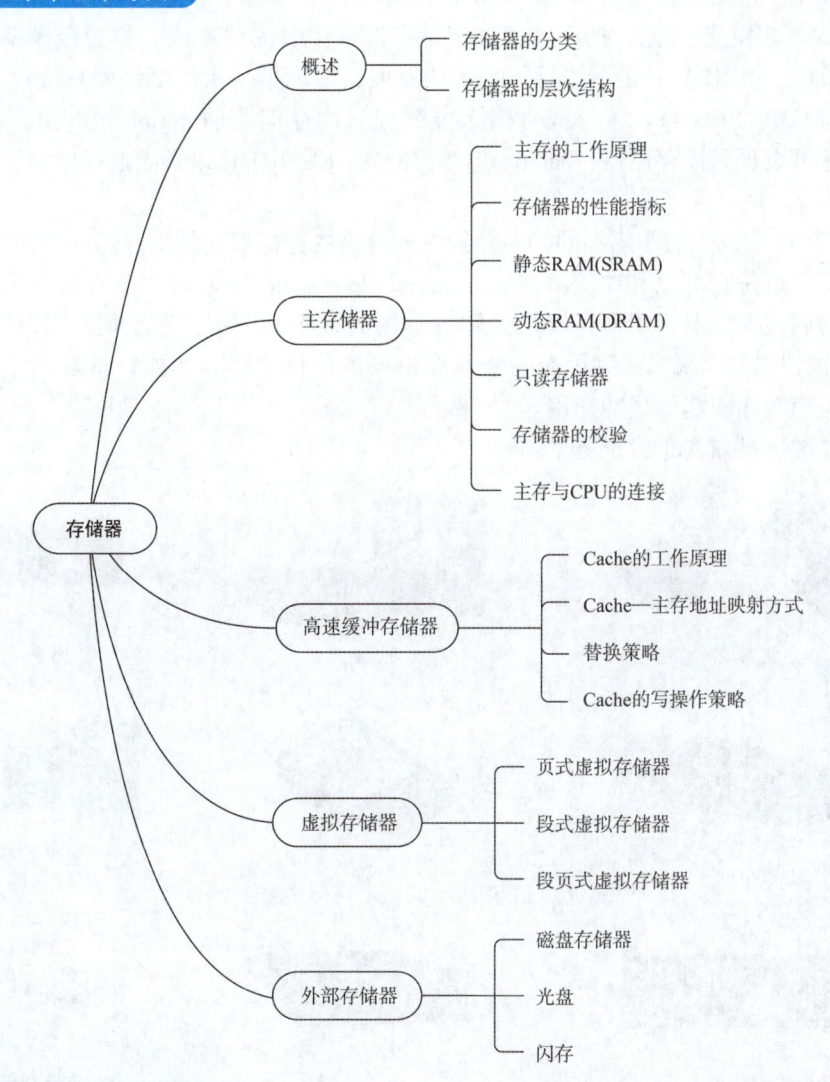

存储器
- 概述
  - 存储器的分类
  - 存储器的层次结构
- 主存储器
  - 主存的工作原理
  - 存储器的性能指标
  - 静态RAM(SRAM)
  - 动态RAM(DRAM)
  - 只读存储器
  - 存储器的校验
  - 主存与CPU的连接
- 高速缓冲存储器
  - Cache的工作原理
  - Cache—主存地址映射方式
  - 替换策略
  - Cache的写操作策略
- 虚拟存储器
  - 页式虚拟存储器
  - 段式虚拟存储器
  - 段页式虚拟存储器
- 外部存储器
  - 磁盘存储器
  - 光盘
  - 闪存

3.1 概 述

3.1.1 存储器的分类

存储器可按不同分类标准进行分类。

(1) 按存储介质不同，存储器可分为半导体存储器、磁表面存储器、磁芯存储器和光盘存储器。

（2）按存取方式不同，可把存储器分为随机存取存储器、只读存储器。

随机存取存储器（Random Access Memory，RAM）：在程序执行过程中可读可写，而且存取时间与存储单元的物理位置无关。计算机中的主存都采用了这种存储器。根据存储信息原理的不同，RAM 又分为静态 RAM（以触发器原理存储信息）和动态 RAM（以电容充放电原理存储信息）。只读存储器 ROM 在程序的执行过程中只能读出数据，通常用它存放固定不变的程序、常数等，它与 RAM 可共同作为主存的一部分，统一构成主存的地址域。早期的 ROM 采用掩模工艺，把原始信息记录在芯片中且无法修改，称为掩模型只读存储器（Mask ROM，MROM）；随着半导体技术的发展，出现了一次性可编程只读存储器（Programmable ROM，PROM）、紫外线可擦除可编程只读存储器（Erasable PROM，EPROM）、用电可擦除可编程只读存储器（Electrically EPROM，EEPROM）以及闪速存储器，简称闪存（Flash Memory）。

（3）按在计算机中的作用不同，存储器主要分为主存储器、辅助存储器、缓冲存储器。主存的主要特点是它可以和中央处理器（Central Processing Unit，CPU）直接交换信息；辅存是主存的后援存储器，用来存放当前暂时不用的程序和数据，它不能与 CPU 直接交换信息；缓冲存储器（简称缓存）用在两个速度不同的部件之中，例如，CPU 与主存之间可设置一个高速缓存，起到缓冲作用。

图 3-1 是一些常见的存储器。

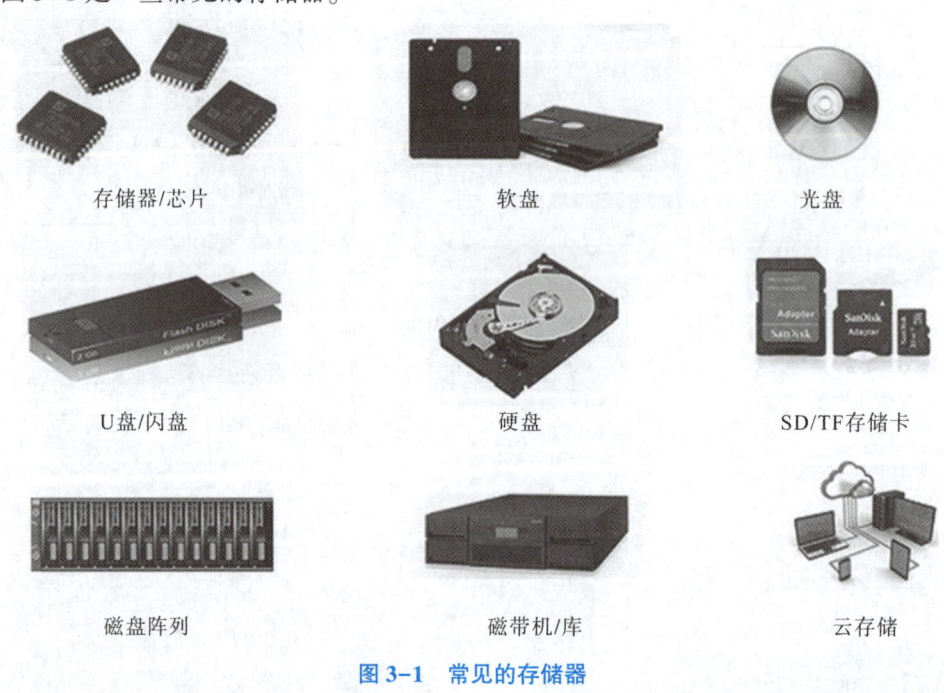

存储器/芯片　　　　　　软盘　　　　　　光盘

U盘/闪盘　　　　　　硬盘　　　　　　SD/TF存储卡

磁盘阵列　　　　　　磁带机/库　　　　　　云存储

图 3-1　常见的存储器

3.1.2　存储器的层次结构

存储器的主要性能指标有 3 个：速度、容量和位价（单位价格）。速度越快则位价越高；容量越大位价越慢，但速度也越慢。高速、大容量、低位价一直是存储器的发展方向。

计算机的存储器又可分成内存储器和外存储器。内存储器在程序执行期间被计算机频繁地使用,并且在一个指令周期内是可直接访问的。外存储器要求计算机从一个外贮藏装置(如磁带或磁盘)中读取信息。与学生在课堂上做笔记相类似,如果学生没有看笔记就知道内容,信息就被存储在"内存储器"中;如果学生必须查阅笔记,那么信息就在"外存储器"中。

为提高存储器的性能,通常把各种不同存储容量、存取速度和价格的存储器按层次结构组成多层存储器,并通过管理软件和辅助硬件有机组合成统一的整体,使所存放的程序和数据按层次分布在各存储器中。

通常采用三级层次结构来构成存储系统,即存储系统由高速缓冲存储器 Cache、主存和辅存组成。高速缓冲存储器 Cache 容量小、速度快,是为了解决主存和 CPU 的速度不匹配问题而引入的;辅存容量大、速度慢,是为了解决主存容量不够的问题而引入的。图 3-2 中自上向下容量逐渐增大,速度逐级降低,成本则逐次减少,处理器访问存储器的频率逐级降低。

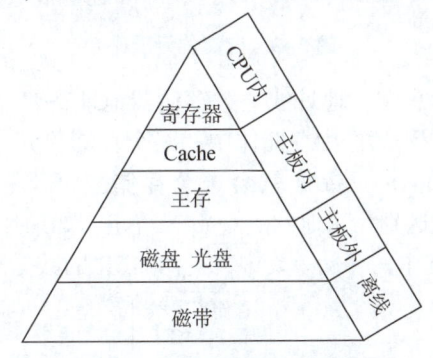

图 3-2 存储器的层次结构

整个结构可看成"Cache-主存"和"主存-辅存"两个存储层次。"Cache-主存"层次可以缩小主存和 CPU 之间的速度差距,从整体上提高存储系统的存取速度。在辅助硬件和计算机操作系统的管理下,可把"主存-辅存"作为一个存储整体,形成的可寻址存储空间比主存空间大得多。由于辅存容量大、价格低,可降低存储系统的整体平均价格。

一个较大的存储系统由各种不同类型的存储设备构成,具有多级层次结构。该系统既有与 CPU 相近的速度,又有极大的容量,而价格又是较低的,可有效地解决存储器的速度、容量和价格之间的矛盾。

3.2 主存储器

主存储器(Main Memory)简称主存,是计算机硬件的一个重要部件,其作用是存放指令和数据,并能由 CPU 直接随机存取。主存一般采用半导体存储器,主要由存储体、控制线路、地址寄存器、数据寄存器和地址译码电路 5 部分组成。主存是按地址存放信息的,存取速度一般与地址无关。

半导体随机存储器分为静态 RAM(Static RAM,SRAM)和动态 RAM(Dynamic RAM,DRAM),SRAM 比 DRAM 存取速度快、价格高、集成度低,一般用于 Cache,DRAM 一般用于主存。

3.2.1 主存的工作原理

存储位元(Storage Element)是存储器的最小存储单元,它的作用是用来存放一位二进制代码 0 或 1。图 3-3 是一个存储位元的操作示意图。每个位元有 3 个端口：控制端（决定是读操作还是写操作）、片选端、数据输入/输出端。要完成写操作，需控制端写信号有效，片选信号有效，数据输入端提供逻辑"1"或"0"，就可以把数据输入端的数据写入位元；要完成读操作，需控制端读信号有效，片选信号有效，就可以把位元的数据通过数据输出端送出去。

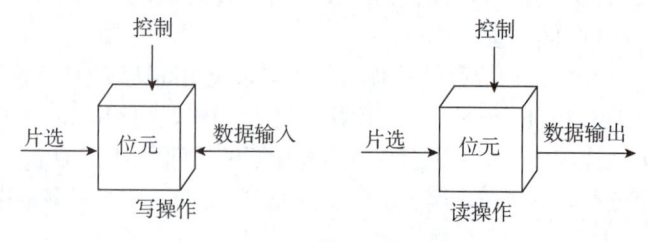

图 3-3 存储位元操作

图 3-4 是存储器结构示意图，地址线通过存储器地址寄存器（Memory Address Register, MAR）送来的地址经过地址译码后选中存储体中的某个存储单元。如果片选信号有效、读端口有效，选中存储单元中的 m 位数据就会送至存储数据寄存器（Memory Data Register, MDR），下一步 MDR 的数据送到什么地方由 CPU 来确定；如果片选信号有效、写端口有效，就会把 MDR 的数据送到被选中的存储单元中，具体 MDR 的数据来自何处同样由 CPU 确定。

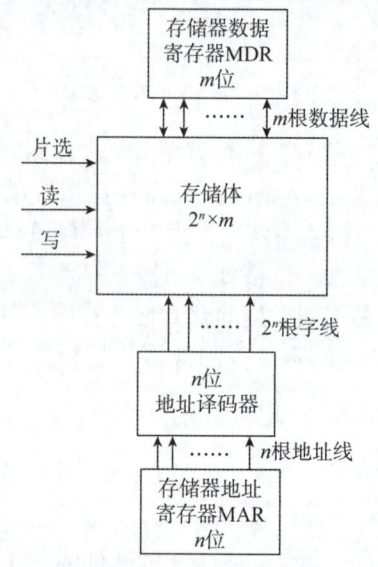

图 3-4 存储器结构示意图

3.2.2 存储器的性能指标

存储器的性能指标主要有存储容量、存取时间、存储周期、存储器带宽。

（1）存储容量指一个存储器能存放的二进制代码总的位数，即存储容量=存储单元的个数（字数）×存储字长。若存储单元的个数（字数）为 2^n，MAR 就是 n 位；若存储字长为 m，MDR 就是 m 位。

存储容量通常也用字节（Byte）数来表示，B 表示字节，1 字节定义为 8 位二进制数。

（2）存取时间又被称为存储器的访问时间，指启动一次存储器操作（读或写）到完成该操作所需的全部时间，所以分为读出时间和写入时间。

（3）存取周期是指存储器进行连续两次独立的存储操作（读或写）所需的最小时间间隔，通常存取周期大于存取时间。

（4）存储器带宽是指单位时间内存储器所存取的信息量，常以"位/秒"或"字节/秒"或"字/秒"为单位。

3.2.3 静态 RAM(SRAM)

SRAM 采用传统的触发器与逻辑门电路组成，如图 3-5 所示。只有片选信号为有效高电平时，数据输入端才可以输入数据。输入 0(或 1)时，触发器输出为 0(或 1)，相当于写入触发器一个 0(或 1)。由于 SRAM 采用了触发器存储结构，因此信息读出后，它仍保持原状态，无须再生。但电路掉电，SRAM 中的数据会丢失，属于易失性半导体存储器。

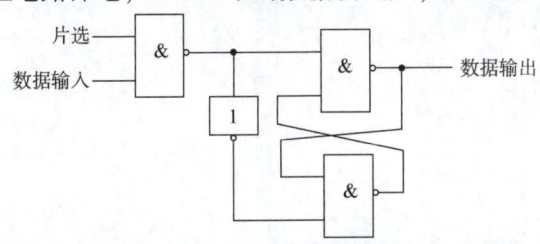

图 3-5　SRAM 单元电路

图 3-6 所示的 SRAM 阵列，有 3 组信号线：地址线、双向数据线、读写控制线。地址线为 $A_5 \sim A_0$，共 6 条，送至地址译码器，输出 2^6 即 64 条字选择线，当 $A_5 \sim A_0$ 是 000000 时，字选择线 0 有效，选中 0 号存储字，当 $A_5 \sim A_0$ 是 000001 时，字选择线 1 有效，选中 1 号存储字，64 条字选择线分别对应 64 个存储字。数据线为 $I/O_3 \sim I/O_0$，共 4 条，说明存储字的字长为 4。控制线为 $R/\overline{W}$，当 $R/\overline{W}=1$ 时执行读出操作，将存储单元的数据通过数据线读出来；当 $R/\overline{W}=0$ 时执行写入操作，将数据线上的数据写入存储器，显然读写操作不会同时发生。

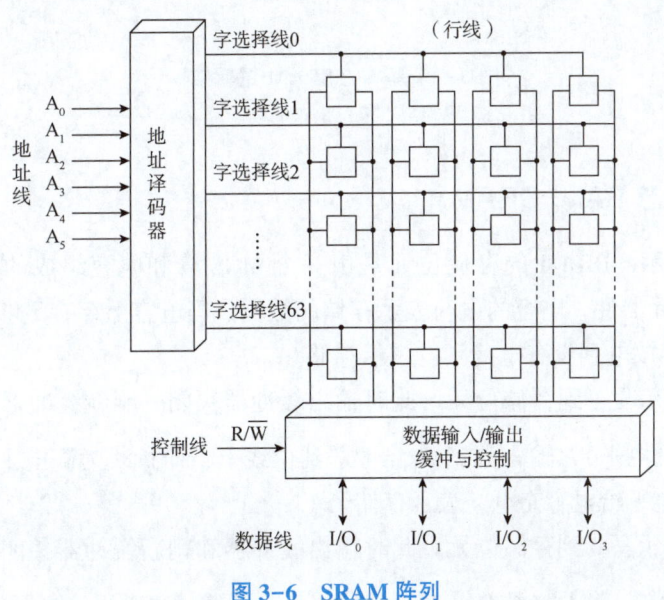

图 3-6　SRAM 阵列

基本的 SRAM 逻辑结构如图 3-7 所示，存储体（256×128×8）为三维阵列。地址译码器采用双译码的方式（减少选择线的数量）。$A_7 \sim A_0$ 为行地址译码线，$A_{14} \sim A_8$ 为列地址译码线。控制信号中读与写为互锁逻辑，$\overline{CS}$ 是片选信号。$\overline{CS}$ 有效时（低电平），门 G_1、G_2 均被打开。$\overline{OE}$ 为读出使能信号，$\overline{OE}$ 有效时（低电平），门 G_2 开启，当写命令 $\overline{WE}=1$ 时（高电平），门 G_1 关闭，存储器进行读操作；写操作时，$\overline{WE}=0$，门 G_1 开启，门 G_2 关闭。G_1 和 G_2 是互锁的，一个开启时另一个必定关闭，这样保证了读时不写，写时不读。

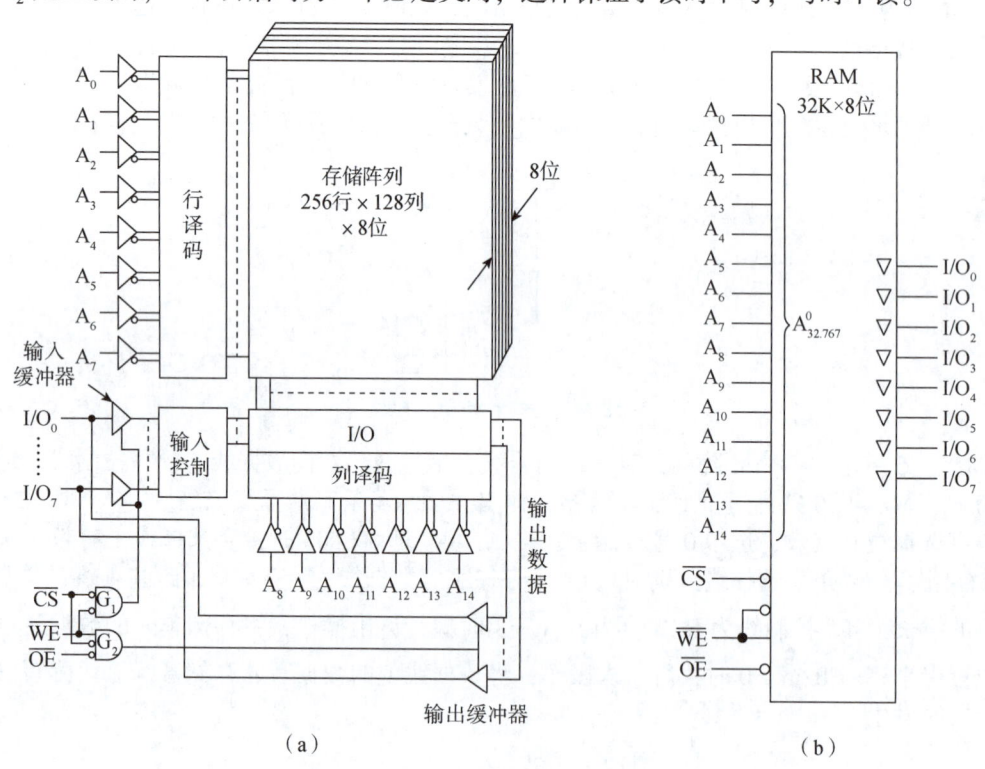

图 3-7 基本的 SRAM 逻辑结构
（a）内部结构图；（b）逻辑功能示意图

3.2.4 动态 RAM（DRAM）

如图 3-8 所示，DRAM 的存储位元是由一个 MOS 管和电容组成的记忆电路，图中 MOS 管作为开关元器件，电容的电荷表示存储的数据。当电容上存有足够多的电荷时，表示存储 1，当电容放电到没有电荷了，表示存储 0。

图 3-8（a）表示写 1 到存储位元。此时输出缓冲器关闭、刷新缓冲器关闭，输入缓冲器打开（$R/\overline{W}$ 为低电平），输入数据 $D_{IN}=1$ 送到位线上，而行线为高电平，打开 MOS 管，于是位线上的高电平给电容充电，表示存储了 1。

图 3-8（b）表示写 0 到存储位元。此时输出缓冲器和刷新缓冲器关闭，输入缓冲器打开（$R/\overline{W}$ 为低电平），输入数据 $D_{IN}=0$ 送到位线上；行线为高电平，打开 MOS 管，于是电

容上的电荷通过 MOS 管和位线放电，表示存储了 0。

图 3-8(c)表示从存储位元读出 1。此时输入缓冲器和刷新缓冲器关闭，输出缓冲器打开($R/\overline{W}$ 为高电平)。行线为高电平，打开 MOS 管，电容上所存储的 1 送到位线上，通过输出缓冲器发送到 D_{OUT}，即 $D_{OUT}=1$。

图 3-8(d)表示图 3-8(c)读出 1 后存储位元重写 1。由于图 3-8(c)中读出 1 是破坏性读出，必须恢复存储位元中原存的 1。此时输入缓冲器关闭，刷新缓冲器打开，输出缓冲器打开，$D_{OUT}=1$ 经刷新缓冲器送到位线上，再经 MOS 管写到电容上。

注意，输入缓冲器与输出缓冲器总是互锁的。这是因为读操作和写操作是互斥的，不会同时发生。

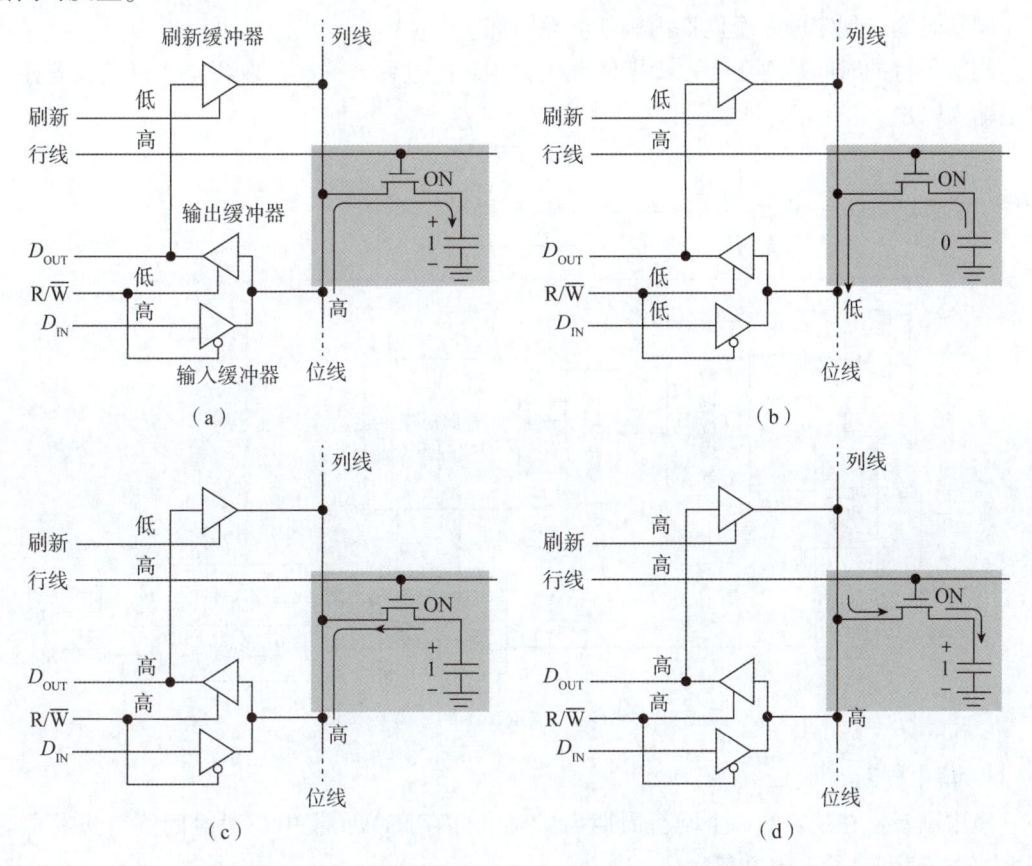

图 3-8 DRAM 存储单元的读、写、刷新操作
(a)写 1 到存储位元；(b)写 0 到存储位元；(c)从存储位元读出 1；(d)刷新存储位元的 1

图 3-9 是 4M×4 位 DRAM 的逻辑结构图，由 4 个 2 048×2 048 的存储矩阵、地址译码电路、刷新电路和控制电路构成。地址线共 11 根，行地址和列地址复用这 11 根地址线，当行地址选通信号 $\overline{RAS}$ 有效，为低电平时，11 位的地址送到行地址缓冲器；当列地址选通信号 $\overline{CAS}$ 有效，为低电平时，11 位的地址送到列地址缓冲器，$\overline{RAS}$ 和 $\overline{CAS}$ 不能同时有效。为了保证存储器数据不丢失，要定时按行刷新存储单元，刷新计数器遍历所有的行值，数据选择器可以选择行地址缓冲器输出端的地址送给行译码器，刷新计数器的值被当作行地

址送给行译码器，经过译码后使译码器 2048 个输出端的某一个有效，从而选中存储矩阵的某一行。$\overline{WE}$ 有效，为低电平时，执行写操作，把数据输入端的数据写入存储矩阵；$\overline{OE}$ 有效，为低电平时，执行读操作，把存储矩阵的数据通过数据输出缓冲器输出。

从图 3-8 所示的 DRAM 存储单元的结构可以看出，电容是存储元器件，电容的电荷量随着时间推移会减少，存储单元被访问是随机的，有些存储单元可能长时间不被访问，不进行存储器的读写操作，其存储单元内的原信息就可能会丢失，为了保证原来存储信息的正确性，必须定时刷新。刷新是逐行进行的，且必须在刷新周期内完成。

刷新周期：对 DRAM 的所有存储单元恢复一次原状态的时间间隔。

刷新间隔：两次刷新的起始时间差（某行从第一次刷新到第二次刷新的等待时间）。

刷新时间：规定的一个周期内刷新的总时间。

刷新一行的时间是等于存取周期的。因为刷新的过程与一次存取相同，只是没有在总线上输入输出。

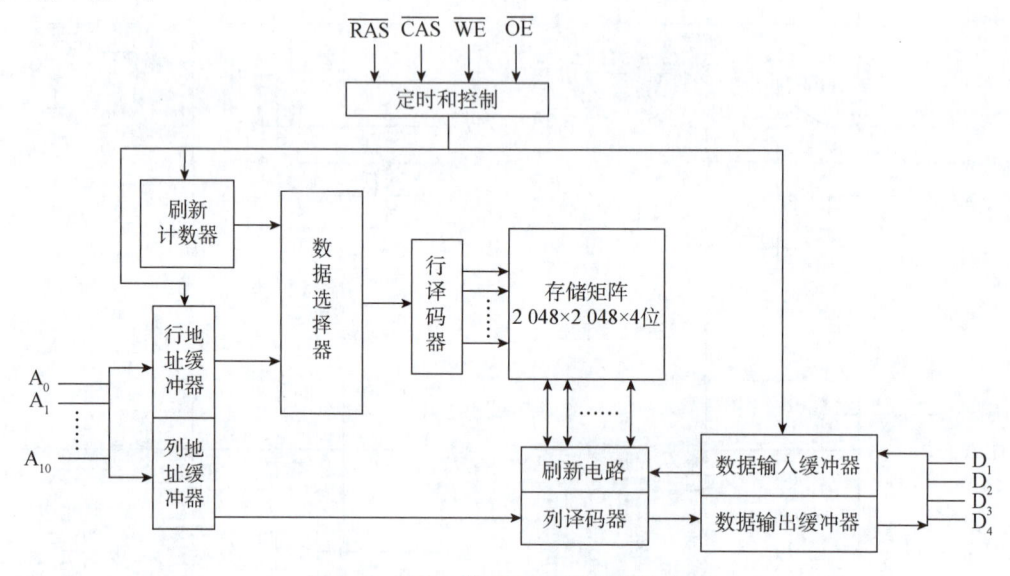

图 3-9 4M×4 位 DRAM 的逻辑结构图

1. 集中刷新

集中刷新：在规定的一个刷新周期内，对全部存储单元集中一段时间逐行进行刷新（用专门的时间进行全部刷新）。

例如，对 128×128 矩阵的存储芯片进行刷新，存储周期为 0.5 μs，刷新周期为 2 ms（再次刷新到这里的时间间隔），如图 3-10(a) 所示。

刷新是对信息再写入，所以每刷新一行所需要的时间也是 0.5 μs。

2 ms 的刷新周期，所占存取周期个数为 2 000 μs÷0.5 μs=4 000 个，共有 128 行要进行刷新，则刷新占 128 个存取周期，刷新时间为 128×0.5 μs=64 μs，读写或维持的时间：2 000 μs-64 μs=1 936 μs，读/写或维持的存储周期个数为：4 000-128=3 872 个。

当用 64 μs 进行集中刷新时，不能进行任何的读/写操作，故将这 64 μs 称为"死区"或"死时间"。"死时间"所占的比率也被称为"死时间率"，则集中刷新的"死时间率"为 128÷

$4000 \times 100\% = 3.2\%$。

集中刷新的优点是速度高,而缺点是存在死区,死时间长。

2. 分散刷新

分散刷新:对每行存储单元的刷新分散到每个存储周期内完成(对某一行进行读写操作后,紧接着刷新,包含在了读写周期内)。

例如,对128×128矩阵的存储芯片进行刷新,读/写周期为0.5 μs(读一次或写一次所需时间),将刷新分散到存储周期内完成,则存储周期就包含了刷新时间,此时,存储周期(存储器进行两次独立的"读或写"操作)为 $t = 0.5 \text{ μs} + 0.5 \text{ μs} = 1 \text{ μs}$。

刷新(刷新以行为单位计算)一行的时间为 1 μs,全部刷新完的时间为 128×1 μs=128 μs,此时刷新间隔比 2 ms 小得多,即再次刷新到此处相隔 128 μs,如图 3-10(b)所示。

分散刷新的优点是无死区;缺点是存取周期长,整个系统的速度降低了。

3. 异步刷新

异步刷新:前两种方式的结合,缩短了死时间,充分利用了最大刷新间隔为 2 ms 的特点(只要在 2 ms 内对这一行刷新一遍就行)。

例如,对128×128矩阵的存储芯片进行刷新,存储周期为0.5 μs,刷新周期为2 ms,若保证2 ms内对每行刷新一遍:2 000 μs÷128≈15.6 μs,即每隔15.6 μs刷新一行,每行的刷新时间仍然为0.5 μs。刷新一行,只停一个存储周期不能读写,"死时间缩短为0.5 μs"(15.6 μs内刷新一行,其他全用来读写),如图 3-10(c)所示。

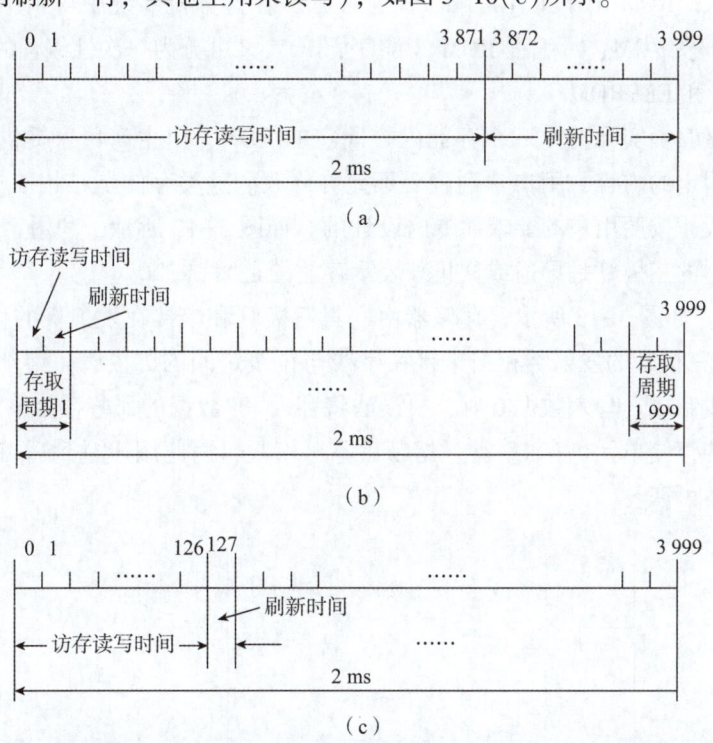

图 3-10 3种刷新方式

(a)集中刷新;(b)分散刷新;(c)异步刷新

这种方案克服了分散刷新需独占 0.5 μs 用于刷新，使存取周期加长且降低系统速度的缺点，又不会出现集中刷新的访问"死区"问题，从根本上提高了工作效率。

图 3-11 是 4M×4 位 DRAM 的芯片引脚图，由于行、列地址复用同一组地址线，因此引脚数量比较少。其中：Vcc 电源线，Vss 地线，$D_4 \sim D_1$ 双向数据线，$A_{10} \sim A_0$ 地址线，RAS 行地址选通线，CAS 列地址选通线，WE 写选择线，OE 读选择线，NC 空引脚，为了使引脚数凑成偶数。

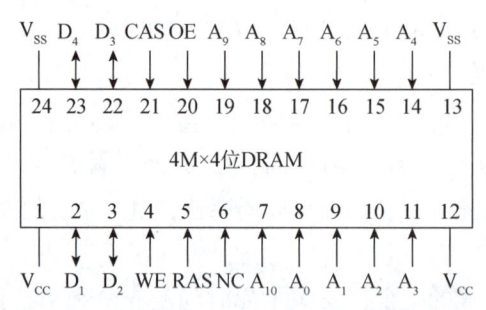

图 3-11　4M×4 位 DRAM 的芯片引脚图

3.2.5　只读存储器

ROM 只读的意思是在它工作时只能读出，不能写入。其中存储的原始数据，必须在它工作以前写入。ROM 由于工作可靠，保密性强，在计算机系统中得到广泛应用。ROM 主要有两类：掩模 ROM、可编程 ROM。可编程 ROM 又可分为一次性编程的 PROM、多次编程的 EPROM 和 EEPROM。

（1）掩模 ROM：实际上是一个存储内容固定的 ROM，由生产厂家提供产品。出厂时就已经写入了固定的内容，用户拿到以后不允许修改。这类存储器结构简单、集成度高、价格便宜，一般是按照用户的要求而专门设计的。如图 3-12 所示，利用字线（字选择线）和位线交叉点上的三极管是导通或截止来表示存放的是"1"或"0"。

（2）PROM：如图 3-13 所示，存储器由一只三极管和串接在发射极的快速熔断丝（熔丝）组成。图中三极管的发射结相当于接在字线与位线之间的二极管，熔丝用低熔点合金丝或多晶硅导线制成。写入数据 0 时，要设法将存入"0"数据的那些存储单元的熔丝烧断；熔丝未被烧断的存储单元仍存 1。熔丝熔断后不可恢复，因此用户拿到后可以修改一次内容，修改完后不可恢复。

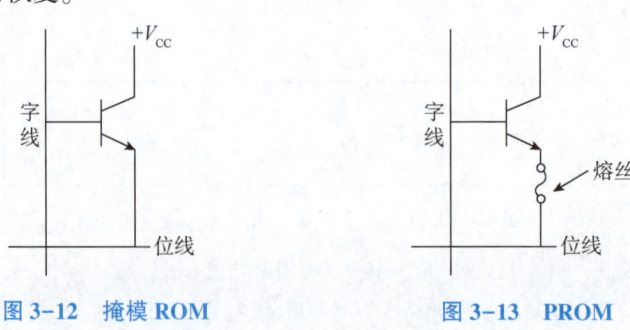

图 3-12　掩模 ROM　　　　图 3-13　PROM

(3) EPROM：EPROM 芯片是可以多次编程的，它有一个很明显的特征，在其正面的陶瓷封装上，开有一个玻璃窗口，透过该窗口，可以看到其内部的集成电路，紫外线透过该窗口照射内部芯片就可以擦除其内的数据。完成芯片擦除的操作要用到 EPROM 擦除器。EPROM 芯片在写入信息后，要用不透光的贴纸或胶布把窗口封住，以免受到周围的紫外线照射而使信息受损。

(4) EEPROM：也是可以多次编程的，掉电后数据不丢失。EEPROM 可以在计算机或专用设备上擦除已有信息，重新编程。

(5) 闪存：一种使用闪存芯片写入和存储数据的固态技术。与带有移动组件的硬盘驱动器相比，闪存存储可以实现极速响应时间（微秒级延迟）。闪存使用非易失性存储器，即掉电后数据不丢失。与机械磁盘存储相比，闪存具有相当高的可用性，并且能耗和占用空间也很低。

3.2.6 存储器的校验

计算机系统中，在存数、取数和传送数据的过程中，都有可能因为各种随机干扰而产生错误。为了能及时发现错误，或者发现错误后能及时纠正错误，通常采用专门的逻辑线路进行编码。

校验码就是一种具有发现某些错误或自动改正错误能力的数据编码方法。它的基本思想是"冗余校验"，即通过在有效信息代码的基础上添加一些冗余位来构成校验码。这些冗余位又被称为校验位，将其与有效信息按照一定的规律进行编码，形成校验码存储或发送。在读取或接收校验码时，再按统一约定的规律译码。首先判断约定的规律是否被破坏，若被破坏，则表明收到的信息有错，对于只具有检错能力的校验码，则通知系统信息不可取；对于具有纠错能力的校验码，还可以纠正错误；若没有被破坏，则表明数据正确，再将校验码中的有效信息部分提取出来以供使用。

校验码是如何检查数据是否发生错误的呢？在此，首先引出"码距"的概念。在一种编码中，在任何两个代码之间逐位进行比较，对应位值不同的个数，称为这两个代码之间的距离。一种码制的码距则是指该码制中所有代码之间的最小距离。

一般二进制编码的码距等于 1，它不具有检错和纠错能力。比如，当 3 位二进制编码 000 的某一位发生错误时，计算机无法判定它是否发生错误，因为代码 100、010、001 也是合法的 3 位二进制编码。

当添加了一些校验位后，编码变长了，但是编码的个数没有变，编码的规律使得校验码的合法码字的码距扩大了，超过了 1，此时，合法码中出现一位错误时就成为非法代码。校验码的校验原理就是通过判断代码的合法性来检错。因此，只有当码距大于或等于 2 时，校验码才具有检错能力；只有当码距大于或等于 3 时，校验码才具有纠错能力。校验码的检错纠错能力与码距的大小有关：

(1) 若码距 d 为奇数，如果只用来检查错误，那么可以发现 $d-1$ 位错误；如果用来纠正错误，那么能够纠正 $\frac{d-1}{2}$ 位错误。

(2)若码距 d 为偶数,则可以发现 $\frac{d}{2}$ 位错误,并能够纠正 $\frac{d}{2}-1$ 位错误。

常用的校验码有奇偶校验码、海明校验码(又称汉明码)、循环冗余校验码(CRC)。奇偶校验码是检错码,汉明码和循环冗余校验码既能检测出错误,还能纠正错误。

1. 奇偶校验码

奇偶校验码是在有效信息位的前面或后面添加一位校验位,就组成了校验码。

若要进行奇校验,在发送数据之前,则应添加一位校验位"0"或"1",使校验码里面"1"的个数为奇数,接收端收到数据时,校验"1"的个数,若不为奇数,则认为数据传送出错。奇校验常用异或非门来实现,设 $A=(a_0a_1\cdots\cdots a_{n-1})$ 是一个 n 位的二进制信息,则应该添加的校验位 $C=\overline{a_0\oplus a_1\oplus\cdots\cdots\oplus a_{n-1}}$,设接收端收到的信息为 $A'=(a_0'a_1'\cdots\cdots a_{n-1}'C')$,计算 $F=\overline{a_0'\oplus a_1'\oplus\cdots\cdots\oplus a_{n-1}'\oplus C'}$,若 $F=1$,说明数据传送出错。

若要进行偶校验,在发送数据之前,则添加一位校验位"0"或"1",使校验码里面"1"的个数为偶数,接收端收到数据时,校验"1"的个数,若不为偶数,则认为数据传送出错。偶校验常用异或门来实现,设 $A=(a_0a_1\cdots\cdots a_{n-1})$ 是一个 n 位的二进制信息,则应该添加的校验位 $C=a_0\oplus a_1\oplus\cdots\cdots\oplus a_{n-1}$,设接收端收到的信息为 $A'=(a_0'a_1'\cdots\cdots a_{n-1}'C')$,计算 $F=a_0'\oplus a_1'\oplus\cdots\cdots\oplus a_{n-1}'\oplus C'$,若 $F=1$,说明数据传送出错。

奇偶校验提供奇数个错误检测,无法检测偶数个错误,也无法识别错误信息的位置。

2. 汉明码

汉明码是由 R. Hamming 在 1950 年提出的,它是一种可以纠正一位错误的编码。

(1)汉明码的编码规则。

发送端发送信息前,需要在原来的信息位中增加一些校验位,组成汉明码,因此需要确定增加几位校验位、增加的校验位的位置、校验位的取值。

设信息位有 n 位,增加的校验位有 k 位,则 k 的取值应满足 $2^k \geq n+k+1$ 的最小值。

信息位和校验位共 $n+k$ 位,$n+k$ 位的代码自左至右依次编为第 1,2,3,$\cdots$,$n+k$ 位,校验位记作 $C_i(i=1,2,4,8,\cdots\cdots)$,分别在 $n+k$ 位代码的第 1,2,4,8,$\cdots$,2^{k-1} 位上。这些校验位的位置设置是为了保证它们能分别承担 $n+k$ 位信息中不同数位所组成的"小组"的奇偶校验任务,使校验位和它所负责检测的小组中 1 的个数为奇数或为偶数,具体分配如下:

C_1 检测的 g_1 小组包含 1,3,5,7,9,11,$\cdots\cdots$位;
C_2 检测的 g_2 小组包含 2,3,6,7,10,11,14,15,$\cdots\cdots$位;
C_4 检测的 g_3 小组包含 4,5,6,7,12,13,14,15,$\cdots\cdots$位;
C_8 检测的 g_4 小组包含 8,9,10,11,12,13,14,15,24,$\cdots\cdots$位。

其余检测位的小组所包含的位也可类推,即 C_i 对应的检测小组包含的位数,是从第 i 位开始连续取 i 位,间隔 i 位,再取 i 位 $\cdots\cdots$

例如,欲传送 8 位二进制信息 $a_8a_7a_6a_5a_4a_3a_2a_1$,根据 $2^k \geq n+k+1$,可以算出 $k \geq 4$,即 k 取满足条件的最小值 4,说明需要 4 位校验位 C_1、C_2、C_4、C_8,则编码后的汉明码信息位和校验位的位置如表 3-1 所示。

表 3-1 汉明码信息位和校验位的位置

序号	1	2	3	4	5	6	7	8	9	10	11	12
汉明码	C_1	C_2	a_8	C_4	a_7	a_6	a_5	C_8	a_4	a_3	a_2	a_1

如果按照偶校验的原则配置汉明码，C_1 应使 g_1 小组中 1 的个数为偶数，C_2 应使 g_2 小组中 1 的个数为偶数，C_4 应使 g_3 小组中 1 的个数为偶数，C_8 应使 g_4 小组中 1 的个数为偶数。

若 $a_8a_7a_6a_5a_4a_3a_2a_1 = 11010010$，则：

$C_1 = 3$ 位 $\oplus 5$ 位 $\oplus 7$ 位 $\oplus 9$ 位 $\oplus 11$ 位 $= a_8 \oplus a_7 \oplus a_5 \oplus a_4 \oplus a_2 = 1 \oplus 1 \oplus 1 \oplus 0 \oplus 1 = 0$，

$C_2 = 3$ 位 $\oplus 6$ 位 $\oplus 7$ 位 $\oplus 10$ 位 $\oplus 11$ 位 $= a_8 \oplus a_6 \oplus a_5 \oplus a_3 \oplus a_2 = 1 \oplus 0 \oplus 1 \oplus 0 \oplus 1 = 1$，

$C_4 = 5$ 位 $\oplus 6$ 位 $\oplus 7$ 位 $\oplus 12$ 位 $= a_7 \oplus a_6 \oplus a_5 \oplus a_1 = 1 \oplus 0 \oplus 1 \oplus 0 = 0$，

$C_8 = 9$ 位 $\oplus 10$ 位 $\oplus 11$ 位 $\oplus 12$ 位 $= a_4 \oplus a_3 \oplus a_2 \oplus a_1 = 0 \oplus 0 \oplus 1 \oplus 0 = 1$。

所以 11010010 的汉明码为：$C_1 \quad C_2 \quad a_8 C_4 \quad a_7 a_6 a_5 C_8 \quad a_4 a_3 a_2 a_1 = 011010110010$。

如果按照奇校验的原则配置汉明码，C_1 应使 g_1 小组中 1 的个数为奇数，C_2 应使 g_2 小组中 1 的个数为奇数，C_4 应使 g_3 小组中 1 的个数为奇数，C_8 应使 g_4 小组中 1 的个数为奇数。

若 $a_8a_7a_6a_5a_4a_3a_2a_1 = 11010010$，则：

$C_1 = \overline{3 \text{ 位} \oplus 5 \text{ 位} \oplus 7 \text{ 位} \oplus 9 \text{ 位} \oplus 11 \text{ 位}} = \overline{a_8 \oplus a_7 \oplus a_5 \oplus a_4 \oplus a_2} = \overline{1 \oplus 1 \oplus 1 \oplus 0 \oplus 1} = 1$，

$C_2 = \overline{3 \text{ 位} \oplus 6 \text{ 位} \oplus 7 \text{ 位} \oplus 10 \text{ 位} \oplus 11 \text{ 位}} = \overline{a_8 \oplus a_6 \oplus a_5 \oplus a_3 \oplus a_2} = \overline{1 \oplus 0 \oplus 1 \oplus 0 \oplus 1} = 0$，

$C_4 = \overline{5 \text{ 位} \oplus 6 \text{ 位} \oplus 7 \text{ 位} \oplus 12 \text{ 位}} = \overline{a_7 \oplus a_6 \oplus a_5 \oplus a_1} = \overline{1 \oplus 0 \oplus 1 \oplus 0} = 1$，

$C_8 = \overline{9 \text{ 位} \oplus 10 \text{ 位} \oplus 11 \text{ 位} \oplus 12 \text{ 位}} = \overline{a_4 \oplus a_3 \oplus a_2 \oplus a_1} = \overline{0 \oplus 0 \oplus 1 \oplus 0} = 0$。

所以 11010010 的汉明码为：$C_1 \quad C_2 \quad a_8 C_4 \quad a_7 a_6 a_5 C_8 \quad a_4 a_3 a_2 a_1 = 101110100010$。

(2) 汉明码的纠错规则。

接收端收到汉明码后，也必须按照编码时的分组校验每组的奇偶性是否发生变化，若没有发生变化，认为信息正确，将相应的有效信息位提取出来使用；如果出错要确定是哪位出错了，并加以纠正。

接收端形成新的校验位 $P_i(i = 1、2、4、8、……)$，可以根据 P_i 的状态确定是哪一位出错，$P_i = 0$ 表示该组各位都没有出错，$P_i = 1$ 表示该组有一位出错。

若发送端是按照偶校验的原则配置的汉明码，且接收端收到的汉明码为 $C_1C_2a_8C_4a_7a_6a_5C_8a_4a_3a_2a_1 = 011010110011$，则：

$P_1 = 1$ 位 $\oplus 3$ 位 $\oplus 5$ 位 $\oplus 7$ 位 $\oplus 9$ 位 $\oplus 11$ 位 $= C_1 \oplus a_8 \oplus a_7 \oplus a_5 \oplus a_4 \oplus a_2 = 0 \oplus 1 \oplus 1 \oplus 1 \oplus 0 \oplus 1 = 0$，

$P_2 = 2$ 位 $\oplus 3$ 位 $\oplus 6$ 位 $\oplus 7$ 位 $\oplus 10$ 位 $\oplus 11$ 位 $= C_2 \oplus a_8 \oplus a_6 \oplus a_5 \oplus a_3 \oplus a_2 = 1 \oplus 1 \oplus 0 \oplus 1 \oplus 0 \oplus 1 = 0$，

$P_4 = 4$ 位 $\oplus 5$ 位 $\oplus 6$ 位 $\oplus 7$ 位 $\oplus 12$ 位 $= C_4 \oplus a_7 \oplus a_6 \oplus a_5 \oplus a_1 = 0 \oplus 1 \oplus 0 \oplus 1 \oplus 1 = 1$，

$P_8 = 8$ 位 $\oplus 9$ 位 $\oplus 10$ 位 $\oplus 11$ 位 $\oplus 12$ 位 $= C_8 \oplus a_4 \oplus a_3 \oplus a_2 \oplus a_1 = 1 \oplus 0 \oplus 0 \oplus 1 \oplus 1 = 1$。

$P_8P_4P_2P_1 = (1100)_2 = (12)_{10}$，$P_4 = 1$ 表示该 g_3 小组有一位出错，同样 $P_8 = 1$ 表示 g_4 小组有一位出错，这两个小组共同占有的位是第 12 位，说明第 12 位出错。

同理，若发送端是按照奇校验的原则配置的汉明码，则：

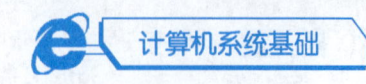

$$P_1 = \overline{1\text{位} \oplus 3\text{位} \oplus 5\text{位} \oplus 7\text{位} \oplus 9\text{位} \oplus 11\text{位}}$$

$$P_2 = \overline{2\text{位} \oplus 3\text{位} \oplus 6\text{位} \oplus 7\text{位} \oplus 10\text{位} \oplus 11\text{位}}$$

$$P_4 = \overline{4\text{位} \oplus 5\text{位} \oplus 6\text{位} \oplus 7\text{位} \oplus 12\text{位}}$$

$$P_8 = \overline{8\text{位} \oplus 9\text{位} \oplus 10\text{位} \oplus 11\text{位} \oplus 12\text{位}}$$

$P_8P_4P_2P_1$ 对应十进制数是几,则说明第几位出错。

3. 循环冗余校验

(1) 循环冗余校验码的编码规则。

循环冗余校验码(Cyclic Redundancy Checkcode,CRC)又称多项式码,因为任何一个由二进制数位串组成的代码都可以和一个只含有 0 和 1 两个系数的多项式建立一一对应的关系。例如,n 位二进制代码 $C_{n-1}C_{n-2}\cdots C_1C_0$,对应 $n-1$ 次多项式 $C(x)$:

$$C(x) = C_{n-1}x^{n-1} + C_{n-2}x^{n-2} + \cdots + C_1x^1 + C_0x^0$$

发送端和接收端事先约定一个生成多项式 $G(x)$,对应的二进制代码有 k 位;若发送端欲发送二进制信息 n 位,则在发送之前编码时,在 n 位的信息位后面补 $k-1$ 位 0,得到 $n+k-1$ 位二进制数,除以 $G(x)$ 对应的 k 位二进制代码后,得 $k-1$ 位余数,$k-1$ 位余数附加在 n 位的信息位后面,就得到了循环冗余校验码,$k-1$ 位余数叫帧校验序列(Frame Check Sequence,FCS)。

注:除法时采用模 2 除,按模 2 减求部分余数,每求一位商应使部分余数减少一位;上商的规则是当部分余数的首位为 1 时,商取 1,而当部分余数的首位为 0 时,商取 0;当部分余数的位数小于除数的位数时,该余数即最后的余数。模 2 减的规则同模 2 加,即按位异或,相同得 0,相异得 1。

例如,发送端欲发送的 7 位二进制信息 1001101,对应的多项式为 $x^6 + x^3 + x^2 + 1$。设 $G(x) = x^3 + x^2 + 1$,对应的二进制代码是 1101 共 4 位,则发送端编码时在原来的信息位后面增加 3 位 0 得 1001101000,除以 1101 后得到余数即 FCS,除法过程如图 3-14 所示。二进制信息 1001101 的循环冗余校验码为 1001101100。

```
                          1111100  ← 商
除数 G(x)对应二进制 → 1101 ) 1001101000  ← 被除数  欲发送n位信息+k-1位0
                          1101
                          ────
                          1001
                          1101
                          ────
                          1000
                          1101
                          ────
                          1011
                          1101
                          ────
                          1100
                          1101
                          ────
                           100  ← 余数,FCS
```

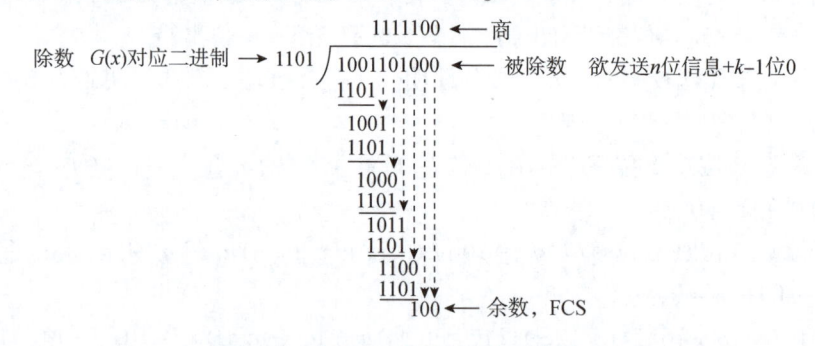

图 3-14 循环冗余校验码求 FCS 示例

(2) 循环冗余校验码的校验规则。

接收端收到数据后,除以 $G(x)$ 对应的 k 位二进制代码,若余数为 0,说明数据正确;若余数不为 1,说明传输过程数据出错。

循环冗余校验码编码和校验过程如图 3-15 所示。

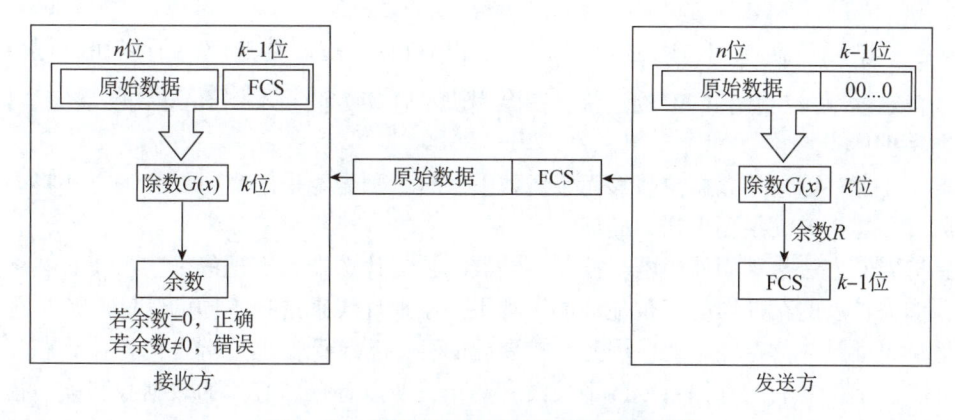

图 3-15　循环冗余校验码编码和校验过程

3.2.7　主存与 CPU 的连接

1. 存储器的扩展

在计算机中，单个存储芯片往往不能满足存储容量的要求，因此，必须把若干个存储芯片连接在一起，形成一个容量更大、字数位数更多的存储器，这就是存储器容量的扩展。扩展方法根据需要有位扩展、字扩展和字位同时扩展 3 种。

1）位扩展

位扩展也被称为字长扩展。通常存储器的字长为 1 位、4 位、8 位、16 位和 32 位等。当实际的存储器系统的字长超过存储芯片的字长，而一个存储器的字数用一片集成芯片已经够用时，就需要对存储器进行位扩展。

位扩展的方法：将多片同型号的存储芯片的地址线、读/写控制线（R/$\overline{\text{W}}$）、片选信号 $\overline{\text{CS}}$ 对应地并联在一起，将各芯片的数据线并联。

【例 3-1】某机器需要 1 024×16 位的 RAM，问要用多少片 1 024×4 位的 RAM 芯片构成，并画出示意图。

解：（1）首先计算需要的芯片数：

$$n = \frac{\text{总存储容量}}{\text{每片存储容量}} = \frac{1\,024 \times 16\,\text{位}}{1\,024 \times 4\,\text{位}} = 4\,(\text{片})$$

（2）具体的接法如图 3-16 所示。

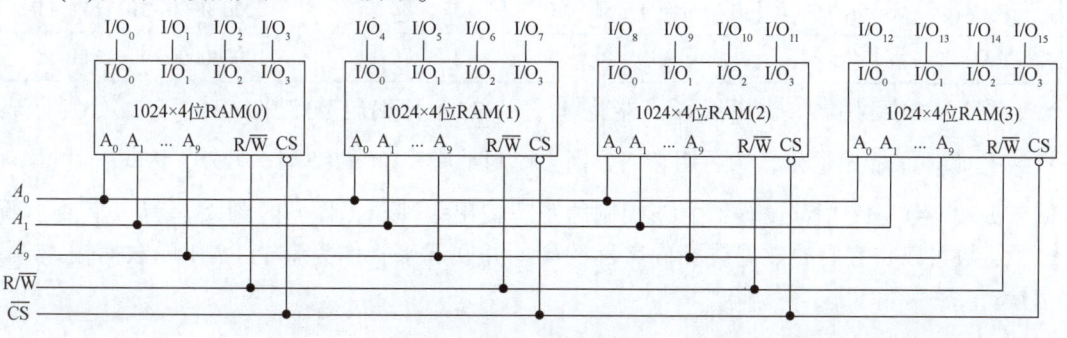

图 3-16　例 3-1 图

对于只读存储器 ROM，因为 ROM 芯片上没有读/写控制端 R/$\overline{W}$，所以在进行位扩展时不必考虑读/写控制端 R/$\overline{W}$ 的连接，其余引脚的连接方法与本例 RAM 的扩展完全相同。

2) 字扩展

若每一片存储器的数据位数够而字线数不够时，则需要采用"字扩展"的方式将多片该种集成芯片连接成满足要求的存储器。

字扩展的方法是利用译码器，控制存储器芯片的片选端来实现的。字扩展必然增加地址线，作为扩展的存储器的高位地址端，利用高位地址线来选择不同的存储芯片，再由低位地址端寻址具体的存储单元。因此，扩展后的存储系统低位地址端是把各存储芯片的地址线并联。字扩展后的存储系统的字长没有变化，所以各存储芯片的数据线和读写控制线 R/$\overline{W}$ 相同名称的并联在一起。

【例 3-2】试用 256×8 位的 RAM 若干片构成一个 1 024×8 位的 RAM，求需要多少片，并画出连接图。

解：首先计算需要的芯片数：

$$n = \frac{总存储容量}{每片存储容量} = \frac{1\,024 \times 8\,位}{256 \times 8\,位} = 4(片)$$

因为 4 片 256×8 位的 RAM 中共有 1024 个字，所以必须给它们编 1 024 个不同的地址。但是每片 256×8 位芯片上的地址输入端只有 $A_0 \sim A_7$，共 8 位（$2^8 = 256$），给出的地址范围都是 0~255，无法区分 4 片中同样的地址单元。因此，必须增加两位地址代码 A_8、A_9，使地址代码增加到 10 位，才能得到 $2^{10} = 1\,024$ 个地址。若取第 1 片的 $A_9A_8 = 00$，第 2 片的 $A_9A_8 = 01$，第 3 片的 $A_9A_8 = 10$，第 4 片的 $A_9A_8 = 11$。那么 4 片的地址分配如表 3-2 所示。按照表 3-2 的地址分配，连线如图 3-17 所示。

从表 3-2 中看出，4 片 RAM 的低 8 位地址是相同的，所以接线时，把它们分别并联连接即可。因为每片 RAM 上只有 8 个地址输入端，所以 A_8、A_9 的输入端只好借用 $\overline{CS}$ 端。

表 3-2　例 3-2 中每片 256×8 位 RAM 的地址分配表

器件编号	A_9	A_8	$\overline{Y_3}$	$\overline{Y_2}$	$\overline{Y_1}$	$\overline{Y_0}$	地址范围 $A_9A_8A_7A_6A_5A_4A_3A_2A_1A_0$
RAM(0)	0	0	1	1	1	0	0000000000~0011111111
RAM(1)	0	1	1	1	0	1	0100000000~0111111111
RAM(2)	1	0	1	0	1	1	1000000000~1011111111
RAM(3)	1	1	0	1	1	1	1100000000~1111111111

图 3-17 中利用 2 线-4 线译码器将 A_9、A_8 的 4 种编码 00、01、10、11，分别译成 $\overline{Y_3} \sim \overline{Y_0}$ 低电平输出信号，然后用它们分别去控制 4 片 RAM 的 $\overline{CS}$ 端。另外，因每一片 RAM 的数据端 $I/O_1 \sim I/O_8$ 都设置了由 $\overline{CS}$ 控制的三态输出缓冲器，任一时刻 $\overline{CS}$ 只有一个处于低电平，故可以将它们的数据线相同名称的端口并联起来，作为整个 RAM 的数据输入/输出端。

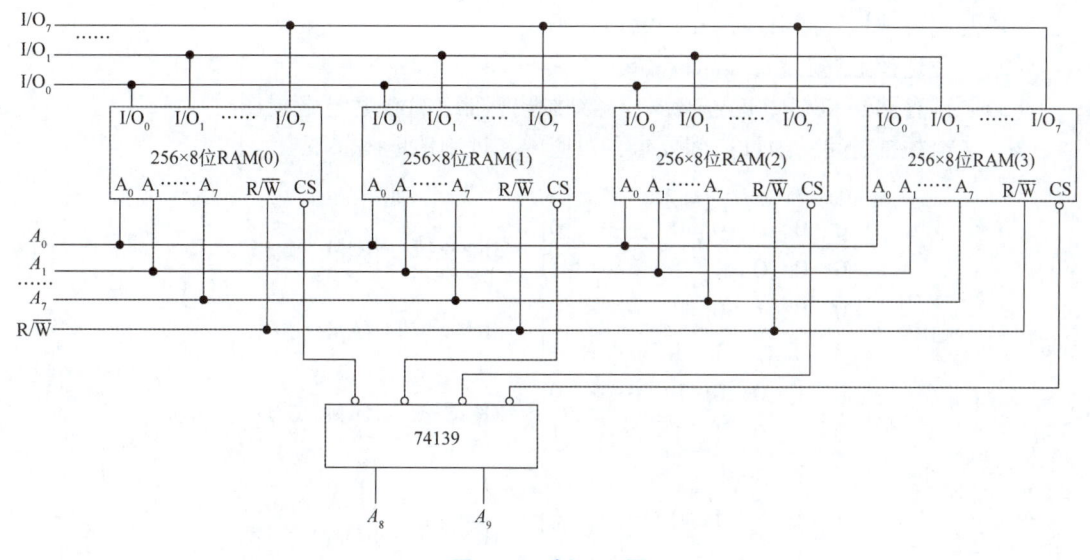

图 3-17　例 3-2 图

3）字位同时扩展

在很多情况下，要组成的存储器比现有的存储芯片的字数、位数都多，需要字位同时扩展。扩展时可以先计算出所需芯片的总数及片内地址线、数据线的条数，再用前面介绍的方法进行扩展，为了保证设计的逻辑电路更简单，先进行位扩展，再进行字扩展。

【思考题】

(1) 字扩展和位扩展有什么不同？

(2) 字位同时扩展时能不能先进行字扩展，再进行位扩展？

2. 存储器与 CPU 的连接

主存与 CPU 连接的设计建议按照如下步骤。

(1) 根据 CPU 芯片提供的地址线数目，确定 CPU 访存的地址范围，并写出相应的二进制地址码。

(2) 根据地址范围涵盖的容量，确定各种类型存储芯片的数目和扩展方法。

(3) 分配 CPU 地址线。CPU 芯片提供的地址线数目是一定的，且大于每一个存储芯片提供的地址线数量。对每一个存储芯片，CPU 地址线的低位直接连接存储芯片的地址线，这些地址线的数量刚好等于存储芯片提供的地址线数量。剩余的 CPU 高位地址线（对应不同存储芯片，其剩余数量不同）都应参与形成存储芯片的片选信号。

(4) 连接数据线、R/$\overline{W}$ 等其他信号线，$\overline{MREQ}$ 信号一般可用作地址译码器的使能信号。

注：主存的扩展及其与 CPU 的连接方法并不唯一，应该具体问题具体分析。

下面通过例题来说明主存与 CPU 连接的方法。

【例 3-3】CPU 有 16 根地址线、8 根数据线，并用 $\overline{MREQ}$ 作为访存控制信号（低电平有效），用 R/$\overline{W}$ 作为读/写控制信号（高电平读，低电平写），片选信号低电平有效。现有下列存储芯片：1K ×4 位 RAM、8K ×8 位 RAM、2K ×8 位 ROM、4K ×8 位 ROM、8K ×8 位 ROM 及 74138 译码器和各种门电路。主存的地址空间满足：最小 8K 地址为系统程序区，相邻的 16K 地址为用户程序区，最大 4K 地址空间为系统程序区。

（1）写出各地址空间对应的二进制地址码；

（2）合理选择上述芯片，说明各选几片？

（3）画出存储器和 CPU 的连接图，详细画出存储芯片的片选逻辑图。

解：（1）根据题目的地址空间要求，对应的二进制地址码如下：

$$
\begin{array}{l}
A_{15}\ A_{14}\ A_{13}\ A_{12}\ A_{11}\cdots\cdots\ A_0 \\
\left.\begin{array}{l} 0\ \ 0\ \ 0\ \ 0\ \ 0\ \cdots\cdots\ 0 \\ 0\ \ 0\ \ 0\ \ 1\ \ 1\ \cdots\cdots\ 1 \end{array}\right\}\ \text{8K×8 位}\quad \text{ROM}\quad 1\ \text{片} \\
\left.\begin{array}{l} 0\ \ 0\ \ 1\ \ 0\ \ 0\ \cdots\cdots\ 0 \\ 0\ \ 0\ \ 1\ \ 1\ \ 1\ \cdots\cdots\ 1 \end{array}\right\}\ \text{8K×8 位}\quad \text{RAM}\quad 1\ \text{片} \\
\left.\begin{array}{l} 0\ \ 1\ \ 0\ \ 0\ \ 0\ \cdots\cdots\ 0 \\ 0\ \ 1\ \ 0\ \ 1\ \ 1\ \cdots\cdots\ 1 \end{array}\right\}\ \text{8K×8 位}\quad \text{RAM}\quad 1\ \text{片} \\
\quad\quad\quad\quad\cdots\cdots \\
\left.\begin{array}{l} 1\ \ 1\ \ 1\ \ 1\ \ 0\ \cdots\cdots\ 0 \\ 1\ \ 1\ \ 1\ \ 1\ \ 1\ \cdots\cdots\ 1 \end{array}\right\}\ \text{4K×8 位}\quad \text{ROM}\quad 1\ \text{片}
\end{array}
$$

（2）根据地址范围和容量及其在系统中的作用，确定选用 1 片 8K×8 位的 ROM 来实现最小 8K 系统程序区；选用 2 片 8K×8 位的 RAM 来实现相邻 16K 用户程序区；选用 1 片 4K×8 位的 ROM 来实现最大 4K 系统程序区。

（3）分配 CPU 地址线。

将 CPU 的低 13 位地址线 $A_{12}\sim A_0$ 与 8K×8 位的 ROM 以及 2 片 8K×8 位的 RAM 的地址线相连；将 CPU 的低 12 位地址线 $A_{11}\sim A_0$ 与 4K×8 位的 ROM 地址线相连。剩下的高位地址与访存控制信号 $\overline{\text{MREQ}}$ 共同产生存储芯片的片选信号。

存储器逻辑如图 3-18 所示。

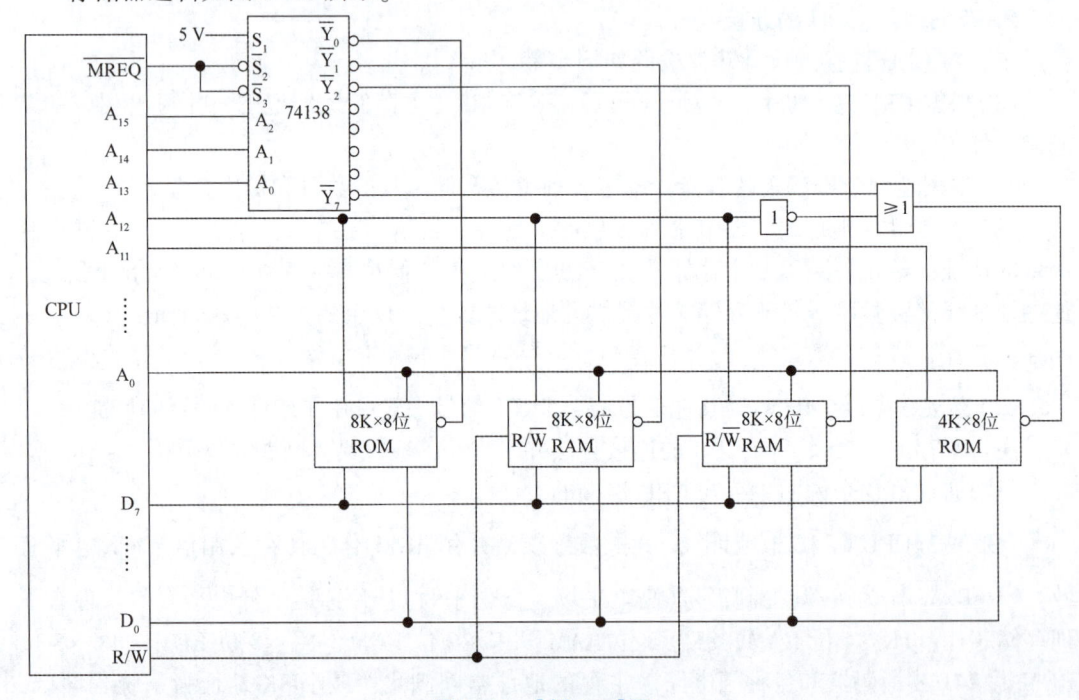

图 3-18 【例 3-3】图

片选信号的产生：由图 3-18 中给出的 74138 译码器输入逻辑关系可知，必须保证控制端 $S_1 \overline{S_2} \overline{S_3} = 100$，译码器才能正常工作。故 S_1 接高电平，而 CPU 的 $\overline{MREQ}$ 正好与 $\overline{S_2}$、$\overline{S_3}$ 对应（低电平有效）。CPU 的 A_{15}、A_{14}、A_{13} 分别接译码器的 A_2、A_1、A_0 输入端。译码器输出 $\overline{Y_0}$ 为低电平时，选中 8K×8 位的 ROM；$\overline{Y_1}$ 为低电平时，选中第一片 8K×8 位的 RAM；$\overline{Y_2}$ 为低电平时，选中第二片 8K×8 位的 RAM；$\overline{Y_7}$ 为低电平、同时 A_{12} 为高电平时，选中 4K×8 位的 ROM。CPU 的读/写控制端 $R/\overline{W}$ 与 RAM 芯片的读写控制端相连。CPU 的 8 根数据线与所有 4 片芯片的 8 根数据线直接相连。

3.3 高速缓冲存储器

为了解决 CPU 与主存之间速度不匹配的问题，在 CPU 与主存之间增设了一级、两级或更多级高速小容量存储器，称之为高速缓冲存储器 Cache。它由高速的 SRAM 组成。基于程序访问的局部性原理，把小容量、高速度的 Cache 存储器和大容量、低速度的主存组合起来，可得到速度与高速度存储器相当、价格适中的存储器。

程序访问的局部性原理是指程序总是趋向于使用最近使用过的数据和指令，也就是说程序执行时所访问的存储器地址分布不是随机的，而是相对地簇集；这种簇集包括指令和数据两部分。

程序局部性包括程序的时间局部性和程序的空间局部性。时间局部性是指若某个地址被访问，则在不久的将来仍有可能被访问。空间局部性是指若某个地址被访问，则这个地址周围的单元也很可能被访问。所以根据程序局部性原理，把 Cache 置于 CPU 和主存之间，Cache 中存储频繁使用的指令和数据，这样，访存操作的平均速度就提高了。

注意：Cache 不是主存容量的扩充，它保存的内容是主存中某些单元的副本。

图 3-19 描述了 Cache、主存与 CPU 三者之间的关系。

图 3-19 Cache、主存与 CPU 的关系

随着半导体器件集成度的提高，Cache 已经集成在 CPU 中，其工作速度更接近于 CPU 的速度。

3.3.1 Cache 的工作原理

图 3-20 给出了 Cache 的原理图，分配给 Cache 的地址存放在一个相联存储器中，当 CPU 提供字地址时，相联存储器按内容进行查找，判定 Cache 是否"命中"。

如图 3-19 所示，CPU 与 Cache 之间的数据交换以字为单位，Cache 与主存之间的数据交换以数据块为单位。一个数据块由若干字组成。当 CPU 读取主存中一个字时，便发出此字的内存地址到 Cache 和主存。Cache 控制逻辑依据地址判断此字当前是否在 Cache 中，若在，此字立即传送给 CPU；若不在，则用主存读周期把此字从主存读出送到 CPU，与此同时，把含有这个字的整个数据块也从主存读出送到 Cache 中。

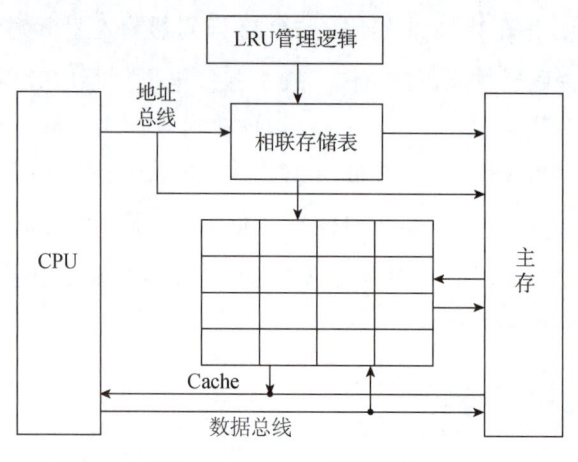

图 3-20　Cache 的原理图

从 CPU 来看，增加 Cache 的目的，就是在性能上使主存的平均读出时间尽可能接近 Cache 的读出时间。为了达到这个目的，在所有的存储器访问中由 Cache 满足 CPU 需要的部分应占很高的比例，即 Cache 的命中率应接近于 1。由于程序访问的局部性，实现这个目标是可能的。

在一个程序执行期间，设 N_c 表示 Cache 完成存取的总次数，N_m 表示主存完成存取的总次数，h 为命中率，有

$$h = \frac{N_c}{N_c + N_m}$$

若 t_c 表示命中时的 Cache 访问时间，t_m 表示未命中时的主存访问时间，$1-h$ 表示未命中率，则 Cache/主存系统的平均访问时间 t_a 为

$$t_a = ht_c + (1-h)t_m$$

人们总是希望以较小的硬件代价使 Cache/主存系统的平均访问时间 t_a 越接近 t_c 越好。设 $r = t_m/t_c$ 表示主存慢于 Cache 的倍率，e 表示访问效率，则有：

$$e = \frac{t_c}{t_a} = \frac{t_c}{ht_c + (1-h)t_m} = \frac{1}{h + (1-h)r} = \frac{1}{r + (1-r)h}$$

为提高访问效率，命中率 h 越接近 1 越好，r 值以 5~10 为宜，不宜太大。

命中率 h 与程序的行为、Cache 的容量、组织方式、数据块的大小有关。

鲲鹏 920 系列芯片提供强大的计算能力，基于海思自研的具有完全知识产权的 ARMv8 架构，最多支持 64 核，核为自研 64bits-TaiShan 核，采用三级 Cache 结构，每个核集成 64KB L1 ICache、64KB L1 DCache 和 512KB L2 DCache。鲲鹏 920 7260、5250、5240 和 5230 处理器支持最大 64MB 的 L3 Cache 容量；鲲鹏 920 5220 和 3210 处理器支持最大 32MB 的 L3 Cache 容量，结构示意图如图 3-21 所示，图中 L1-D 表示一级数据缓存，L1-I 表示一级指令缓存，L2 Cache 表示二级缓存，L3 Cache 表示三级缓存；对所有的 L2 来说，L3 Cache 是共享的，一个进程可以使用整个 L3 的容量。

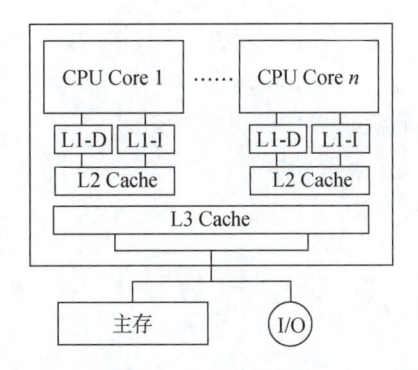

图 3-21　鲲鹏 920 系列芯片三级 Cache 结构

3.3.2　Cache—主存地址映射方式

与主存相比，Cache 的容量很小，它保存的只是主存内容的很小一部分。Cache 与主存的数据交换以数据块为单位。为了把主存内的数据块存放到 Cache 中，必须采用某种方法把主存地址定位到 Cache 中，称为地址映射。地址映射由硬件实现，地址变换速度很快，软件人员丝毫感觉不到 Cache 的存在，这种特性被称为 Cache 的透明性。

主存与 Cache 的地址映射方式有 3 种：直接映射、全相联映射和组相联映射。

将 Cache 的数据块大小称为行，主存的数据块大小称为块，行与块是等长的。为了更方便表述，统一给出 3 种地址映射方式的前提条件。

设 i 表示 Cache 行号，j 表示主存块号，m 表示 Cache 行数。

1. 直接映射

直接映射是最简单的映射技术，将主存中的每个块映射到一个固定可用的 Cache 行中。直接映射可表示为：$i = j \bmod m$。

图 3-22(注：图中，b=块的位长，t=标记的位长)给出了主存中前 m 块的映射情况。如图所示，主存中的每一块映射到 Cache 中的唯一行，然后接下来的 m 块依次映射到 Cache 中相应位置。也就是说，主存中的 B_m 块映射到 Cache 中对应的 L_0 行，B_{m+1} 块映射到 L_1 行，依次类推。

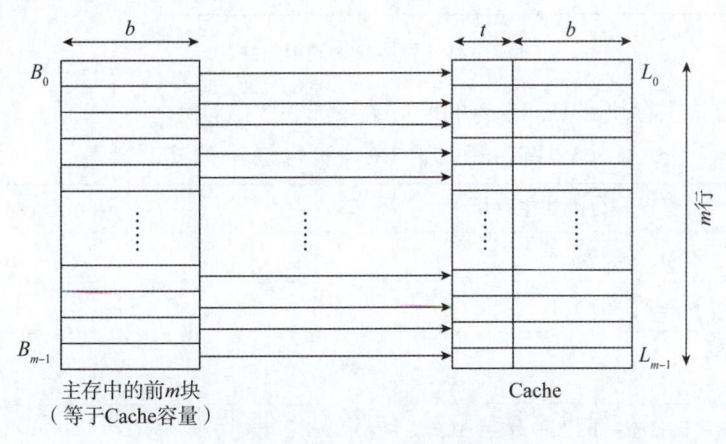

图 3-22　主存到 Cache 直接映射

映射功能通过主存地址实现。图 3-23 给出了直接映射的组织结构，其中：

地址长度 = $s + w$ 位；

可寻址的单元数 = 2^{s+w} 个字或字节；

块大小 = Cache 行大小 = 2^w 个字或字节；

主存块数 = $2^{s+w}/2^w = 2^s$；

Cache 行数 = $m = 2^r$；

Cache 容量 = 2^{r+w} 个字或字节；

标记长度 = $s - r$ 位。

为了访问 Cache，每一个主存地址可以看成是由 3 个部分组成的。最低的 w 位表示某个块中唯一的一个字或字节；在目前大多数机器中，地址是字节级的。剩余的 s 位指定了主存 2^s 个块中的某一个块。Cache 逻辑将这 s 位转换为 $s - r$ 位（最高位部分）的标记位和一个 r 位的行号，r 位的行号表示 Cache 中 $m = 2^r$ 行里面的某一行。

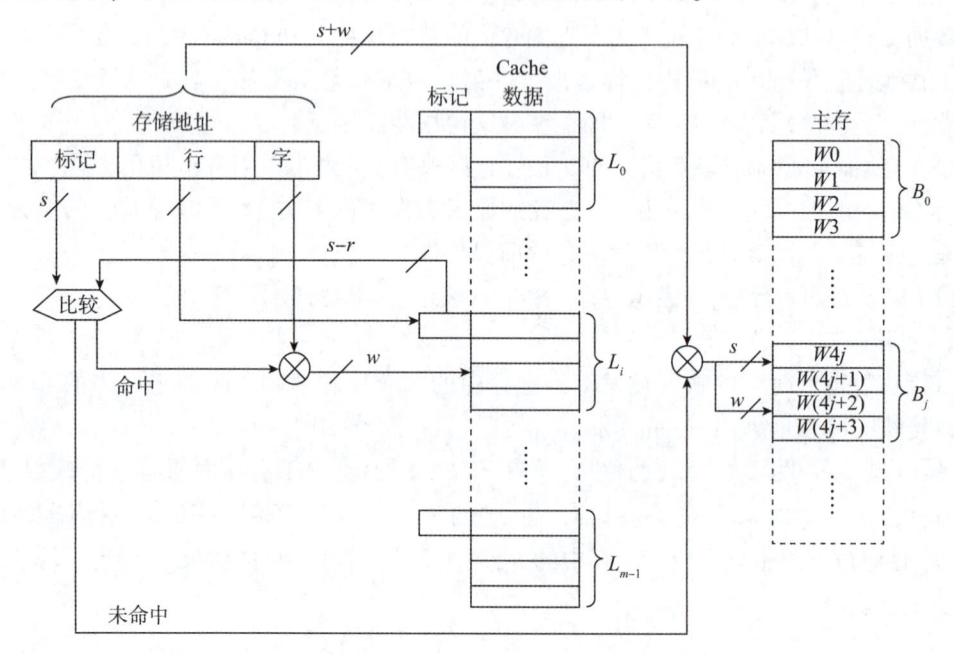

图 3-23 直接映射的组织结构

直接映射方式主存块和 Cache 行的对应关系如表 3-3 所示。

表 3-3 直接映射方式主存块和 Cache 行的对应关系

被分配的主存块	Cache 行
$0, m, 2m, \cdots, 2^s - m$	0
$1, m+1, 2m+1, \cdots, 2^s - m + 1$	1
⋮	⋮
$m-1, 2m-1, 3m-1, \cdots, 2^s - 1$	$m - 1$

因此，采用地址中的一部分作为行号，可提供主存中的每一块到 Cache 的唯一映射；

另外，当一块读入分配给它的行时，还必须给数据做标记，以区分其他能映射到这一行的数据块。用最高的 $s-r$ 位作为标记位。

直接映射技术简单，实现起来花费也少。其主要缺点是，对于任意给定的块，它所对应的 Cache 位置是固定的。因此，若一个程序恰巧重复访问两个需要映射到同一行中且来自不同块的字，则这两个块将不断地被交换到 Cache 中，导致 Cache 的命中率降低。

【例 3-4】设主存容量为 1MB，Cache 容量为 16KB，块大小为 512B，采用直接映射方式，试写出：

(1) 主存地址的格式；
(2) Cache 地址的格式；
(3) 若主存地址为 CDE8FH，它在 Cache 中的什么位置？

解：根据块长为 $512B = 2^9B$，得块内地址为 9 位。根据 Cache 容量为 $16KB = 2^{14}B$，得 Cache 字节地址为 14 位，且 Cache 共有 $16KB/512B = 2^5$ 块，即 Cache 字块地址（Cache 行号）为 5 位。根据主存容量为 $1MB = 2^{20}B$，得主存地址为 20 位，主存字块标记位为 $20-14=6$ 位。

(1) 主存地址的格式：

19　　　14	13　　　　9	8　　　　0
主存标记	Cache 行号	块内地址

(2) Cache 地址的格式：

13　　　　9	8　　　　0
行地址	行内地址

(3) 主存地址 CDE8FH 对应的二进制地址为 1100 1101 1110 1000 1111，说明主存标记位是 110011；Cache 行号是 01111；块内地址是 010001111。因此它在 Cache 中 01111 对应行，在该行的地址是 010001111。

直接映射的优点是实现简单，只需利用主存地址的某些位直接判断，即可确定所需字块是否在 Cache 中。缺点是不够灵活，因每个主存块只能固定地对应某个 Cache 块，即使 Cache 块内还空着许多位置也不能占用，使 Cache 的存储空间不能充分利用。此外，如果程序恰好要重复访问对应同一 Cache 位置的不同主存块，就要不停地进行替换，从而降低了命中率。

2. 全相联映射

全相联映射克服了直接映射的缺点，它允许每一个主存块装入 Cache 中的任意行，如图 3-24 所示。

全相联映射方式中，Cache 控制逻辑将存储地址简单地表示为一个标记位和一个字地址（字在某一块中的地址）。标记位用来唯一标识一个主存块。为了确定某块是否在 Cache 中，Cache 控制逻辑必须同时对每一行中的标记进行检查，看其是否匹配。图 3-25 给出了全相联映射的组织结构。注意，地址中无对应行号的字段，所以 Cache 中的行号不由地址格式决定。其中：

地址长度 = $s+w$ 位；
可寻址的单元数 = 2^{s+w} 个字或字节；
块大小 = Cache 行大小 = 2^w 个字或字节；

主存块数 = $2^{s+w}/2^w = 2^s$；
Cache 行数 不由地址格式确定；
标记长度 = s 位。

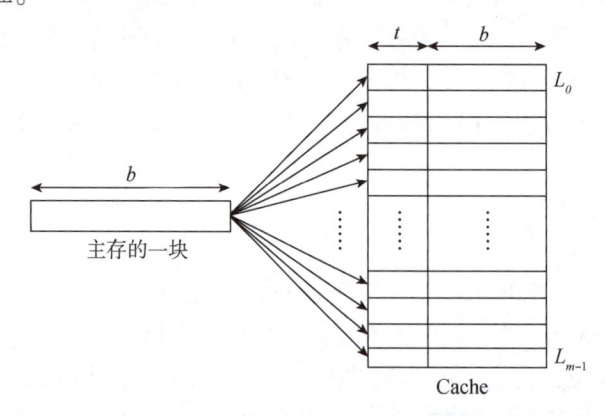

图 3-24 主存到 Cache 全相联映射

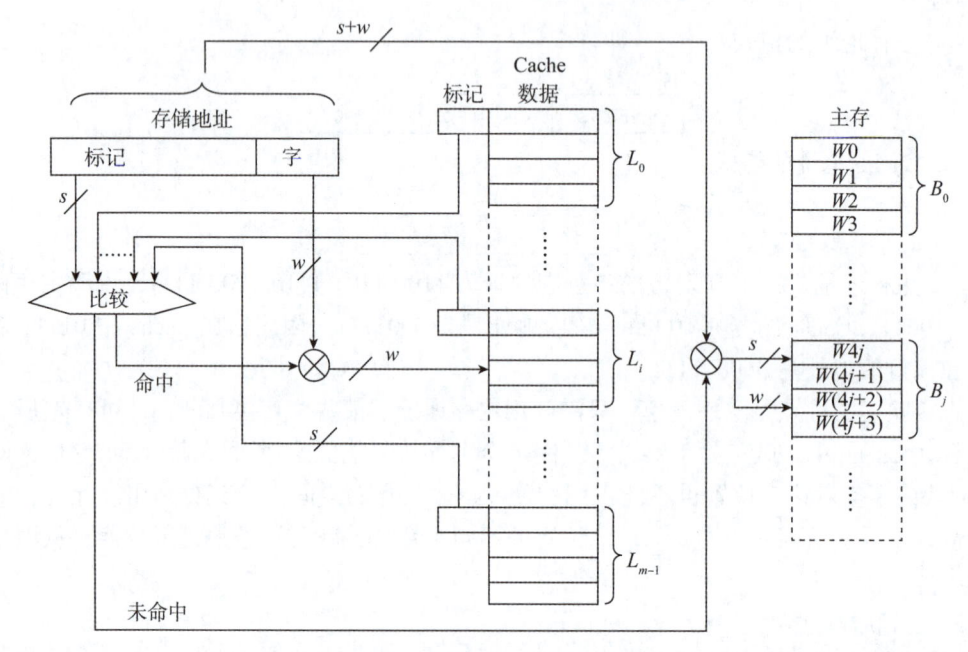

图 3-25 全相联映射的组织结构

全相联映射方式可使主存的一个块直接复制到 Cache 中的任意一行上，非常灵活。它的主要缺点是比较器电路难于设计和实现，因此只适用于小容量 Cache 采用。

【例 3-5】设主存容量为 1MB，Cache 容量为 16KB，块大小为 512B，采用全相联映射方式，试写出：

（1）主存地址的格式；
（2）Cache 地址的格式；
（3）若主存地址为 CDE8FH，它在 Cache 中的什么位置？

解： 由前面例题可知，块内地址为 9 位，剩余的 20-9=11 位全部为主存字块标记位。

(1) 主存地址的格式：

```
 19        9 8        0
┌──────────┬──────────┐
│主存标记（块号）│ 块内地址 │
└──────────┴──────────┘
```

(2) Cache 地址的格式：

```
 13        9 8        0
┌──────────┬──────────┐
│  行地址   │ 行内地址 │
└──────────┴──────────┘
```

(3) 主存地址 CDE8FH 对应的二进制地址为 1100 1101 1110 1000 1111，说明可以在 Cache 的任意一行，行内地址为 010001111。

3. 组相联映射

组相联映射是前两种映射方式的一种折中，它既体现了直接映射和全相联映射的优点，又避免了两者的缺点。在组相联映射中，Cache 分为 v 组，每组包含 k 行，它们的关系为

$$m = v \times k$$
$$i = j \bmod v$$

其中：i 表示 Cache 行号，j 表示主存块号，m 表示 Cache 行数，k 表示 Cache 中每组内的行数。称这种映射方式为 k 路组相联映射，主存中的 B_j 块映射到 Cache 中对应的 j 组中的任意行。图 3-26(a) 给出了主存中前 v 块与 Cache 行的映射关系。在全相联映射中，每一个字映射到多个 Cache 行中，但在组相联映射中，每一个字映射到特定一组的所有 Cache 行中，主存中的 B_0 块映射到第 0 组，依次类推。因此，组相联映射 Cache 在物理上是使用了 v 个全相联映射的 Cache，同时，也可看作为 k 个直接映射的 Cache 的同时使用，如图 3-26(b) 所示。将每一个直接映射的 Cache 称为路，包括 v 个 Cache 行。主存中首 v 个块分别映射到每路的 v 行中，接下来的 v 个块也是以同样的方式映射，后面也如此。直接映射一般应用于轻度关联（k 值较小）的情况，而全相联映射应用于高度关联的情况。

(a)

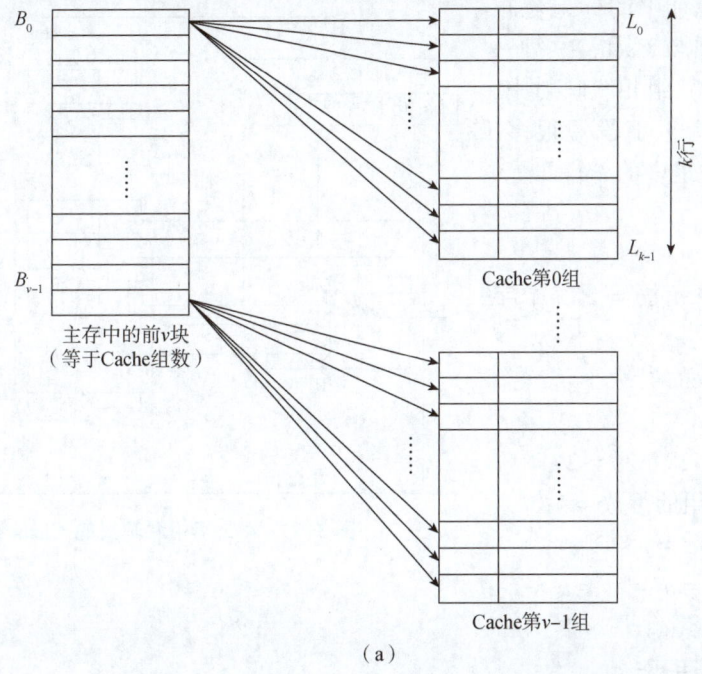

图 3-26 从主存到 Cache 的映射：k 路组相联

（b）

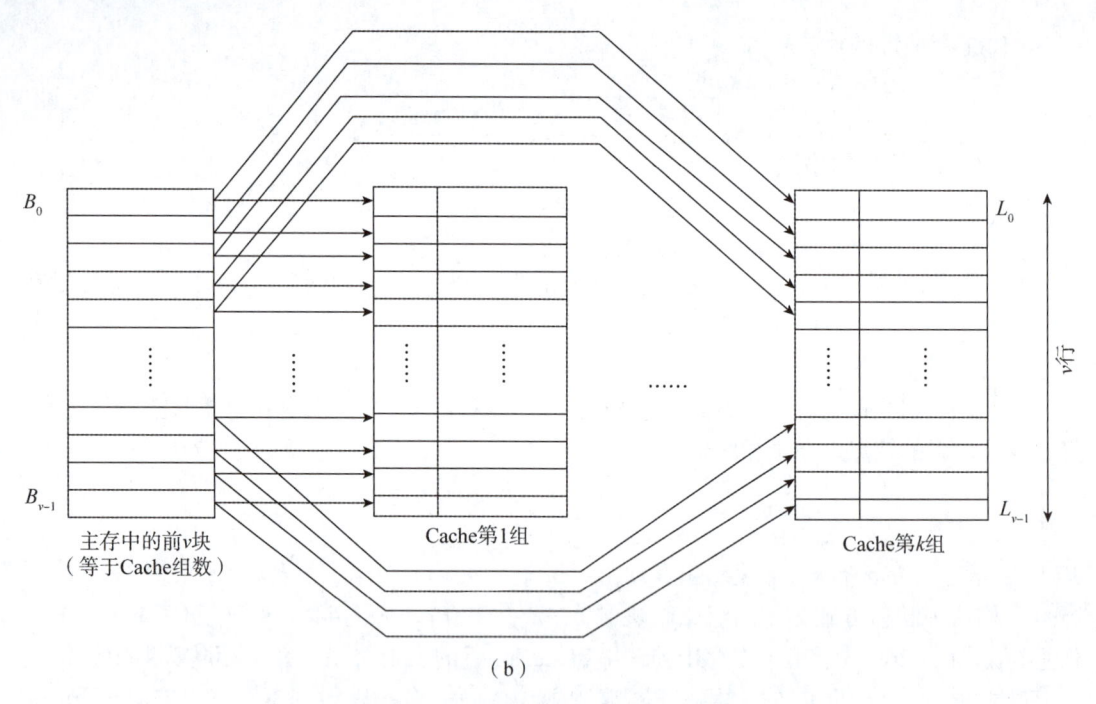

图 3-26　从主存到 Cache 的映射：k 路组相联（续）
（a）v 组相联映射 Cache；（b）k 个直接映射的 Cache 块

在组相联映射中，Cache 控制逻辑将存储地址表示为 3 部分：标记位、组号和字地址。组号字段为 d 位，指定了 Cache 中 $v = 2^d$ 组里面唯一一组，标记字段和组号字段共 s 位，用以表示主存块 2^s 中具体某一块。图 3-27 给出了 k 路组相联映射的 Cache 组织。在全相联映射中，主存地址中的标记位很长，而且还必须与 Cache 中每一行匹配；而在 k 路组相联映射中，主存地址中的标记字段短很多，而且只需与某一组中的 k 行匹配。其中：

地址长度 = $s + w$ 位；

可寻址的单元数 = 2^{s+w} 个字或字节；

块大小 = Cache 行大小 = 2^w 个字或字节；

主存块数 = $2^{s+w}/2^w = 2^s$；

Cache 中每组的行数 = k；

Cache 中组数 = $v = 2^d$；

Cache 行数 = $m = kv = k \times 2^d$；

Cache 存储容量 = $k \times 2^d \times 2^w$；

标记位长度 = $s - d$。

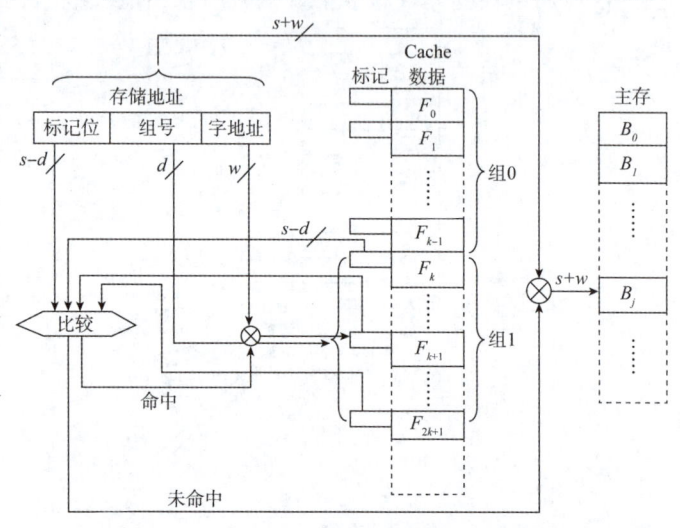

图 3-27　k 路组相联映射的 Cache 组织

【例 3-6】 设主存容量为 2MB，Cache 容量为 16KB，每块有 8 个字，每个字有 32 位，采用字节编址方式。

(1) 采用直接映射方式时，试写出主存地址格式；

(2) 采用全相联映射方式时，试写出主存地址格式；

(3) 采用 16 路组相联映射方式时，试写出主存地址格式。

解：（1）主存容量为 2MB = 2^{21} B，说明主存地址共 21 位；每块有 8 个字，每个字有 32 位，说明每块 32B = 2^5 B，采用字节编址方式，需要 3 位表示块内地址，2 位表示字内字节地址。主存共有 2MB/32B = $2^{21}/2^5$ = 2^{16} 块，说明主存共需 16 位块地址；根据 Cache 容量为 16KB = 2^{14} B，Cache 中有 16KB/32B = 2^{14}B/2^5B = 2^9 块数据，需要 9 位行地址；主存标记位为 21−14 = 7 位。

采用直接映射方式时，主存地址格式为：

7位主存标记	9位行地址	3位块内地址	2位字节地址

(2) 采用全相联映射方式时，主存地址格式为：

16位主存标记	3位块内地址	2位字节地址

(3) 16KB 的 Cache，采用 16 路组相联映射方式，说明 Cache 中每组 16 块，每组 16×32B = 2^9B，则 16KB 的 Cache 内共 16KB/2^9B = 2^{14}B/2^9B = 2^5 组，需要 5 位组地址，主存地址格式为：

11位主存标记	5位组地址	3位块内地址	2位字节地址

3.3.3 替换策略

Cache 工作原理要求它尽量保存最新数据，必然要产生替换。对直接映射的 Cache 来说，只要把此特定位置上的原主存块换出 Cache 即可。对全相联映射和组相联映射 Cache 来说，就要从允许存放新主存块的若干特定行中选取一行换出。究竟要替换掉哪一个 Cache 字块取决于不同的替换策略。下面介绍 3 种常用的替换策略。

1. 最不经常使用（Least Recently Used，LFU）算法

LFU 算法将一段时间内被访问次数最少的那行数据换出。每行设置一个计数器，从 0 开始计数，每访问一次，被访行的计数器增 1。当需要替换时，将计数值最小的行换出，同时将这些特定行的计数器都清零。

这种算法将计数周期限定在对这些特定行两次替换之间的间隔时间内，不能严格反映近期访问情况。

2. 近期最少使用（Least Recently Used，LRU）算法

LRU 算法将近期内长久未被访问过的行换出。每行也设置一个计数器，Cache 每命中一次，命中行计数器清零，其他各行计数器增 1。当需要替换时，将计数值最大的行换出。这种算法保护了刚拷贝到 Cache 中的新数据行，有较高的命中率。

3. 随机替换

随机替换策略实际上是不要什么算法，从特定的行位置中随机地选取一行换出。它在硬件上容易实现，且速度也比前两种策略快。缺点是降低了命中率和 Cache 工作效率，但

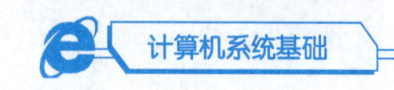

这个不足随着 Cache 容量增大而减小。随机替换策略的功效只是稍逊于前两种策略。

3.3.4 Cache 的写操作策略

由于 Cache 的内容只是主存部分内容的拷贝，它应当与主存内容保持一致。而 CPU 对 Cache 的写入更改了 Cache 的内容，如何与主存内容保持一致，可选用如下 3 种写操作策略。

1. 写回法

当 CPU 写 Cache 命中时，只修改 Cache 的内容，而不立即写入主存。只有当此行被换出时才写回主存。

如果 CPU 写 Cache 未命中，未包含欲写字的主存块在 Cache 分配一行，将此块整个拷到 Cache 后对其进行修改。对主存修改在换出时进行。

实现这种方法时，每个 Cache 行必须配置一个修改位，以反映此行是否被 CPU 修改过。这种方法减少了访问主存的次数，但是存在不一致性的隐患。

2. 全写法(写直达法)

当写 Cache 命中时，Cache 与主存同时发生写修改，因而较好地维护了 Cache 和主存内容的一致性。

当写 Cache 未命中时，只能直接向主存进行写入。

缺点是写主存操作无高速缓冲功能，降低了 Cache 的功效。

3. 写一次法

写一次法是基于写回法并结合全写法的写策略，写命中与写未命中的处理方法与写回法基本相同，只是第一次写命中时要写入主存。

3.4 虚拟存储器

虚拟存储器(Virtual Memory)：在具有层次结构存储器的计算机系统中，自动实现部分装入和部分替换功能，能从逻辑上为用户提供一个比物理储存容量大得多、可寻址的"主存储器"。虚拟存储器的容量与物理主存大小无关，而受限于计算机的地址结构和可用磁盘容量。

随着程序占用存储器容量的增长，在程序设计时，为了解决程序所需的存储器容量与计算机实际配备的主存容量之间的矛盾，编制程序时既不考虑物理存储器的容量是否够用，也不考虑程序应该放在什么位置，而是在程序运行时，分配给每个程序一定的运行空间，由地址转换部件(硬件或软件)将编程时的地址转换成实际内存的物理地址。若分配的内存不够，则只调入当前正在运行的或将要运行的程序块(或数据块)，其余暂时存放在辅存。当需要运行留在辅存中的信息时再由操作系统将它们装入内存，保证程序的正常运行。

在采用虚拟存储器的计算机系统中，编程空间对应整个虚拟地址空间(又称为逻辑地址空间)。虚拟地址由编译程序生成，称内存空间为实地址空间(又称为物理地址空间)，物理地址由 CPU 地址引脚送出。虚拟地址空间远远大于物理地址空间。位于内存-外存层次的虚拟存储器的地址映射方法和替换策略与 Cache—内存层次使用的地址映射方法和替换策略相似，它们都基于程序局部性原理，遵循着共同的原则，而主要区别则在于：虚拟存储器中不命中时的失配损失要远大于 Cache 系统中不命中的损失。虚拟存储器的实现方式有 3 种：页式、段式或段页式。

3.4.1 页式虚拟存储器

页式虚拟存储器中，内存和辅存换进、换出的基本单位是定长的页面，页的大小都取 2 的整数幂。将虚拟空间分成的页称为逻辑页，内存空间按同样大小分成的页称为物理页。逻辑地址（也称为虚地址）分为两个字段：高字段为逻辑页号，低字段为页内地址。内存对应的实地址也分为两个字段：高字段为物理页号，低字段为页内地址。当所要访问的页面不在内存中时，操作系统将一个逻辑页装入内存的某个空白页，并将所调用页的逻辑页号和物理页号列入一张表，这张表就是页表。页表是一个数据结构，其基本作用就是将逻辑地址变换为物理地址。在页表中，每一个逻辑页号有一个表目，内容包含该逻辑页所在的物理页号，用它作为物理地址的高字段，与逻辑地址的页内地址相拼接，产生完整的物理地址，据此来访问内存。除此之外，页表的表项中一般还包括辅存地址、装入位（有效位）、修改位、替换控制及其他保护位等组成的控制字段。页式虚拟存储器中逻辑地址与物理地址的转换关系如图 3-28 所示。

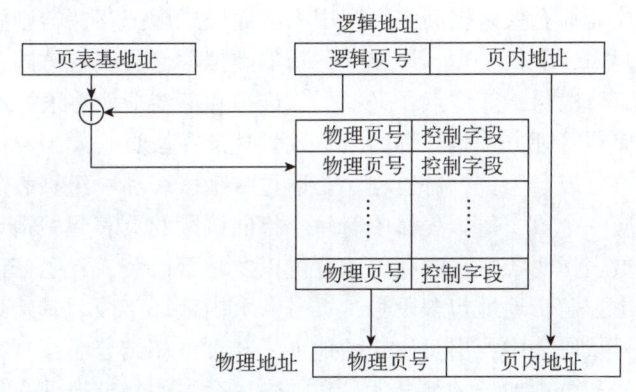

图 3-28　页式虚拟存储器中逻辑地址与物理地址的转换关系

3.4.2 段式虚拟存储器

段式虚拟存储器中，内存和辅存换进、换出的基本单位是段。段是指按照程序的逻辑结构划分成的多个相对独立的部分，例如，过程、子程序、一个数组或一张表等都可以作为一个段处理。段的长度因程序而异，每个段被安排一个段号。当某段被调进内存后，就有了相应的物理地址，操作系统将虚拟存储器中的段号和该段在内存中的段首地址记录下来，建立一张段表，段表指明各个段在内存中的位置及各段的段长。段式虚拟存储器中，物理地址可按下面的方法得到：根据该程序段的段号查找段表，得到该段首地址，将段首地址与段内偏移相加便得到该数据的物理地址，如图 3-29 所示。段式管理的优点是段的逻辑独立性使它易于编译、管理、修改和保护，还可以实现多道程序共享等。缺点是段的长度各不相同，起点和终点不定，不利于调用时在内存中找到合适的空间，常常导致在段间留下许多零碎的空余空间，因此不能很好地利用内存，从而造成浪费。

内存按页分配的存储管理方式就是页式管理，其优点是页面的起始地址和终止地址是固定的，便于构造页表，新页调入内存也很容易掌握，比段式管理的空间浪费小；缺点是由于页不是逻辑上独立的实体,所以在处理、保护和共享上都不如段式方便。

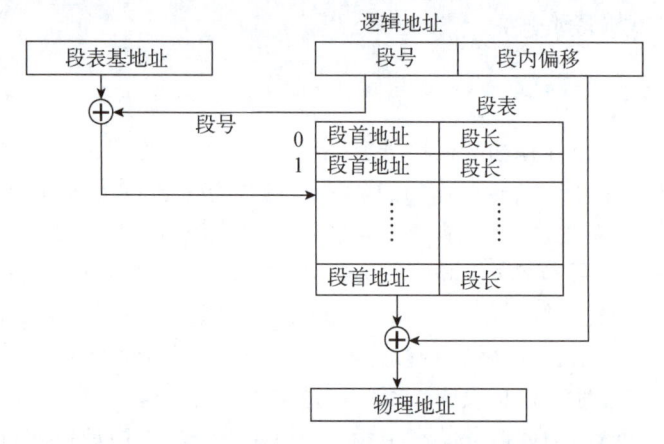

图 3-29 段式虚拟存储器中逻辑地址与物理地址的转换关系

3.4.3 段页式虚拟存储器

页式虚拟存储器能够有效地提高内存利用率,而段式虚拟存储器则能很好地满足用户需要。将两者结合起来,取长补短,形成一种新的虚拟存储器实现方式,既具有段式虚拟存储器中分段共享、分段保护等优点,又如页式虚拟存储器般能够很好地解决存储"碎片"问题,这种虚拟存储器管理方式就被称为段页式管理。在段页式虚拟存储器中,程序按逻辑单位分段,每段再分成若干页,每道程序是通过一个段表和一组页表来进行定位的。段表中的每个表目对应一个段,每个表目中有一个指向该段的页表起始地址的指针及该段的控制保护信息。由页表指明各页在内存中的位置以及是否已装入、已修改等状态信息。在段页式虚拟存储器中,逻辑地址包含段号、页号、页内地址字段。其物理地址可按下面的方法得到:根据段号从段表中找出页表起始地址,和页号相结合后,从页表中找出对应的物理页号,物理页号和页内地址的组合就是数据在内存中的物理地址,如图 3-30 所示。

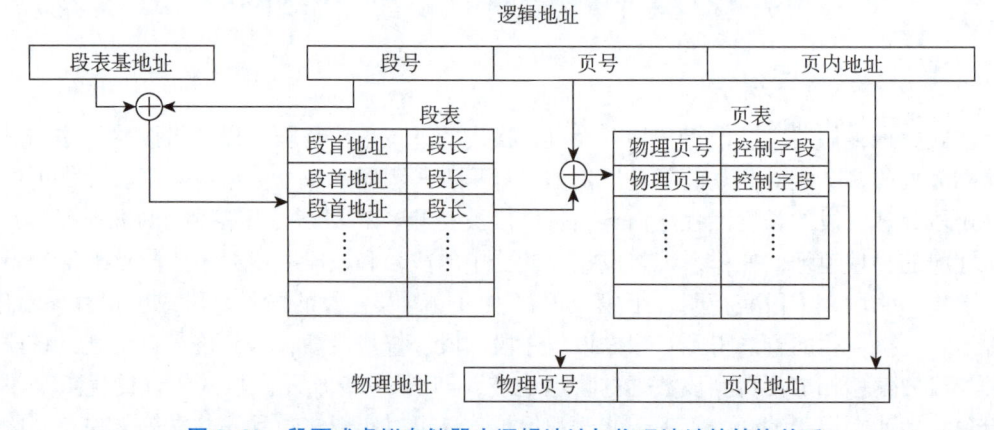

图 3-30 段页式虚拟存储器中逻辑地址与物理地址的转换关系

段页式虚拟存储器的优点是兼备页式和段式的优点,程序的调入和调出按页面进行,按段实现共享和保护。其缺点是在映射过程中需要多次查表。

3.5 外部存储器

在计算机的存储系统中,外存中存放的程序和数据只有在调入内存后才能被 CPU 用。从存储系统中各层次的分工的角度来看,外存在功能上是内存的后备和补充,又称为辅存。外存成本低、容量大,具备非易失性,在掉电甚至脱机后能够长期保持信息。下面介绍几种常用的外存。

3.5.1 磁盘存储器

磁盘存储器的优点:存储容量大、位价低;存储介质可以重复使用而不丢失,甚至可以脱机存档。磁盘存储器包括硬磁盘(硬盘)和软磁盘(软盘)。

1. 硬磁盘

根据磁头的工作方式,磁盘存储器可分为固定磁头型磁盘存储器和移动磁头型磁盘存储器。磁盘存储器主要由记录介质、磁盘控制器、磁盘驱动器三大部分组成。磁盘驱动器包括定位驱动系统、数据控制系统、主轴系统和盘组(或盘片)。在可移动磁头的磁盘驱动器中,磁盘定位驱动机构驱动磁头沿盘面径向位置运动以寻找目标磁道位置。主轴系统驱动盘片以额定转速稳定旋转,它的主要部件是主轴电机和控制电路。数据控制系统的作用是控制数据的写入和读出,它包括磁头、磁头选择电路、读/写控制电路和索引区标电路等。磁盘控制器是主机与磁盘驱动器之间的接口,它包括控制逻辑与时序、数据并-串转换电路和串-并转换电路。

硬盘是计算机系统中最重要的一种外存,其记录介质为硬质圆形盘片。移动磁头型硬盘的应用范围很广,其典型结构为温彻斯特硬盘,简称温盘。温盘的磁头与盘面不接触,且随气流浮动,因此使用寿命较长。温盘由 IBM 公司研制,并于 1973 年首先应用在 IBM3340 硬盘中。温盘把磁头、盘片、小车、导轨以及主轴等制作成一个整体,以利于密封、安装和拆卸。温盘的优点是防尘性能好,可靠性高,对使用环境的要求不高。

2. 软磁盘

软盘是一种廉价的小容量外存,由软磁盘片、软盘驱动器、软盘控制器三大部分组成。软磁盘片是一种圆形盘片,以软质的聚酯塑料薄片作为载体,涂敷氧化铁磁性材料作为存储介质。软盘驱动器主要由驱动机构、磁头及定位机构、读/写控制电路组成。软盘控制器解释来自主机的命令并向软盘驱动器发出各种控制信号,同时还要检测驱动器的状态,按规定的数据格式向驱动器读/写数据。软盘和硬盘的存储原理和记录方式基本相同,但是在结构和性能上存在一些差别,主要表现在软盘转速低、都是活动磁头、可换盘片结构、接触式读/写、造价低、对环境要求不太严格、使用灵活等。常用的软盘是 3.5 in(1 in=2.54 cm)的,除此之外,还有 5.25 in 等几种类型的软盘。从内部结构上来看,软盘可按使用的记录密度不同,分为双面双密度、双面高密度等多种。

3.5.2 光盘

光盘是利用光学方式进行信息读/写的大容量圆盘形外存,近年来得到了广泛的应用。光盘大致可以分为以下几种。

(1) 只读型光盘:使用得最为普遍,但不能对其内容进行写入、删除或修改。光盘上的内容是由厂家预先刻录好的，用户只能根据自己的需求来选购已经刻录好的光盘。只读型光盘的优点在于容量大、便于批量生产、价格低廉。

（2）只写一次型光盘：提供给用户写入一次的机会，信息一旦写入光盘，其用法便同只读型光盘一样。它的特点是记录密度高、信息保存时间长、稳定可靠。其缺点是存取时间长、数据传输速率不高，一般可作为光盘档案系统的后备存储设备使用。

（3）可擦式光盘：支持反复地读/写，其读/写记录方式可分为磁光式、相变式等。

光盘由光盘驱动器、盘片和光盘控制器组成。光盘驱动器同样有读/写头、寻道定位机构和主轴驱动机构等。盘片由基片和涂敷在基盘表面上的存储介质构成。基片的质量对光盘系统的最终性能有着重要的影响。选择基片材料的主要依据是宏观的和微观的平直度、厚度的均匀性、机械强度、光学特性、耐热性和记录灵敏性等。目前光盘的基片材料一般都采用聚甲基-丙烯酸甲酯，这是一种有机玻璃，它具有极好的光学、机械性能和较强的耐热性。存储介质涂敷在基片的表面上。光盘的存储介质分为只写一次型介质和可擦式介质两大类型。只读型光盘使用的是只写一次型介质，这种介质一般是光刻胶，其记录方式是用氩离子激光器等对其进行灼烧记录。可擦式介质的材料则多种多样。光盘上存储的"0"/"1"二进制数据对应在光盘上就是沿着盘面螺旋状轨道上的一系列凹点和平面。

3.5.3 闪存

市场上供应的闪速存储器（闪存）产品很多，如 U 盘、USB 移动硬盘等。作为一种新型的移动式外存储产品，U 盘在众多闪存产品中较具代表性，主要用于存储较大的数据文件和在计算机之间方便地交换文件。作为一种闪存介质的存储器，U 盘具有非易失性、高密度、价格低廉、低功耗等特点，短短几年时间里就得到了迅速普及。

▶▶ 关键词

存取时间（访问时间）：Access Time。

全相联映射：Associative Mapping。

Cache 命中：Cache Hit。

Cache 存储器（高速缓冲存储器）：Cache Memory。

Cache 缺失（Cache 未命中）：Cache Miss。

数据 Cache：Data Cache。

直接存取：Direct Access。

直接映射：Direct Mapping。

高性能计算：High-performance Computing。

命中率：Hit Ratio。

指令 Cache：Instruction Cache。

一级 Cache：L1 Cache。

二级 Cache：L2 Cache。

三级 Cache：L3 Cache。

局部性：Locality。

逻辑 Cache：Logical Cache。
存储器层次结构：Memory Hierarchy。
多级 Cache：Multilevel Cache。
物理 Cache：Physical Cache。
随机存取：Random Access。
替换算法：Replacement Algorithm。
顺序存取：Sequential Access。
组相联映射：Set-associative Mapping。
空间局部性：Spatial Locality。
分立 Cache：Split Cache。
标记：Tag。
时间局部性：Temporal Locality。
统一 Cache：Unified Cache。
虚拟 Cache：Virtual Cache。
写回：Write Back。
写一次：Write Once。
写直达：Write Through。

本章小结

存储器是计算机系统的重要组成部分，本章从存储器的层次结构入手，介绍了存储器的分类和处于各层次的存储器的特点及功能。

主存是计算机系统中最重要的存储器，本章详细阐述了主存的主要性能指标即容量、速度和价格及三者之间相互制约的关系，主存的分类，各种主存器件的工作原理。为提高信息的可靠性，计算机中使用校验码来检错和纠错。奇偶校验码是最简单的一种检错码，它可以检查出一位或奇数位错误；汉明码是一种多重奇偶校验码，具有纠错能力；而循环冗余校验码则是目前广泛使用的一种纠错码，可以纠错一位。本章重点讲述主存的扩展及其与 CPU 的连接方法。主存的扩展讲述了主存的位扩展、字扩展和字位同时扩展的方法，通过实例详细说明如何扩展存储器的容量并与 CPU 芯片连接。

高速缓存 Cache 是在 CPU 和主存之间、由高速的 SRAM 组成，为了解决 CPU 与主存之间速度不匹配而采用的一项重要技术。Cache 的命中率是衡量 Cache 性能的一项主要指标，Cache 命中率与程序的行为、Cache 的容量、组织方式、块的大小有关。主存与 Cache 的地址映射方式有 3 种：直接映射、全相联映射和组相联映射。其中，组相联映射方式既兼顾了前两者的优点又尽量避免了两者的缺点，因此大多数计算机中的 Cache 采用了组相联映射方式。此外，本章还介绍了 Cache 的替换算法、写操作策略。

本章还简要介绍了虚拟存储器和外存的工作原理。

知识窗

我国科研团队在二维高性能浮栅晶体管存储器方面取得重要进展

新华网　2023-09-18

新华社武汉9月18日电(记者 侯文坤)记者18日从华中科技大学了解到，该校材料成形与模具技术全国重点实验室教授翟天佑团队在二维高性能浮栅晶体管存储器方面取得重要进展，研制了一种具有边缘接触特征的新型二维浮栅晶体管器件，与现有商业闪存器件性能对比，其擦写速度、循环寿命等关键性能均有提升，为发展高性能、高密度大容量存储器件提供了新的思路。

浮栅晶体管作为一种电荷存储器，是构成当前大容量固态存储器发展的核心元器件。然而，当前商业闪存内硅基浮栅存储器件所需的擦写时间在10微秒至1毫秒范围内，远低于计算单元CPU纳秒级的数据处理速度，且其循环耐久性约为10万次，也难以满足频繁的数据交互。随着计算机数据吞吐量的爆发式增长，发展一种可兼顾高速、高循环耐久性的存储技术势在必行。

二维材料具有原子级厚度和无悬挂键表面，在器件集成时可有效避免窄沟道效应和界面态钉扎等问题，是实现高密度集成、高性能闪存器件的理想材料。然而，在此前的研究中，其数据擦写速度多异常缓慢，鲜有器件可同时实现高速和高循环耐久性。面对这一挑战，翟天佑团队研制了一种具有边缘接触特征的新型二维浮栅晶体管器件，通过对传统金属-半导体接触区域内二硫化钼进行相转变，使其由半导体相(2H)向金属相(1T)转变，使器件内金属-半导体接触类型由传统的3D/2D面接触过渡为具有原子级锐利界面的2D/2D型边缘接触，实现了擦写速度在10纳秒至100纳秒、循环耐久性超过300万次的高性能存储器件。

"通过对比传统面接触电极与新型边缘接触，该研究说明了优化制备二维浮栅存储器件内金属-半导体接触界面对改善其擦写速度、循环寿命等关键性能有重要作用。"翟天佑说。

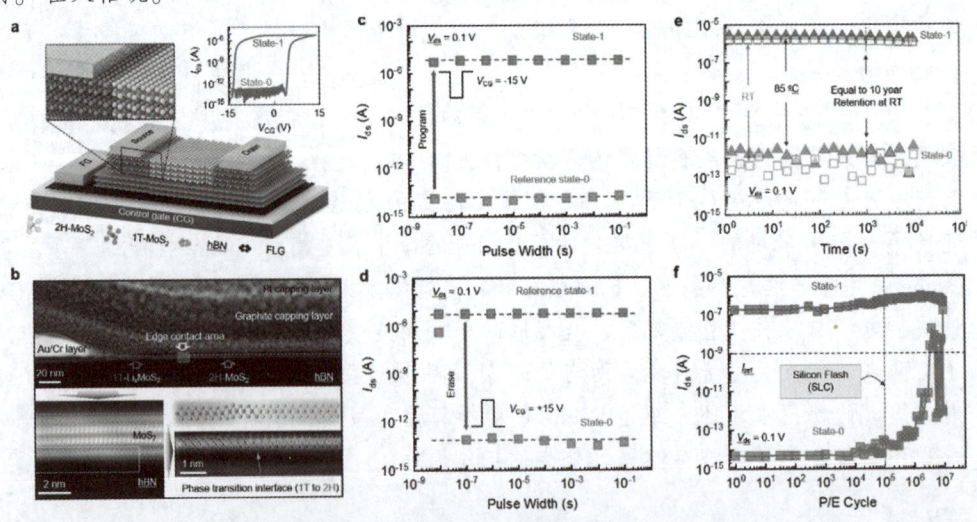

图为边缘接触式二维浮栅存储器的表征及其操作性能。(受访单位供图)

这一成果以《基于相变边缘接触的高速、耐久二维浮栅存储器》为题,于近日在线发表在国际学术期刊《自然·通讯》上。

(责编:赵文涵)

习题3

3.1 填空题。

(1)( )、( )和( )组成三级存储系统,分级的目的是( )。

(2)半导体静态RAM依据( )存储信息。半导体动态RAM依据( )存储信息。

(3)RAM的速度指标一般用( )表示,而磁盘存储器的速度指标一般包括( )、( )和( )三项。

(4)动态半导体存储器的刷新一般有( )和( )两种方式,之所以刷新就是因为( )。

(5)沿磁盘半径方向单位长度的磁道数被称为( ),而单位长度磁道上记录二进制代码的位数被称为( ),两者总称为( )。

(6)主存可以和( )、( )和( )交换信息。辅存可以和( )交换信息,高速缓存可以和( )、( )交换信息。

(7)缓存是设在( )和( )之间的一种存储器,其速度( )匹配,其容量与( )有关。

(8)反映存储器性能的3个指标是( )、( )和( ),为了解决这3个方面的矛盾,计算机采用( )体系结构。

(9)虚拟存储器通常由( )和( )两级组成。为了要运行某个程序,必须把( )映射到主存的( )空间上,这个过程叫( )。

(10)层次化存储器结构设计的依据是( )原理。

3.2 选择题。

(1)一个512KB的存储器,其地址线和数据线的总和是( )。
A. 17   B. 19   C. 27   D. 29

(2)某计算机字长是16位,它的存储容量是1MB,按字编址,它的寻址范围是( )。
A. 512K   B. 1M   C. 512KB   D. 1MB

(3)某一RAM芯片,其容量为512×8位,除电源和接地端外,该芯片引出线的最少数目是( )。
A. 17   B. 19   C. 21   D. 23

(4)下列叙述中正确的是( )。
A. 主存可由RAM和ROM组成   B. 主存只能由ROM组成
C. 主存只能由RAM组成   D. 主存只能由PROM组成

(5)在程序的执行过程中,Cache与主存的地址映射是由( )。
A. 操作系统来管理的   B. 程序员调度的
C. 硬件自动完成的   D. 应用软件调度的

(6)下列说法中错误的是( )。

A. 虚拟存储的目的是给每个用户提供独立的、比较大的编程空间
B. 虚拟存储中每次访问一个逻辑地址，至少要访问两次主存
C. 虚拟存储系统中，有时每个用户的编程空间小于实存空间
D. 虚拟存储系统主要解决主存容量不足的问题

(7) 磁盘的盘面上有很多半径不同的同心圆，这些同心圆被称为(　　)。

A. 扇区　　　　　B. 磁道　　　　　C. 柱面　　　　　D. 记录面

(8) 由于磁盘上的内部同心圆小于外部同心圆，则对其所存储的数据量而言，(　　)。

A. 内部同心圆大于外部同心圆　　　　B. 内部同心圆等于外部同心圆
C. 内部同心圆小于外部同心圆　　　　D. 内部同心圆与外部同心圆无关系

(9) 设机器字长为 32 位，存储容量为 16MB，若按双字编址，它的寻址范围是(　　)。

A. 8MB　　　　　B. 2M　　　　　C. 4M　　　　　D. 8M

(10) Cache 的地址映射中，比较多地采用"按内容寻址"的相联存储器来实现的是(　　)。

A. 直接映射　　　　　　　　　　　B. 全相联映射
C. 组相联映射　　　　　　　　　　D. 直接映射和组相联映射

3.3　说明存取周期和存取时间的区别。

3.4　什么是存储器的带宽？若存储器的数据总线宽度为 32 位，存取周期为 200ns，则存储器的带宽是多少？

3.5　名词解释：主存、辅存、Cache、RAM、SRAM、DRAM、ROM、PROM、EPROM、EEPROM、CDROM、Flash Memory。

3.6　某机器字长为 32 位，其存储容量是 64KB，按字编址，其寻址范围是多少？若主存以字节编址，试画出主存字地址和字节地址的分配情况。

3.7　一个容量为 16K×32 位的存储器，其地址线和数据线各多少根？当选用下列不同规格的存储芯片时，各需要多少片？
1K×4 位，2K×8 位，4K×4 位，16K×1 位，4K×8 位，8K×8 位。

3.8　试比较静态 RAM 和动态 RAM。

3.9　什么叫刷新？为什么要刷新？说明刷新有几种方法。

3.10　半导体存储芯片的译码驱动方式有几种？

3.11　一个 8K×8 位的动态 RAM 芯片，其内部结构排列成 256×256 形式，读/写周期为 0.1μs。试问采用集中刷新、分散刷新及异步刷新 3 种方式的刷新间隔各为多少？

3.12　设 CPU 共有 16 根地址线、8 根数据线，并用 $\overline{MREQ}$（低电平有效）作访存控制信号，$R/\overline{W}$ 作读/写命令信号（高电平为读，低电平为写）。最小 4K 地址为系统程序区，4096～16383 地址范围为用户程序区。现有这些存储芯片：ROM(2K×8 位，4K×4 位，8K×8 位)，RAM(1K×4 位，2K×8 位，4K×8 位)及74138 译码器和其他门电路（门电路自定）。

试从上述规格中选用合适的芯片，指出选用的存储芯片类型及数量。画出 CPU 和存储芯片的连接图并详细画出片选逻辑。

3.13　CPU 假设同上题，现有 8 片 8K×8 位的 RAM 芯片与 CPU 相连。

(1) 用 74138 译码器，画出 CPU 与存储芯片的连接图。
(2) 写出每片 RAM 的地址范围。
(3) 如果运行时发现不论往哪片 RAM 写入数据，以 A000H 为起始地址的存储芯片都有与其相同的数据，分析故障原因。

3.14 分别写出 1100、1101、1110、1111 对应的汉明码。

3.15 已知接收到的汉明码（按偶校验原则配置）为 1100100、1100111、1100000、1100001，检查上述代码是否出错？若出错，是第几位出错？

3.16 已知接收到下列汉明码，分别写出它们所对应的欲传送代码。

　　　　1100000（按偶校验原则配置）
　　　　1100010（按偶校验原则配置）
　　　　1101001（按偶校验原则配置）
　　　　0011001（按奇校验原则配置）
　　　　1000000（按奇校验原则配置）
　　　　1110001（按奇校验原则配置）

3.17 欲传送的二进制代码为 1001101，用奇校验来确定其对应的汉明码，若在第 6 位出错，说明纠错过程。

3.18 什么是程序访问的局部性？存储系统中哪一级采用了程序访问的局部性原理？

3.19 计算机中设置 Cache 的作用是什么？能不能把 Cache 的容量扩大，最后取代主存，为什么？

3.20 Cache 制作在 CPU 芯片内有什么好处？将指令 Cache 和数据 Cache 分开又有什么好处？

3.21 设主存容量为 256K 字，Cache 容量为 2K 字，块长为 4。
(1) 设计 Cache 地址格式，Cache 中可装入多少块数据？
(2) 在直接映射方式下，设计主存地址格式。
(3) 在 4 路组相联映射方式下，设计主存地址格式。
(4) 在全相联映射方式下，设计主存地址格式。
(5) 若存储字长为 32 位，存储器按字节寻址，写出上述 3 种映射方式下主存的地址格式。

3.22 假设 CPU 执行某段程序时共访问 Cache 命中 4800 次，访问主存 200 次，已知 Cache 的存取周期是 30ns，主存的存取周期是 150ns，求 Cache 的命中率以及 Cache-主存系统的平均访问时间和效率，试问该系统的性能提高了多少？

3.23 一个组相联映射的 Cache 由 64 块组成，每组内包含 4 块。主存包含 4096 块，每块由 128 字组成，访存地址为字地址。试问主存和 Cache 的地址各为几位？画出主存的地址格式。

3.24 设主存容量为 1MB，采用直接映射方式的 Cache 容量为 16KB，块长为 4，每字 32 位。试问主存地址为 ABCDEH 的存储单元在 Cache 中的什么位置？

3.25 设某机主存容量为 4MB，Cache 容量为 16KB，每字块有 8 个字，每字 32 位，设计一个 4 路组相联映射（即 Cache 每组共有 4 个字块）的 Cache 组织。
(1) 求主存地址字段中各段的位数。
(2) 设 Cache 的初态为空，CPU 依次从主存第 0，1，2，…，89 号单元读出 90 个字

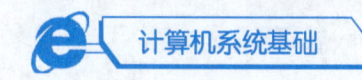

(主存一次读出一个字),并重复按此次序读8次,问命中率是多少?

(3)若Cache的速度是主存的6倍,试问有Cache和无Cache相比,速度约提高多少倍?

3.26 磁盘组有6片磁盘,最外两侧盘面可以记录,存储区域内径为22 cm,外径为33 cm,道密度为40道/cm,内层密度为400 b/cm,转速为3 600转/分。

(1)共有多少存储面可用?
(2)共有多少柱面?
(3)盘组总存储容量是多少?
(4)数据传输率是多少?

3.27 某磁盘存储器转速为3 000转/分,共有4个记录盘面,每毫米5道,每道记录信息12288字节,最小磁道直径为230 mm,共有275道,求:

(1)磁盘存储器的存储容量。
(2)最高位密度(最小磁道的位密度)和最低位密度。
(3)磁盘数据传输率。
(4)平均等待时间。

3.28 设有效信息为110,试用生成多项式$G(x)=11011$将其编成循环冗余校验码。

3.29 设生成多项式$G(x)=x^3+x+1$,写出代码1001的循环冗余校验码。

3.30 计算机中哪些部件可用于存储信息,按其速度、容量和位价排序说明。

3.31 存储器的层次结构主要体现在什么地方,为什么要分这些层次,计算机如何管理这些层次?

第 4 章

计算机的运算方法

运算器是计算机进行算术运算和逻辑运算的主要部件,运算器的逻辑结构和功能取决于计算机的指令系统、系统结构、数据表示方法和运算方法等。本章首先讲述计算机中数据的表示方法,然后讲述定点数、浮点数运算方法。

在选择计算机的数的表示方式时,需要考虑以下几个因素。

(1) 要表示的数的类型(小数、整数、实数和复数)。

(2) 可能遇到的数值范围。

(3) 数值精确度。

(4) 数据存储和处理所需要的硬件代价。

计算机中常用的数据表示格式有两种,一是定点格式,二是浮点格式。一般来说,定点格式容许的数值范围有限,但要求的处理硬件比较简单;而浮点格式容许的数值范围很大,但要求的处理硬件比较复杂。

本章重难点

重点:移位、定点补码加减运算、定点原码 1 位乘和补码 Booth 算法。

难点:定点数的乘法运算方法、浮点数的表示范围。

素养目标

知识和技能目标:通过本章学习,学生能够利用计算机中各种数据的表示方法、不同类型数的运算方法对运算过程进行推理,并对运算结果进行分析。

过程与方法目标:学生课前预习机器数的表示方法、机器的运算方法,发现有不懂的问题,在课堂学习过程着重听讲,基本解决问题,通过随堂测试加深理解,通过课后作业巩固练习相应知识,通过实验了解运算器的组成结构、明确运算器的工作原理。

情感态度和价值观目标:通过本章学习,学生能够用辩证法规律之"量变质变规律"理解运算过程、数据的变化过程及学习积累过程,具备脚踏实地、埋头苦干的精神。

拓展阅读

明天的中国，奋斗创造奇迹。苏轼有句话："犯其至难而图其至远"，意思是说"向最难之处攻坚，追求最远大的目标"。路虽远，行则将至；事虽难，做则必成。只要有愚公移山的志气、滴水穿石的毅力，脚踏实地，埋头苦干，积跬步以至千里，就一定能够把宏伟目标变为美好现实。

摘自国家主席习近平通过中央广播电视总台和互联网，发表的二〇二三年新年贺词。

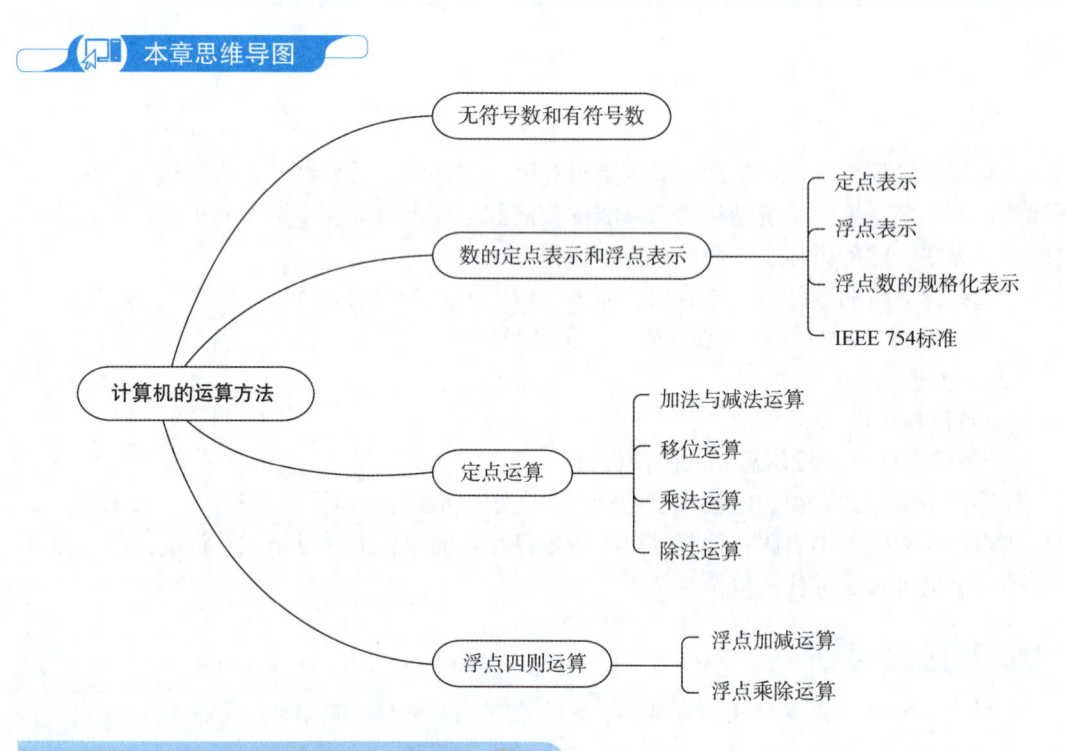

本章思维导图

计算机的运算方法
- 无符号数和有符号数
- 数的定点表示和浮点表示
  - 定点表示
  - 浮点表示
  - 浮点数的规格化表示
  - IEEE 754标准
- 定点运算
  - 加法与减法运算
  - 移位运算
  - 乘法运算
  - 除法运算
- 浮点四则运算
  - 浮点加减运算
  - 浮点乘除运算

4.1 无符号数和有符号数

数据在计算机中的表示形式被称为机器数。机器数的特点：表示的数值范围受计算机字长的限制；机器数的符号位必须被数值化为二进制的 0 和 1；机器数的小数点是用规定的隐含方式来表达的。

在计算机中参与运算的数值数据有两种：无符号数据（Unsigned Number）和有符号数据（Signed Number）。

对于无符号数据，所有的二进制数位数均用来表示数值本身，没有正负之分。而对于有符号数据，其二进制数位除了必须表明其数值大小，还必须保留正负号的位置，或者隐含表明数值的正负。因此，在计算机中，当机器字长相同时，无符号数据和有符号数据的表示范围是不同的。

例如，当机器字长为 16 位时，无符号数据（整数）的表示范围是 0~65535；

最小：

| 0 | 0 | 0 | 0 | 0 | 0 | 0 | 0 | 0 | 0 | 0 | 0 | 0 | 0 | 0 | 0 |

最大：

| 1 | 1 | 1 | 1 | 1 | 1 | 1 | 1 | 1 | 1 | 1 | 1 | 1 | 1 | 1 | 1 |

而有符号的补码数据（整数）的表示范围则必须留出一位来表示符号位。

由于计算机中用二进制来表示所有的信息，因此，有符号数据的"+""-"符号也必须转换为"0""1"代码。这种把"+""-"符号代码化并保存于计算机中的数据，称为机器数。与之对应，称机器数所真正表示的有数值大小及正负的数据为真值，一般使用数值（二进制数或十进制数）前冠以"+""-"符号这种方法来书写。

例如，当机器字长为16位时，有符号数据（整数）的表示范围是-32767 ~ +32767（对应原码表示），即必须留出一位来表示符号位。设左边第一位是符号位，用"0"表示"+"，用"1"表示"-"，有符号数据（整数）的表示范围：

最小：

| 1 | 1 | 1 | 1 | 1 | 1 | 1 | 1 | 1 | 1 | 1 | 1 | 1 | 1 | 1 | 1 |

最大：

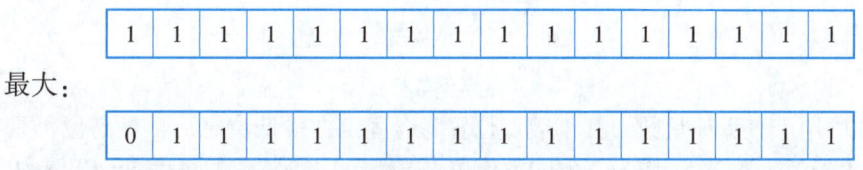

| 0 | 1 | 1 | 1 | 1 | 1 | 1 | 1 | 1 | 1 | 1 | 1 | 1 | 1 | 1 | 1 |

计算机硬件对于存储在存储器或寄存器中的数据，是如何区分它们究竟是无符号数据还是有符号数据的呢？存储时，计算机硬件无须区分，但是在运算或执行比较、跳转操作时，则通过程序中不同的指令加以区分。

实际上，二进制位串本身并没有某种特定的含义，它们既可以用来表示有符号整数，也可以用来表示无符号整数，还可以用来表示浮点数或字符串，甚至可以表示机器指令等。至于它们究竟表示什么含义，则取决于指令或计算机对它们执行何种操作。虽然程序处理的数据有时可能是正数或负数，但是在某些情况下只可能是正数，譬如内存的地址，因为负的地址是无意义的。在一些高级语言中，可以通过数据类型来很好地反映这种区别。例如，C语言中，将有符号数据定义为整数（integer，用int定义），将无符号数据定义为无符号整数（unsigned integer，用unsigned int定义）。

4.2 数的定点表示和浮点表示

计算机中采用二进制来表示数据信息，并用具有两个稳态的物理器件来表示"0"和"1"。那么对于数值数据中的小数点"."，计算机又是如何表示的呢？事实上，计算机中没有专用的部件用来表示小数点。在机器数中，小数点及其位置是隐含的。小数点的约定方法有两种：定点和浮点。

4.2.1 定点表示

定点表示法约定所有机器数的小数点的位置是固定不变的，可以分为定点整数、定点小数两种。

定点小数格式如图4-1所示。

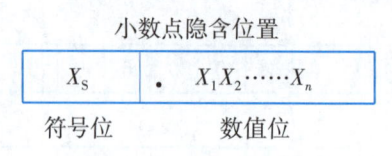

```
        小数点隐含位置
    ┌─────┬─────────────┐
    │ X_S │ . X_1X_2……X_n │
    └─────┴─────────────┘
     符号位      数值位
```

图 4-1　定点小数格式

定点小数用于表示纯小数，其小数点位置隐含固定在符号位 X_S（最高位）之后，即小数点位于符号位与第一数值位之间。$n+1$ 位定点小数所能表示的最精确的数是 $\pm 0.00……01$，其绝对值被称为定点小数的分辨率或表示精度 δ，即 $\delta = 2^{-n}$。精度 δ 决定了它所能表示的绝对值最小的非零值，也就是在数轴上最靠近原点 0 的两个数。$n+1$ 位定点小数所能表示的绝对值最大的数是 $0.11……11$（补码除外），即 $1 - 2^{-n}$。对于超出定点小数表示范围的情况，称为发生溢出。若数据小于定点小数的精度 δ，称为"下溢"，数据作为 0 处理；对于绝对值超出 $1 - 2^{-n}$ 的数据，机器将无法表示，称为"上溢"，简称"溢出"。

定点整数格式如图 4-2 所示。

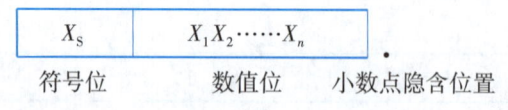

```
    ┌─────┬─────────────┐
    │ X_S │ X_1X_2……X_n │ .
    └─────┴─────────────┘
     符号位   数值位   小数点隐含位置
```

图 4-2　定点整数格式

定点整数则用于表示纯整数，其小数点位置隐含固定在最低位之后，最高位仍是符号位 X_S，后面的 $X_1X_2……X_n$，均为有效的数值位。显然，定点整数的精度 $\delta = 1$，$n+1$ 位定点整数所能表示的绝对值最大的数是 $2^n - 1$（补码除外）。

定点计算机是按照定点数的数据处理规则来设计硬件部件的，它可以处理的定点机器数有 3 类：无符号整数、有符号定点整数、有符号定点小数。如前所述，硬件对这 3 类数据的处理并无区别，选择哪一种数是程序中约定的，即程序员必须事先明确自己编写的程序中所处理的对象属于哪种类型。

计算机中常用的定点机器数的编码方式有原码、补码、反码和移码。

1. 原码表示法

原码表示法是最简单、最接近真值的一种表示方法，它只需将真值中的符号位直接用 "0" 或 "1" 来表示即可，正号 "+" 用 "0" 来表示，负号 "-" 用 "1" 来表示，数值部分与绝对值一致。为了方便人区别是整数还是小数，书写时约定，整数的符号位和数值位之间用逗号分隔，小数的符号位和数值位之间用小数点分隔。

定点整数原码定义：

$$[x]_\text{原} = \begin{cases} 0, x & 2^n > x \geq 0 \\ 2^n - x & 0 \geq x > -2^n \end{cases}$$

或

$$[x]_\text{原} = \begin{cases} 0, x & 2^n > x \geq 0 \\ 1, |x| & 0 \geq x > -2^n \end{cases}$$

式中，x 为真值，n 为整数的位数。

定点小数原码定义：

$$[x]_\text{原} = \begin{cases} x & 1 > x \geq 0 \\ 1 - x & 0 \geq x > -1 \end{cases}$$

式中，x 为真值。

【例 4-1】求以下 x 对应的原码。

$$x = +1110、-1110、+0.1110、-0.11100、+0.000、-0.0000$$

解：

$$x = +1110 \text{ 时，} [x]_原 = 0,1110$$
$$x = -1110 \text{ 时，} [x]_原 = 2^4 - (-1110) = 1,1110$$
$$x = +0.1110 \text{ 时，} [x]_原 = 0.1110$$
$$x = -0.1110 \text{ 时，} [x]_原 = 1 - (-0.1110) = 1.1110$$
$$x = +0.0000 \text{ 时，} [x]_原 = 0.0000$$
$$x = -0.0000 \text{ 时，} [x]_原 = 1.0000$$

可见 $[+0]_原 \neq [-0]_原$，即"0"在原码中有两种编码。

采用原码表示法简单易懂，即符号位加上二进制数的绝对值，但它的最大缺点是加法运算复杂。因为，当两数相加时，若是同号则数值相加；若是异号，则要进行减法。而在进行减法时，还要比较绝对值的大小，然后大数减去小数，最后还要给结果选择恰当的符号。为方便计算，考虑能否只做加法。如果能找到一个与负数等价的正数来代替这个负数，就可使减法变成加法进行运算，人们找到了补码表示法。

2. 补码表示法

这里先以钟表对时为例说明补码的概念。假设现在的标准时间为 5 点整，而有一只表已经 7 点了，为了校准时间，可以采用两种方法：一是时针向逆时针方向退 2 格(7-2=5)，或者分针按逆时针方向转两圈；二是时针向顺时针方向拨 10 格(7+10-12=5，对时钟来说减 12 是不需要真正去减的，是自动被丢掉的，因为时钟的模是 12)，或者分针按顺时针方向转 10 圈。这两种方法都能对准到 5 点，由此看出，减 2 和加 10 是等价的。就是说 10 是 (-2) 模 12 时的补码，可以用数学公式表示为

$$-2 = +10 (\mathrm{mod}\, 12)$$

mod12 的意思就是 12 为模数，这个"模"表示被丢掉的数值。上式在数学上被称为同余式。

上例中 7-2 和 7+10(mod12) 等价，原因就是钟表指针超过 12 时，将 12 自动丢掉，最后得到 17-12=5。同样地，以 12 为模时：

$$-4 = +8 (\mathrm{mod}\, 12)$$
$$-3 = +9 (\mathrm{mod}\, 12)$$

上述补码的概念可以用到任意"模"上，可以看出，负数加上模就得到这个负数的补码。正数加上模得到的依然是这个正数。从这里可以得到一个启示，就是负数用补码表示时，可以把减法转化为加法。这样，在计算机中实现起来就比较方便。

定点整数补码定义：

$$[x]_补 = \begin{cases} 0, x & 2^n > x \geq 0 \\ 2^{n+1} + x & 0 > x \geq -2^n \end{cases} (\mathrm{mod}\, 2^{n+1})$$

式中，x 为真值，n 为整数的位数。

定点小数补码定义：

$$[x]_补 = \begin{cases} x & 1 > x \geq 0 \\ 2 + x & 0 > x \geq -1 \end{cases} (\mathrm{mod}\, 2)$$

式中，x 为真值。

【例 4-2】 求以下 x 对应的补码。

$$x = +1110、-1110、+0.1110、-0.1110、+0.000、-0.000$$

解：

$$x = +1110 \text{ 时}, \quad [x]_{补} = 0,1110$$

$$x = -1110 \text{ 时}, \quad [x]_{补} = 2^{4+1} - 1110(\bmod 2^{4+1}) = 1,0010$$

$$x = +0.1110 \text{ 时}, \quad [x]_{补} = 0.1110$$

$$x = -0.1110 \text{ 时}, \quad [x]_{补} = 2 + (-0.1110) = 1.0010$$

$$x = +0.0000 \text{ 时}, \quad [x]_{补} = 0.0000$$

$$x = -0.0000 \text{ 时}, \quad [x]_{补} = 2 + (-0.0000)(\bmod 2) = 0.0000$$

可见 $[+0]_{补} = [-0]_{补}$，即"0"在补码中只有一种编码。

对于小数，若 $x = -1$，则根据小数补码定义，有

$$[x]_{补} = 2 + x = 10.0000 - 1.0000 = 1.0000$$

可见，-1 本不属于小数范围，但却有 $[-1]_{补}$ 存在（其实在小数补码定义中已指明），这是由于补码中的零只有一种编码，故它比原码能多表示一个"-1"。

此外，根据补码定义，已知补码也可以求出真值。

当模数为 4 时，形成了双符号位的补码。如 $x = -0.1110$，取 $(\bmod 4)$

$$[x]'_{补} = 4 + x = 4 + (-0.1110) = 11.0010$$

这种双符号位的补码又被称为变形补码，它在阶码运算和溢出判断中有其特殊作用，后面有关章节中将详细介绍。

由以上讨论可知，引入补码的概念是为了消除减法运算，但是根据补码的定义，在形成补码的过程中又出现了减法。

例如，$x = -1110$ 时，$[x]_{补} = 2^{4+1} - 1110(\bmod 2^{4+1}) = 1,0010$。

若把运算过程稍作调整：

$$[x]_{补} = 2^{4+1} - 1110 = 11111 + 1 - 1110$$

$$= 11111 - 1110 + 1$$

$$= 10001 + 1$$

10001 是 -1110 的原码 11110 除符号位保持不变，其余数值位取反得到的，因此<u>求负数补码</u>的方法也可以是，<u>由该负数的原码除符号位保持不变，其余数值位取反后，末位加"1"</u>。

进一步观察发现，负数补码和原码相比较，原码符号位保持不变，数值位从右向左找第一个"1"，这个"1"和右边的"0"保持不变，左边的数每位取反，得到这个数的补码。由负数补码求原码与前述方法一致。

3. 反码表示法

反码表示通常用来作为由原码求补码或由补码求原码的过渡。

定点整数反码定义：

$$[x]_{反} = \begin{cases} 0, x & 2^n > x \geq 0 \\ (2^{n+1} - 1) + x & 0 \geq x > -2^n (\bmod (2^{n+1} - 1)) \end{cases}$$

式中，x 为真值，n 为整数的位数。

定点小数反码定义：

$$[x]_{反} = \begin{cases} x & 1 > x \geq 0 \\ (2 - 2^{-n}) + x & 0 \geq x > -1 (\mod(2 - 2^{-n})) \end{cases}$$

式中，x 为真值，n 为小数的位数。

【例 4-3】求以下 x 对应的反码。

$$x = +1110、-1110、+0.1110、-0.1110、+0.0000、-0.0000$$

解：

$$x = +1110 \text{ 时}, \quad [x]_{反} = 0,1110$$
$$x = -1110 \text{ 时}, \quad [x]_{反} = 2^{4+1} - 1 - 1110 = 1,0001$$
$$x = +0.1110 \text{ 时}, [x]_{反} = 0.1110$$
$$x = -0.1110 \text{ 时}, [x]_{反} = 2 - 2^{-4} + (-0.1110) = 1.0001$$
$$x = +0.0000 \text{ 时}, [x]_{反} = 0.0000$$
$$x = -0.0000 \text{ 时}, [x]_{反} = 1.1111$$

可见 $[+0]_{反} \neq [-0]_{反}$，即"0"在反码中有两种编码。

正数的反码表示等同于它的原码、补码表示，负数的反码等于其绝对值的每一位取反，符号位为"1"，这也是反码得名的原因。

4. 移码表示法

移码表示法主要用于浮点机器数的阶码，因此它一般只用来表示定点整数。

$$[x]_{移} = 2^n + x \quad 2^n > x \geq -2^n$$

式中，x 为真值，n 为整数的位数。

【例 4-4】求以下 x 对应的移码。

$$x = +1110、-1110$$

解：

$$x = +1110 \text{ 时}, [x]_{移} = 2^4 + 1110 = 1,1110$$
$$x = -1110 \text{ 时}, [x]_{移} = 2^4 - 1110 = 0,0010$$

对照前面例 4-2 可见，同一个真值的移码和补码仅差一个符号位，移码用"1"来表示正号"+"，用"0"来表示负号"-"，数值部分的表示等同于补码。

5. 4 种机器数表示的小结

(1) 最高位为符号位，为方便人识别，书写上用","（整数）或"."（小数）将数值部分和符号位隔开。

(2) 对于正数，原码=补码=反码。

(3) 对于负数，原码、补码、反码符号位为 1，其数值部分，原码除符号位外每位取反，末位加 1 得到补码；原码除符号位外，每位取反得到反码。

(4) 移码和前 3 种编码不同，用"1"来表示正号"+"，用"0"来表示负号"-"，数值部分的表示等同于补码。

【例 4-5】设机器字长为 16 位，写出下列各种情况下它能表示的数的范围，设机器数有 1 位符号位。

(1) 无符号数。

(2) 原码表示的定点小数。

(3)补码表示的定点小数。
(4)原码表示的定点整数。
(5)补码表示的定点整数。

解：

(1)16位无符号数：

最小：

| 0 | 0 | 0 | 0 | 0 | 0 | 0 | 0 | 0 | 0 | 0 | 0 | 0 | 0 | 0 | 0 |

最大：

| 1 | 1 | 1 | 1 | 1 | 1 | 1 | 1 | 1 | 1 | 1 | 1 | 1 | 1 | 1 | 1 |

可见，16位无符号数对应的十进制数表示范围为 $0 \sim 2^{16}-1 = 0 \sim 65535$。

(2)16位原码表示的定点小数：

最小：

| 1 | 1 | 1 | 1 | 1 | 1 | 1 | 1 | 1 | 1 | 1 | 1 | 1 | 1 | 1 | 1 |

最大：

| 0 | 1 | 1 | 1 | 1 | 1 | 1 | 1 | 1 | 1 | 1 | 1 | 1 | 1 | 1 | 1 |

可见，16位原码定点小数对应的十进制数表示范围为 $-(1-2^{-15}) \sim (1-2^{-15})$。

(3)16位补码表示的定点小数：

最小：

| 1 | 0 | 0 | 0 | 0 | 0 | 0 | 0 | 0 | 0 | 0 | 0 | 0 | 0 | 0 | 0 |

最大：

| 0 | 1 | 1 | 1 | 1 | 1 | 1 | 1 | 1 | 1 | 1 | 1 | 1 | 1 | 1 | 1 |

可见，16位补码定点小数对应的十进制数表示范围为 $-1 \sim (1-2^{-15})$。

(4)16位原码表示的定点整数：

最小：

| 1 | 1 | 1 | 1 | 1 | 1 | 1 | 1 | 1 | 1 | 1 | 1 | 1 | 1 | 1 | 1 |

最大：

| 0 | 1 | 1 | 1 | 1 | 1 | 1 | 1 | 1 | 1 | 1 | 1 | 1 | 1 | 1 | 1 |

可见，16位原码定点整数对应的十进制数表示范围为 $-(2^{15}-1) \sim (2^{15}-1) = -32767 \sim +32767$。

(5)16位补码表示的定点整数：

最小：

| 1 | 0 | 0 | 0 | 0 | 0 | 0 | 0 | 0 | 0 | 0 | 0 | 0 | 0 | 0 | 0 |

最大：

| 0 | 1 | 1 | 1 | 1 | 1 | 1 | 1 | 1 | 1 | 1 | 1 | 1 | 1 | 1 | 1 |

可见，16位补码定点整数对应的十进制数表示范围为 $-2^{15} \sim (2^{15}-1)$。

由于在定点计算机中，只能表示和运算纯小数或纯整数，而所处理的数据往往是实数，既有整数位，又有小数位。所以，定点计算机中，必须通过软件来设定一个比例因子，把数据适当缩小或放大，使之变成约定好的纯小数或纯整数；处理结束后，再使用同样的比例因子将结果还原。

例如：

$$(101.01)_2 + (010.1)_2 = (0.10101 + 0.0101)_2 \times 2^3 \quad (缩小)$$
$$= (0.11111)_2 \times 2^3 \quad (运算)$$
$$= (111.11)_2 \quad (还原)$$

但是，如果定点计算机中的比例因子选择得不合适，运算结果可能会发生溢出，或者降低运算结果的有效精度，因此比例因子的确定是很重要也是很困难的一件事。那么如何兼顾数值范围和运算精度两方面的要求呢？浮点表示法就很好地解决了这个问题。

4.2.2 浮点表示

浮点机器数将上述"比例因子"放在数据之中，称为"阶码"，数据的小数点位置由阶码规定，因此是浮动的。

浮点数 N 由 3 个部分来决定其数值大小：阶码 E、尾数 M 和阶码的底（基数）R。

浮点数真值：$N = M \times R^E$。

浮点数格式如图 4-3 所示。

E_S	$E_1 E_2 \cdots\cdots E_m$	M_S	$M_1 M_2 \cdots\cdots M_n$
阶码符号位	阶码数值位	尾数符号位	尾数数值位

图 4-3　浮点数格式

在计算机中，阶码的底 R 隐含表示，一般约定为 2、4、8 或 16 等。浮点数实际上由定点数组成：阶码是定点整数，尾数是定点小数。

设阶码的底 R 为 2，尾数数值为 n 位，阶码为 m 位，浮点表示法在数轴上的表示范围如图 4-4 所示。

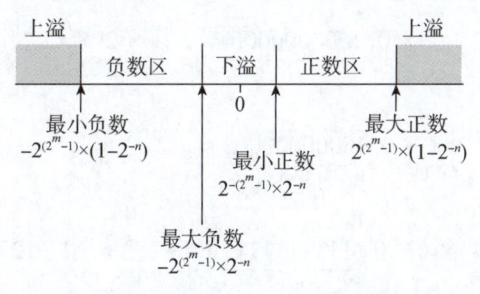

```
   上溢                                         上溢
  ┌─────┬─────┬─────┬─────┐
  │负数区│下溢 │正数区│
        0
最小负数        最大正数
-2^(2^m-1)×(1-2^-n)   2^(2^m-1)×(1-2^-n)
          最小正数
          2^-(2^m-1)×2^-n
      最大负数
      -2^-(2^m-1)×2^-n
```

图 4-4　浮点表示法在数轴上的表示范围

当浮点数阶码大于最大阶码时，称为上溢，此时机器停止运算，进行中断溢出处理；当浮点数阶码小于最小阶码时，称为下溢，此时溢出的数绝对值很小，通常将尾数各位置为零，按机器零处理，此时机器可以继续运行。

一旦浮点数的位数确定后，合理分配阶码和尾数的位数，直接影响浮点数的表示范围和精度。为方便人识别，书写时整数的符号位和数值位之间用","隔开，小数的符号位和数值位之间用"."隔开，阶码和尾数之间用"；"隔开。

机器零：①当浮点数尾数为 0 时，不论其阶码为何值，按机器零处理；②当浮点数阶码等于或小于它所表示的最小数时，不论尾数为何值，按机器零处理。

例如：取 $m=4$，$n=10$，当阶码和尾数都用补码表示时，机器零为

$$×, ××××; 0.0 0 \cdots\cdots 0$$
$$（阶码=-16）\quad 1, 0\ 0\ 0\ 0; x.××\cdots\cdots×$$

当阶码用移码，尾数用补码表示时，机器零为

$$0, 0 0 0 0; 0.0 0 \cdots\cdots 0$$

这有利于机器中"判 0"电路的实现。

4.2.3 浮点数的规格化表示

为了提高浮点数的精度，其尾数必须为规格化数。如果不是规格化数，就要通过修改阶码并同时左右移尾数的办法，使其变成规格化数。将非规格化数转换成规格化数的过程，称为规格化。对于基数不同的浮点数，因其规格化数的形式不同，规格化过程也不同。

当基数为 2 时，尾数最高位为 1 的数为规格化数，浮点数表示成规格化形式后精度最高。规格化时，尾数左移一位，阶码减 1（称这种规格化为向左规格化，简称左规）；尾数右移一位，阶码加 1（称这种规格化为向右规格化，简称右规）。

图 4-4 所示的浮点数规格化后，其最大正数为 $2^{(2^m-1)} \times (1 - 2^{-n})$，最小正数为 $2^{-(2^m-1)} \times 2^{-1}$；最大负数为 $-2^{-(2^m-1)} \times 2^{-1}$，最小负数为 $-2^{(2^m-1)} \times (1 - 2^{-n})$。

【例 4-6】 求阶码位数 $m=4$，尾数位数 $n=10$，基数为 2 时，尾数规格化后的浮点数表示范围。

解：

最大正数：

$$2^{+1111} \times 0.\underbrace{1111111111}_{10\text{个}1} = 2^{15} \times (1 - 2^{-10})$$

最小正数：

$$2^{-1111} \times 0.\underbrace{1000000000}_{9\text{个}0} = 2^{-15} \times 2^{-1} = 2^{-16}$$

最大负数：

$$2^{-1111} \times (-0.\underbrace{1000000000}_{9\text{个}0}) = -2^{-15} \times 2^{-1} = -2^{-16}$$

最小负数：

$$2^{+1111} \times (-0.\underbrace{1111111111}_{10\text{个}1}) = -2^{15} \times (1 - 2^{-10})$$

【例 4-7】 求上题中浮点数为补码的形式。

解：

最大正数：

| 0 | 1111 | 0 | 1111111111 |

或写成：

$$0, 1111; 0.1111111111$$

最小正数：

| 1 | 0001 | 0 | 1000000000 |

或写成：

1，0001；0.1000000000

最大负数：

| 1 | 0001 | 1 | 1000000000 |

或写成：

1，0001；1.1000000000

最小负数：

| 0 | 1111 | 1 | 0000000001 |

或写成：

0，1111；1.0000000001

当基数为 4 时，尾数的最高两位不全为零的数为规格化数。规格化时，尾数左移两位，阶码减 1；尾数右移两位，阶码加 1。当基数为 8 时，尾数的最高三位不全为零的数为规格化数。规格化时，尾数左移三位，阶码减 1；尾数右移三位，阶码加 1。

同理类推，不难得到基数为 16 或 2^n 时的规格化过程。

浮点计算机中，一旦基数确定后就不再变了，而且基数是隐含的，故不同基数的浮点数表示形式完全相同。基数不同，对数的表示范围和精度等都有影响。一般来说，基数越大，可表示的浮点数范围越大，而且所表示的数的个数越多。但基数越大，浮点数的精度反而下降。

本书以基数 $R=2$ 讨论浮点数的规格化。若浮点数 $N = M \times R^E$，根据规格化定义，有

$$\frac{1}{2} \leq |M| < 1$$

当 $M > 0$ 时，规格化形式：

真值 0.1××……×
原码 0.1××……×
补码 0.1××……×
反码 0.1××……×

当 $M < 0$ 时，规格化形式：

真值 -0.1××……×
原码 1.1××……×
补码 1.0××……×
反码 1.0××……×

可见，对原码，不论正数、负数，尾数第一数值位为 1；对补码，总是尾数符号位和第一数值位不同。

特例：当 $M = \left(-\frac{1}{2}\right)_{10} = (-0.100……0)_2$ 时，有

$$[M]_原 = 1.100……0$$

$$[M]_\text{补} = 1.100\cdots\cdots 0$$

$\left[-\dfrac{1}{2}\right]_\text{补}$ 符号位和第一数值位相同，所以 $\left[-\dfrac{1}{2}\right]_\text{补}$ 不是规格化的数。

当 $M = -1$ 时，$[M]_\text{补} = 1.000\cdots\cdots 0$。

$[-1]_\text{补}$ 符号位和第一数值位不同，所以 $[-1]_\text{补}$ 是规格化的数。

在选择计算机的数值数据的表示方式时，需要考虑以下几个因素。① 要表示的数的类型(小数、整数、实数和复数)；② 可能遇到的数值范围；③ 数值精度；④ 数据存储和处理所需要付出的硬件代价。

定点数与浮点数的异同如下。

(1) 无论采用定点整数还是定点小数，或者是浮点数，计算机所能表示的数据都是一系列离散的点。至于存在于两个点之间的数，计算机通常采用合适的舍入操作，选取最近似的值来替代。

(2) 无论采用定点整数还是定点小数，或者是浮点数，计算机硬件的字长是有限的。当数值超出了机器数所能表示的界限时，计算机必须能够产生"溢出"的异常报告。

(3) 浮点数和定点数的不同之处在于：后者可表示的点在数轴上是均匀的，距离是等长的 1(定点整数)或 2^{-n}(定点小数)；而前者则是分布不均匀、距离不相等的。

4.2.4 IEEE 754 标准

现代计算机中，浮点数一般采用 IEEE(电气与电子工程师学会)提出的 IEEE 754 标准，如图 4-5 所示。

M_S	E_S	$E_1 E_2 \cdots\cdots E_m$	$M_1 M_2 \cdots\cdots M_n$
尾数符号位	阶码符号位	阶码数值位	尾数数值位

图 4-5 IEEE 754 浮点数格式

IEEE 754 标准常用的浮点数类型有 3 种，如表 4-1 所示。

表 4-1 IEEE 754 标准常用的浮点数类型

类型	尾数符号位	阶码(含符号位)	尾数位数	总位数
短实数	1	8	23	32
长实数	1	11	52	64
临时实数	1	15	64	80

其中，短实数又称单精度浮点数，长实数又称双精度浮点数。单精度浮点数和双精度浮点数的阶码采用移码，它的尾数用原码表示，且采用隐藏位，也就是将规格化浮点数尾数的最高位"1"省略，不予保存，认为它隐藏在尾数小数点的左边，从而使有效位数又增加了一位。

临时实数主要用于进行浮点数运算，保存临时的计算结果。通常在计算前，单精度浮点数和双精度浮点数转换为临时浮点数，参加浮点数运算，运算结果通过舍入后再还原。为了便于运算，临时实数不采用隐藏位。

4.3 定点运算

定点数的运算包括加、减、移位、乘、除。

4.3.1 加法与减法运算

在计算机中，加法运算的过程和手工笔算是一样的：按从右到左的顺序逐位求和，并将进位累加到左侧相邻的高位。而减法则是通过加法来实现的：先将减数求补，然后加上被减数。原码、反码机器数的加减运算的过程均较为复杂，通常不采用它们进行定点数的加减运算。计算机系统普遍采用补码实现定点数的加减运算，在浮点数的运算中，还用移码实现阶码的加减运算。

1. 补码加减运算公式

整数加法：$[A]_{补} + [B]_{补} = [A+B]_{补} (\mod 2^{n+1})$。

整数减法：$[A]_{补} - [B]_{补} = [A]_{补} + [-B]_{补} = [A-B]_{补} (\mod 2^{n+1})$。

小数加法：$[A]_{补} + [B]_{补} = [A+B]_{补} (\mod 2)$。

小数减法：$[A]_{补} - [B]_{补} = [A]_{补} + [-B]_{补} = [A-B]_{补} (\mod 2)$。

用补码表示的两个数在进行加法运算时，可以把符号位与数值位同等处理，只要结果不超出机器能表示的数值范围。补码运算后的结果，对于整数按 2^{n+1} 取模；对于小数按 2 取模。

【例 4-8】设 $A = 0.1011$，$B = -0.0101$，求 $[A+B]_{补}$ 以及 $A+B$。

解：

$$[A]_{补} = 0.1011$$
$$+ [B]_{补} = 1.1011$$
$$\overline{[A]_{补} + [B]_{补} = 10.0110 (\mod 2) = [A+B]_{补}}$$

按模 2 规则，最左边的 1 丢掉，故 $[A+B]_{补} = 0.0110$，从而可得 $A+B = 0.0110$。

验证：

$$0.1011$$
$$-0.0101$$
$$\overline{0.0110}$$

【例 4-9】设 $A = -9$，$B = -5$，求 $[A+B]_{补}$ 以及 $A+B$。

解：$A = -1001$，$B = -0101$，则

$$[A]_{补} = 1,0111$$
$$+ [B]_{补} = 1,1011$$
$$\overline{[A]_{补} + [B]_{补} = 11,0010 (\mod 2^5) = [A+B]_{补}}$$

按模 2^{n+1} 规则，最左边的 1 丢掉，故 $[A+B]_{补} = 1,0010$，从而可得 $A+B = -1110$。

验证

$$-1001$$
$$+-0101$$
$$\overline{-1110}$$

【例 4-10】设机器数字长为 8 位(含 1 位符号位)，$A = 14$，$B = 23$，用补码求 $A - B$。

解：$A = (14)_{10} = (+0001110)_2$，$B = (23)_{10} = (+0010111)_2$，所以，$[A]_补 = 0,0001110$，$[B]_补 = 0,0010111$，$[-B]_补 = 1,1101001$，则

$$[A]_补 = 0,0001110$$
$$+ [-B]_补 = 1,1101001$$
$$\overline{[A]_补 + [-B]_补 = 1,1110111 (\mathrm{mod} 2^8) = [A-B]_补}$$

所以 $[A-B]_补 = 1,1110111$，$A - B = -0001001$，即十进制的 -9。

由上述例题可见，不论操作数是正还是负，在做补码加减法时，只需将符号位和数值位一起参加运算，并且将符号位产生的进位自然丢掉即可。

【例 4-11】设 $A = \dfrac{7}{16}$，$B = \dfrac{13}{16}$，用补码求 $A + B$。

解：$A = \dfrac{7}{16} = 0.0111$，$B = \dfrac{13}{16} = 0.1101$，所以，$[A]_补 = 0.0111$，$[B]_补 = 0.1101$，则

$$[A]_补 = 0.0111$$
$$+ [B]_补 = 0.1101$$
$$\overline{[A]_补 + [B]_补 = 1.0100 (\mathrm{mod} 2) = [A+B]_补}$$

所以 $[A+B]_补 = 1.0100$，A、B 都是正数，加完后变成了负数，显然结果有问题。经分析发现 $A + B$ 大于 1，超出小数的表示范围了，计算机中把这种超出机器字长的现象叫溢出。可见，在补码定点数做加减运算时，必须对结果是否产生溢出进行判断。

2. 溢出判断

1) 用 1 位符号位判断溢出

在补码定点数做加减运算时，有 8 种情况，如表 4-2 所示。如果是前 4 种情况，运算结果的符号位和表中不同，说明结果出错了。原因是溢出的数值位占用了符号位。

表 4-2 补码定点数做加减运算时的 8 种情况

运算	操作数 A 符号	操作数 B 符号	运算结果符号	是否可能产生溢出
$A+B$	正数	正数	正数	是
$A+B$	负数	负数	负数	是
$A-B$	正数	负数	正数	是
$A-B$	负数	正数	负数	是
$A+B$	正数	负数	需要比较 A、B 的绝对值后才能确定	否
$A+B$	负数	正数		否
$A-B$	正数	正数		否
$A-B$	负数	负数		否

计算机中采用 1 位符号位判断溢出时，为了节省时间，通常用符号位产生的进位与最高有效位产生的进位异或后，按其结果进行判断。若异或结果为 1，即溢出；异或结果为 0，则无溢出。

例 4-11 中符号位无进位，最高有效位有进位，即 $0 \oplus 1 = 1$，故溢出。

例 4-9 中符号位有进位，最高有效位有进位，即 $1 \oplus 1 = 0$，故无溢出。

例 4-10 中符号位无进位，最高有效位无进位，即 $0 \oplus 0 = 0$，故无溢出。

2) 用 2 位符号位判断溢出

在 4.2.1 节中补码定义时，给出了变形补码的定义，它是以 4 为模的，正数的变形补码 2 位符号位是"00"，负数的变形补码 2 位符号位是"11"。

用 2 位符号位判断溢出，就是利用变形补码进行加减法运算，2 位符号位要连同数值部分一起参加运算，而且高位符号位产生的进位自动丢失（取模的结果）。

变形补码判断溢出的原则：计算结束后，当 2 位符号位不同时，表示溢出；否则，无溢出。不论是否发生溢出，高位（第 1 位）符号位永远代表真正的符号。

如例 4-11，若采用变形补码进行计算：

$$[A]'_\text{补} = 00.0111$$
$$+ [B]'_\text{补} = 00.1101$$
$$\overline{[A]_\text{补} + [B]_\text{补} = 01.0100 (\text{mod}4) = [A + B]_\text{补}}$$

2 位符号位不同，表示结果溢出了，最高符号位代表真正的符号位，说明结果为正。

【例 4-12】设机器数字长为 8 位（含 1 位符号位），$A = -90$，$B = +40$，用补码求 $A - B$。

解：$A = (-90)_{10} = (-1011010)_2$，$B = (40)_{10} = (0101000)_2$，所以，$[A]_\text{补} = 1, 0100110$，$[B]_\text{补} = 0, 0101000$，$[-B]_\text{补} = 1, 1011000$，则

$$[A]'_\text{补} = 11, 0100110$$
$$+ [-B]'_\text{补} = 11, 1011000$$
$$\overline{[A]'_\text{补} + [B]'_\text{补} = 110, 1111110 (\text{mod}2^{n+2} = \text{mod}2^9) = [A + B]'_\text{补}}$$

所以 $[A + B]_\text{补} = 10, 1111110$。

2 位符号位不一样，说明溢出了，高位符号位是 1，说明计算结果是负数。

4.3.2 移位运算

在计算机运算中经常会用到移位运算，对于十进制数，当小数点向左移一位，表示数据乘以 10^{-1}；当小数点向右移一位，表示数据乘以 10^1。在计算机中，由于数据通常以二进制形式表示，且小数点位置固定，因此，二进制数据只能相对于小数点进行左移或右移。二进制数据每相对于小数点左移一位，相当于数据乘以 2^1；每相对于小数点右移一位，相当于数据乘以 2^{-1}。

移位运算对于计算机具有很高的实用价值。首先，采用移位指令对数据进行放大或缩小，比采用乘除法指令进行乘以或除以 2^n，在速度上要快得多。其次，当计算机中没有乘除运算器时，可以采用移位器和加减法器，利用乘除串行运算方法的原理来实现乘除运算器。另外，即使计算机指令系统中没有乘除运算指令，也可以利用移位指令和加减法指令来编制一个子程序，实现乘除运算功能。

计算机的移位运算分为逻辑移位、算术移位、循环移位 3 种，主要区别在于符号位和移出的数据位的处理方法不同。与手工移位运算不同，计算机的移位寄存器的字长是固定的，当进行左移和右移时，寄存器的最低位和最高位会出现空余位，最高位和最低位相应地也会被移出，那么，对空余位补充"0"还是"1"？移出的数据位如何处理？这些与移位的种类和机器数的编码方法有关。

1. 逻辑移位

逻辑移位是将移位的数据视为无符号数据,移位的结果只是数据各位在位置上发生了变化,无符号数据的数值(无正负)放大或缩小。逻辑左移时,高位移出,低位补"0"。逻辑右移时,低位移出,高位补"0"。

2. 算术移位

算术移位是有符号数据的移位,即各种编码表示的机器数的移位。算术移位的结果,在数值的绝对值上进行放大或缩小,同时,符号位必须要保持不变。

原码的算术左移,符号位保持不变,数值位的最高位移出丢掉,低位补"0"。当左移移出的数据位为"1"时,发生溢出。算术右移时,符号位保持不变,数值位的最低位移出丢掉,高位补"0"。

补码的算术左移,符号位保持不变,数值位的最高位移出,低位补"0"。当左移移出的数据位正数为"1"、负数为"0"时,发生溢出。因此,为保证补码算术左移时不发生溢出,移位的数据最高有效位必须与符号位相同。所以,在硬件实现补码的算术左移时,直接将数据的最高有效位移入符号位,不会改变机器数的符号(当不发生溢出时)。算术右移时,符号位保持不变,数值位的最低位移出,高位正数补"0"、负数补"1",即高位补和符号位一样的数。

计算机的算术移位指令大多都采用补码的移位规则,即移位的对象为补码。

反码算术左移时,最高有效位移入符号位,低位正数补"0"、负数补"1";算术右移时,符号位不变,高位补和符号位一样的数,低位移出。

3. 循环移位

循环移位,就是指所有的数据位在自身范围内进行左移或右移,左移时最高位移入最低位,右移时最低位移入最高位。

4.3.3 乘法运算

计算机中的软硬件在逻辑上有一定的等价性,有的机器由硬件乘法器直接完成乘法运算,有的机器内没有乘法器,但可以按机器做乘法运算的方法,用软件编程实现。因此,学习乘法运算方法不仅有助于乘法器的设计,也有助于乘法编程。

下面从分析笔算乘法入手,介绍机器中用到的几种乘法运算方法。

1. 分析笔算乘法

设 $A = 1101$,$B = 1011$,求 $A \times B$。

笔算乘法时,乘积的符号由两数符号心算而得:正正得正。其数值部分的运算如下:

$$
\begin{array}{r}
1\ 1\ 0\ 1 \\
\times\ 1\ 0\ 1\ 1 \\
\hline
1\ 1\ 0\ 1 \quad \cdots\cdots A \times 2^0 \quad \text{被乘数不移位} \\
1\ 1\ 0\ 1 \quad\quad \cdots\cdots A \times 2^1 \quad \text{被乘数左移 1 位} \\
0\ 0\ 0\ 0 \quad\quad\quad \cdots\cdots A \times 2^2 \quad \text{被乘数左移 2 位} \\
1\ 1\ 0\ 1 \quad\quad\quad\quad \cdots\cdots A \times 2^3 \quad \text{被乘数左移 3 位} \\
\hline
1\ 0\ 0\ 0\ 1\ 1\ 1\ 1
\end{array}
$$

所以 $A \times B = 10001111$,其中包含被乘数 A 的左移,以及 4 个位积的相加运算。运算的过程与十进制乘法相似:从乘数 B 的最低位开始,若这一位为"1",则将被乘数 A 写下;

若这一位为"0",则写下全0。然后对乘数 B 的高一位进行乘法运算,其规则同上,不过这一位乘数的权与最低位乘数的权不一样,因此被乘数 A 要左移一位。依次类推,直到乘数各位乘完为止,最后将它们统统加起来,便得到最后乘积。

如果被乘数和乘数用定点小数表示,也会得到同样的结果。

若计算机完全模仿笔算乘法步骤,将会有两大困难:其一,将4个位积一次相加,机器难以实现;其二,乘积位数增长了一倍,这将造成器材的浪费和运算时间的增加。为此,在早期计算机中为了简化硬件结构,采用串行的1位乘法方案,即多次执行"加法-移位"操作来实现。

2. 定点数原码乘法

原码是最接近于真值的编码,数值部分和真值完全一样,因此定点数原码乘法时,符号位和数值位分别讨论,数值位计算和真值的计算方法一样。符号位由于两个正数或两个负数相乘结果为正数,一正一负相乘结果为负数,按照原码编码方法,正数符号位为"0",负数符号位为"1",原码乘法时符号位的情况如表4-3所示。

表4-3 原码乘法时符号位的情况

被乘数符号位	乘数符号位	乘积符号位
0	0	0
0	1	1
1	0	1
1	1	0

符号位的逻辑规则和异或的逻辑规则一样,可见,可以用异或门解决原码乘法的符号问题。

【例4-13】 已知 $x = -0.1110$,$y = 0.1101$,求 $[x \times y]_原$。

数值部分的运算:

	部分积	乘数		说明	
	0.0000	110<u>1</u>	部分积 初态 $z_0=0$	设部分积初始状态为0	
	0.1110			因为乘数末位是1,所以+被乘数	
	0.1110			新的部分积右移一位,乘数右移一位,部分积末位	
	0.0111	011<u>0</u>	→1位,得 z_1	移到乘数右移后空出来的高位,乘数低位丢掉;	
	0.0000			因为乘数末位是0,所以+0	
	0.0111	0		新的部分积右移一位,乘数右移一位,部分积末位	
	0.0011	101<u>1</u>	→1位,得 z_2	移到乘数右移后空出来的高位,乘数低位丢掉;	
	0.1110			因为乘数末位是1,所以+被乘数	
	1.0001	10		新的部分积右移一位,乘数右移一位,部分积末位	
逻辑右移	0.1000	110<u>1</u>	→1位,得 z_3	移到乘数右移后空出来的高位,乘数低位丢掉;	
	0.1110			因为乘数末位是1,所以+被乘数	
	1.0110	110		新的部分积右移一位,乘数右移一位,部分积末位	
逻辑右移	0.1011	0110	→1位,得 z_4	移到乘数右移后空出来的高位,乘数低位丢掉;	
				此时最后一行就是乘积	

$$|x \times y| = 0.10110110$$

符号位:因为是原码,x 的符号位是1,y 的符号位是0,$1 \oplus 0 = 1$。所以 $[x \times y]_原 = 1.10110110$。

3. 定点数补码乘法

补码1位乘运算规则如下。

以小数为例，设被乘数 $[x]_{补} = x_0.x_1x_2\cdots\cdots x_n$，乘数 $[y]_{补} = y_0.y_1y_2\cdots\cdots y_n$。

（1）被乘数符号任意，乘数为正：同原码乘类似，只是加和移位按补码规则进行，乘积的符号自然形成。

（2）被乘数符号任意，乘数为负：将乘数 $[y]_{补}$ 去掉符号位参与运算，其余操作和（1）相同，最后加 $[-x]_{补}$ 校正。

【例 4-14】 已知 $[x]_{补} = 1.0101$，$[y]_{补} = 0.1101$，求 $[x \times y]_{补}$。

解： 为了防止溢出，采用变形补码进行计算。运算过程中要注意：最高符号位才是真正的符号位，所以部分积右移时，只有第一位符号位保持不变，其余位一起右移。

$$[x]'_{补} = 11.0101$$

部分积	乘数	说明
00.0000 11.0101	1101	初值 $[z_0]_{补} = 0$ $+[x]_{补}$
11.0101 11.1010 11.1101 11.0101	1110 0111	→1 位，得 $[z_1]_{补}$，乘数同时→1 位 →1 位，得 $[z_2]_{补}$，乘数同时→1 位 $+[x]_{补}$
11.0010 11.1001 11.0101	0011	→1 位，得 $[z_3]_{补}$，乘数同时→1 位 $+[x]_{补}$
10.1110 11.0111	0001	→1 位，得 $[z_4]_{补}$，乘数同时→1 位

$$[x \times y]_{补} = 1.01110001$$

【例 4-15】 已知 $[x]_{补} = 0.1101$，$[y]_{补} = 1.0101$，求 $[x \times y]_{补}$。

解： 为了防止溢出，采用变形补码进行计算。因为乘数为负，最后加 $[-x]'_{补}$ 进行校正。

$$[x]'_{补} = 00.1101,\ [-x]'_{补} = 11.0011$$

部分积	乘数	说明
00.0000 00.1101	0101	初值 $[z_0]_{补} = 0$ $+[x]_{补}$
00.1101 00.0110 00.0011 00.1101	1010 0101	→1 位，得 $[z_1]_{补}$，乘数同时→1 位 →1 位，得 $[z_2]_{补}$，乘数同时→1 位 $+[x]_{补}$
01.0000 00.1000 00.0100 11.0011	0010 0001	→1 位，得 $[z_3]_{补}$，乘数同时→1 位 →1 位，得 $[z_4]_{补}$，乘数同时→1 位 $+[-x]_{补}$ 进行校正
11.0111	0001	得最后结果 $[x \times y]_{补} = 1.01110001$

$$[x \times y]_{补} = 1.01110001$$

由上述两例可见,补码乘积的符号位在运算过程中自然形成,这是补码乘法和原码乘法的重要区别。

(3) Booth 算法(被乘数、乘数符号任意)。

设:
$$[x]_{补} = x_0.x_1x_2\cdots\cdots x_n, \quad [y]_{补} = y_0.y_1y_2\cdots\cdots y_n$$

$$\begin{aligned}
[x \times y]_{补} &= [x]_{补}(0.y_1y_2\cdots\cdots y_n) - [x]_{补} \cdot y_0 \\
&= [x]_{补}(y_1 2^{-1} + y_2 2^{-2} + \cdots + y_n 2^{-n}) - [x]_{补} \cdot y_0 \\
&= [x]_{补}(-y_0 + y_1 2^{-1} + y_2 2^{-2} + \cdots + y_n 2^{-n}) \\
&= [x]_{补}[-y_0 + (y_1 - y_1 2^{-1}) + (y_2 2^{-1} - y_2 2^{-2}) + \cdots + (y_n 2^{-(n-1)} - y_n 2^{-n})] \\
&= [x]_{补}[(y_1 - y_0) + (y_2 - y_1)2^{-1} + \cdots + (y_n - y_{n-1})2^{-(n-1)} + (0 - y_n)2^{-n}] \\
&= [x]_{补}[(y_1 - y_0) + (y_2 - y_1)2^{-1} + \cdots + (y_n - y_{n-1})2^{-(n-1)} + (y_{n+1} - y_n)2^{-n}]
\end{aligned}$$

注:$2^{-1} = 2^0 - 2^{-1}$,$\cdots$,$2^{-n} = 2^{-(n-1)} - 2^{-n}$,且令 $y_{n+1} = 0$。

由上式可以推导得:
$$\begin{aligned}
[z_0]_{补} &= 0 \\
[z_1]_{补} &= 2^{-1}\{[z_0]_{补} + (y_{n+1} - y_n)[x]_{补}\} \\
[z_2]_{补} &= 2^{-1}\{[z_1]_{补} + (y_n - y_{n-1})[x]_{补}\} \\
&\vdots \\
[z_i]_{补} &= 2^{-1}\{[z_{i-1}]_{补} + (y_{n-i+2} - y_{n-i+1})[x]_{补}\} \\
&\vdots \\
[z_n]_{补} &= 2^{-1}\{[z_{n-1}]_{补} + (y_2 - y_1)[x]_{补}\} \\
[x \times y]_{补} &= [z_{n+1}]_{补} = [z_n]_{补} + (y_1 - y_0)[x]_{补}
\end{aligned}$$

以上推导中 $y_{n+1} = 0$,初始的部分积 $[z_0]_{补} = 0$,每次是由 $y_{i+1} - y_i(i = 1, 2, \cdots, n)$ 来确定原来部分积加 $[x]_{补}$ 或加 $[-x]_{补}$ 或加 0,可能的情况如表 4-4 所示,然后右移一位得到新的部分积,以此重复 n 步。最后一步由 $(y_1 - y_0)$ 确定加 $[x]_{补}$ 或加 $[-x]_{补}$ 或加 0,但不移位,得到最终结果 $[x \times y]_{补}$。

表 4-4 $y_i y_{i+1}$ 对应的不同情况

$y_i y_{i+1}$	$y_{i+1} - y_i$	对应操作
0 0	0	加 0,部分积右移一位
0 1	1	加 $[x]_{补}$ 后,再右移一位
1 0	-1	加 $[-x]_{补}$ 后,再右移一位
1 1	0	加 0,部分积右移一位

按上述 Booth 算法进行补码乘法时,与补码加、减法一样,符号位也一起参加运算。

【例 4-16】已知 $x=+0.0011$，$y=-0.1011$，用 Booth 算法求 $[x \times y]_{补}$。

解：$[x]_{补}=0.0011$，$[-x]_{补}=1.1101$，$[y]_{补}=1.0101$，为防止溢出，采用变形补码，$[x]'_{补}=00.0011$，$[-x]'_{补}=11.1101$。

部分积	乘数	y_{i+1}	说明
00.0000	1.0101	0	
11.1101			$+[-x]_{补}$
11.1101			
11.1110	1 1010	1	→1位
00.0011			$+[x]_{补}$
00.0001	1		
00.0000	11 101	0	→1位
11.1101			$+[-x]_{补}$
11.1101	11		
11.1110	111 10	1	→1位
00.0011			$+[x]_{补}$
00.0001	111		
00.0000	1111 1	0	→1位
11.1101			$+[-x]_{补}$
11.1101	1111		最后一步不移位

所以 $[x \times y]_{补}=1.11011111$。

定点数乘法运算小结：整数乘法与小数乘法完全相同，可用逗号代替小数点；原码乘时，符号位单独处理，补码乘时，符号位自然形成；原码乘是去掉符号位的运算，即无符号数乘法。

4.3.4 除法运算

计算机进行定点数除法运算类似于定点数乘法运算，可以使用原码除法也可以使用补码除法，对被除数和除数有以下约束。

(1) 除数不能为零，因为机器的位数有限，不能表示无限大的数。

(2) 被除数不能为零，因为计算结果为零，浪费机器时间。

(3) 为防止溢出，定点小数除法要求被除数的绝对值小于除数的绝对值，否则结果绝对值就会大于1；定点整数除法要求被除数的绝对值大于除数的绝对值，否则结果绝对值就会小于1。

(4) 商的有效数值位一般和操作数位数相同。

下面从分析笔算除法入手，介绍机器中用到的几种除法运算方法。

设 $A=+0.1011$，$B=-0.1101$，求 $A \div B$。

笔算除法时，商的符号由两数符号心算而得：正负得负。其数值部分的运算如下：

```
          0.1101
0.1101 ) 0.10110
         1101
         10010
          1101
          10100
           1101
           0111
```

所以商 $A \div B = -0.1101$，余数为 $+0.0000\,0111$。

笔算二进制除法的过程：首先判断被除数是否大于除数，若大于或等于除数，本次上商1，被除数减去除数得到余数，否则，本次上商0，不做减法，把被除数当成余数；然后在余数的后面补0，再用余数和右移一位的除数相比，若够减，则上商1，否则上商0；依次重复，直至余数为0或商的位数满足精度要求。通常将每次减法得到的余数称为部分余数。

与乘法算法的分析过程类似，对笔算除法做如下改进，即可适合机器运算。

(1) 手工计算中，通过心算来判断够减或不够减，而计算机只能通过做减法运算来实现判断：结果大于或等于0，表明够减，商为1；结果小于0，表明不够减，商为0。

(2) 将手工算法中用部分余数减去右移一位的除数，变为将部分余数左移一位，再直接与不右移的除数相减。

原码除法中由于对余数的处理不同，又可以分为恢复余数法和不恢复余数法（加减交替法）。

1. 原码恢复余数法

恢复余数法的规则如下。

以小数为例，设：$[x]_{原} = x_0.x_1x_2\cdots\cdots x_n$，$[y]_{原} = y_0.y_1y_2\cdots\cdots y_n$。

(1) $\left[\dfrac{x}{y}\right]_{原} = (x_0 \oplus y_0) \cdot \dfrac{|x|}{|y|}$，即符号位单独处理，绝对值相除。

(2) 余数和被除数、除数均采用双符号位，以保存部分余数左移一位的溢出位；初始余数为 $|x|$。

(3) 每次用部分余数减去 $|y|$（通过加上 $[-|y|]_{补}$ 来实现），若结果的符号位为0，则够减，上商1，部分余数左移一位；若结果的符号位为1，则不够减，上商0，先加 $|y|$ 恢复余数，然后将部分余数左移一位。

(4) 循环操作步骤(3)，共做 $n+1$ 次计算，最后一次不左移，但是若最后一次上商0，则必须加 $|y|$ 恢复余数；若为定点小数除法，余数则为最后计算得到的余数右移 n 位的值。

该算法中，由于当部分余数不够减时，上商0，那么就不应该减 $|y|$，所以必须先加 $|y|$ 恢复余数才能保证余数的正确性，所以，称这种算法为原码的恢复余数算法。另外，部分余数左移时，采用补码移位规则，最低位补0，可能临时发生溢出，但随后进行的减法将会使部分余数恢复正常。

【例4-17】已知 $x = -0.1011$，$y = -0.1101$，求 $[x \div y]_{原}$。

解：$[x]_{原} = 1.1011$，$[y]_{原} = 1.1101$，$[|y|]_{补} = 0.1101$，$[-|y|]_{补} = 1.0011$。

符号位单独处理：$x_0 \oplus y_0 = 1 \oplus 1 = 0$。

绝对值相除过程如下：

被除数（余数）	商	说明
00.1011	0.0000	
11.0011		$+[-|y|]_{补}$
11.1110	0	余数为负，上商0
00.1101		恢复余数 $+[|y|]_{补}$
00.1011	0	恢复后的余数
01.0110	0	←1位
11.0011		$+[-|y|]_{补}$
00.1001	0 1	余数为正，上商1
01.0010	0 1	←1位
11.0011		$+[-|y|]_{补}$
00.0101	0 1 1	余数为正，上商1
00.1010	0 1 1	←1位
11.0011		$+[-|y|]_{补}$
11.1101	0 1 1 0	余数为负，上商0
00.1101		恢复余数$+[|y|]_{补}$
00.1010	0 1 1 0	恢复后的余数
01.0100	0 1 1 0	←1位
11.0011		$+[-|y|]_{补}$
00.0111	0 1 1 0 1	余数为正，上商1

得 $\frac{|x|}{|y|} = 0.1101$，所以 $[x \div y]_{原} = 0.1101$。

总结：上商 5 次，第一次上商在商的整数位上，同时判断是否溢出；逻辑左移 4 次。

从例 4-17 可以看出，对于 n 位的定点小数做原码恢复余数除法，商为 0 时做两次加法，商为 1 时做一次加法。显然，其中的加法运算的次数取决于商的值，是不固定的，这种状况下要控制运算次数比较困难。

2. 原码不恢复余数法（加减交替法）

总结恢复余数法的过程，设 R_i 为余数，有：

$R_i > 0$，上商 1，R_i 左移一位，再减去除数的绝对值，即 $2R_i - |y|$；

$R_i < 0$，上商 0，R_i 先加上除数的绝对值恢复余数，再左移一位，然后减去除数的绝对值，即 $2(R_i + |y|) - |y| = 2R_i + |y|$，可见当部分余数不够减时可以不恢复余数，直接将余数左移一位，加上除数的绝对值后，求得新的余数。

这样就得到了不恢复余数算法的规则，具体描述如下。

以小数为例，设：$[x]_{原} = x_0.x_1x_2\cdots\cdots x_n$，$[y]_{原} = y_0.y_1y_2\cdots\cdots y_n$。

（1）$\left[\frac{x}{y}\right]_{原} = (x_0 \oplus y_0) \cdot \frac{|x|}{|y|}$，即符号位单独处理，绝对值相除。

（2）余数和被除数、除数均采用双符号位，以保存部分余数左移一位的溢出位；初始余数为 $|x|$。

（3）每次用部分余数减去 $|y|$（通过加上 $[-|y|]_{补}$ 来实现），若结果的符号位为 0，则够减，上商 1，部分余数左移一位，然后通过减去 $|y|$ 的方法来求下一次的部分余数；若结果的符号位为 1，则不够减，上商 0，部分余数左移一位，然后通过加上 $|y|$ 的方法来求下一次的部分余数。

（4）循环操作步骤（3），共做 $n+1$ 次计算，最后一次上商后不左移，但是若最后一次

上商 0，则必须 $+|y|$ 恢复余数。

(5) 若为定点小数除法，余数则为最后计算得到的余数右移 n 位的值。

【例 4-18】 已知 $x = -0.1011$，$y = -0.1101$，用不恢复余数法求 $[x \div y]_{原}$。

解：$[x]_{原} = 1.1011$，$[y]_{原} = 1.1101$，$[|y|]_{补} = 0.1101$，$[-|y|]_{补} = 1.0011$。

符号位单独处理：$x_0 \oplus y_0 = 1 \oplus 1 = 0$。

绝对值相除过程如下：

被除数（余数）	商	说明
0 0 . 1 0 1 1	0 . 0 0 0 0	
1 1 . 0 0 1 1		$+[-|y|]_{补}$
1 1 . 1 1 1 0	0	余数为负，上商 0
1 1 . 1 1 0 0	0	←1 位
0 0 . 1 1 0 1		$+[|y|]_{补}$
0 0 . 1 0 0 1	0 1	余数为正，上商 1
0 1 . 0 0 1 0	0 1	←1 位
1 1 . 0 0 1 1		$+[-|y|]_{补}$
0 0 . 0 1 0 1	0 1 1	余数为正，上商 1
0 0 . 1 0 1 0	0 1 1	←1 位
1 1 . 0 0 1 1		$+[-|y|]_{补}$
1 1 . 1 1 0 1	0 1 1 0	余数为负，上商 0
1 1 . 1 0 1 0	0 1 1 0	←1 位
0 0 . 1 1 0 1		$+[|y|]_{补}$
0 0 . 0 1 1 1	0 1 1 0 1	余数为正，上商 1

得 $\dfrac{|x|}{|y|} = 0.1101$，所以 $[x \div y]_{原} = 0.1101$。

总结：上商 $n+1$ 次（n 是有效数值的位数），第一次上商判溢出；移位 n 次，加 $n+1$ 次，用移位的次数判断除法是否结束。

3. 补码除法算法

补码的除法采用不恢复余数方法（又称为补码加减交替法），直接对两个数据的补码循环进行加减和左移操作，计算结果为商的补码。为了获得这样的结果，补码的除法算法要考虑以下几个问题。

(1) 商符的确定：从除法运算规则的角度来说，商的补码符号应该是被除数和除数的补码符号的异或结果，即同号为正、异号为负。

(2) 第一次比较操作：由于除法的本质是被除数（余数）和除数的绝对值的比较，因此，为了得到第一次的部分余数 $[R_0]_{补}$，当被除数 $[x]_{补}$ 与除数 $[y]_{补}$ 同号时，应该做减法进行绝对值的比较；当被除数 $[x]_{补}$ 与除数 $[y]_{补}$ 异号时，则应该做加法进行绝对值的比较。

(3) 够减/不够减的判定：在原码不恢复余数除法中，通过判断部分余数 R_i 的符号来判定够减/不够减，而在补码不恢复余数除法中，参加运算的是带符号的补码，所以当余数 $[R_i]_{补}$ 与被除数 $[x]_{补}$ 同号时，表明够减；异号时，表明不够减。由于被除数在做了加减操作之后，符号可能被改变了，因此，通常与除数 $[y]_{补}$ 的符号相比较。在 $[x]_{补}$ 与 $[y]_{补}$ 同号时，上述够减/不够减的判定规则不变，但是当 $[x]_{补}$ 与 $[y]_{补}$ 异号时，上述够减/不够减的判定规则正好相反。

(4)上商的规则：按照除法上商规则，当够减时，商的绝对值上商 1；不够减时，商的绝对值上 0。显然，在补码除法中，商是以补码形式产生的，因此，当商符为正时，够减上商 1，不够减上商 0；但是当商符为负时，够减上商 0，不够减上商 1。

(5)新余数的产生：参照原码不恢复余数除法运算，当够减时，在余数左移之后，应该继续做绝对值减法来产生下一次余数；而当不够减时，在余数左移之后，则应该继续做绝对值加法。在补码运算时，同第一次的比较操作类似，当 $[x]_补$ 与 $[y]_补$ 同号时，绝对值的加和减操作就是补码的加和减操作，但是当 $[x]_补$ 与 $[y]_补$ 异号时，绝对值的加和减操作则是补码的减和加操作。

表 4-5 列举了上面所讨论的各种情况。

表 4-5 补码除法的运算操作表

$[x]_补$ 与 $[y]_补$	商符	第一次操作	$[R_i]_补$ 与 $[y]_补$	上商(补码)	下一步操作
同号	0	减法 $[x]_补 + [-y]_补$	同号(够减)	1	余数左移一位，$+[-y]_补$
			异号(不够减)	0	余数左移一位，$+[y]_补$
异号	1	加法 $[x]_补 + [y]_补$	同号(不够减)	1	余数左移一位，$+[-y]_补$
			异号(够减)	0	余数左移一位，$+[y]_补$

表 4-5 可简化为表 4-6。

表 4-6 简化后的补码除法的运算操作表

$[R_i]_补$ 与 $[y]_补$	上商(补码)	下一步操作
同号	1	余数左移一位，$+[-y]_补$
异号	0	余数左移一位，$+[y]_补$

由表 4-6 可以归纳出补码不恢复余数除法的规则。设：$[x]_补 = x_0.x_1x_2\cdots\cdots x_n$，$[y]_补 = y_0.y_1y_2\cdots\cdots y_n$，$Q$ 是 $x \div y$ 的商，R 是余数，商若采用最末位恒置"1"法，则补码除法运算的规则如下。

(1) x 和 y 以补码形式参加除法运算，商也以补码的形式产生。余数和被除数、除数均采用双符号位。

(2)当 $[x]_补$ 与 $[y]_补$ 同号时，第一次做 $[x]_补 + [-y]_补$ 操作；当它们异号时，第一次做 $[x]_补 + [y]_补$ 操作，得到第一次的部分余数 $[R_0]_补$。

(3)当 $[R_i]_补$ 与 $[y]_补$ 同号时，上商 1，然后余数先左移一位，加 $[-y]_补$，得到新余数；当 $[R_i]_补$ 与 $[y]_补$ 异号时，上商 0，余数左移一位，加 $[y]_补$ 得到新余数。

(4)循环操作步骤(3)，共做 n 次计算，得到 1 位商符和 $(n-1)$ 位商的补码值，最末位采用恒置"1"法。

在该算法中可以发现，第一次的操作特殊处理，与后面的操作不同，但是按照求商值的规则来求商符(这是在要求 $|x| < |y|$ 的前提下，即第一次操作的结果一定是不够减的，从而保证商不会发生溢出)。

另外还有第二种运算规则，将求商符与求商值的规则统一，即将 $[x]_补$ 视为 $[R_0]_补$，先根据 $[R_i]_补$ 与 $[y]_补$ 同号还是异号即求商值的规则来直接上商符：同号上商 1，然后进行左移 $[R_0]_补$ 一次，再加 $[-y]_补$；异号上商 0，然后进行左移 $[R_0]_补$ 一次再加 $[y]_补$。这样，商符正好相反，所以在操作完成后，必须将商符取反。这种方法的运算规则如下。

（1）x 和 y 以补码形式参加除法运算，商也以补码的形式产生。余数和被除数、除数均采用双符号位。部分余数初始时为 $[x]_{补}$，即 $[R_0]_{补} = [x]_{补}$。

（2）当 $[R_i]_{补}$ 与 $[y]_{补}$ 同号时，上商 1，然后余数先左移一位，再加 $[-y]_{补}$ 得到新余数；当 $[R_i]_{补}$ 与 $[y]_{补}$ 异号时，上商 0，余数左移一位，再加 $[y]_{补}$ 得到新余数。

（3）循环操作步骤(2)，共做 n 次计算，得到 1 位商符和 $(n-1)$ 位商的补码值，最末位采用恒置"1"法。

【例 4-19】已知 $x = -0.1011$，$y = +0.1101$，求 $[x \div y]_{补}$。

解：$[x]_{补} = 1.0101$，$[y]_{补} = 0.1101$，$[-y]_{补} = 1.0011$。

被除数（余数）	商	说明
11.0101	0.0000	
00.1101		异号做加法
00.0010	1	同号上 "1"
00.0100	1	←1位
11.0011		+[-y]$_{补}$
11.0111	10	异号上 "0"
10.1110	10	←1位
00.1101		+[y]$_{补}$
11.1011	100	异号上 "0"
11.0110	100	←1位
00.1101		+[y]$_{补}$
00.0011	1001	同号上 "1"
00.0110	10011	←1位末位恒置 "1"

可得：$[x \div y]_{补} = 1.0011$。

总结：补码除法共上商 $n+1$ 次（末位恒置 1），第一次为商符，第一次商可判溢出，加 n 次，移 n 次，用移位的次数判断除法是否结束，精度误差最大为 2^{-n}。

4.4 浮点四则运算

从浮点数的定义可知，机器中任何一个浮点数都可写成 $N = M \times R^E$ 的形式。其中，M 为浮点数的尾数，一般为绝对值小于 1 的规格化数（补码表示时允许为-1），机器中可用原码或补码表示；E 为浮点数的阶码，一般为整数，机器中大多用补码或移码表示；R 为浮点数的基数，常用 2、4、8 或 16 等表示，本书以基数为 2 进行讨论。

4.4.1 浮点加减运算

设两个浮点数 $x = M_x \times R^{E_x}$，$y = M_y \times R^{E_y}$，由于浮点数尾数的小数点均固定在第一数值位前，所以尾数的加减运算规则与定点数的完全相同。但由于其阶码的大小又直接反映尾数有效值小数点的实际位置，因此当两浮点数阶码不等时，因两尾数小数点的实际位置不一样，尾数部分无法直接进行加减运算。为此，浮点数加减运算必须按以下几步进行。

（1）对阶：使两数的小数点位置对齐，使两数的阶码相等。为此，首先要求出阶差，再按小阶向大阶对齐的原则，使阶小的尾数向右移位，每右移一位，阶码加 1，直到两数的阶码相等为止。右移的次数正好等于阶差。尾数右移时可能会发生数码丢失，影响精度。

(2) 尾数求和：将对阶后的两尾数按定点数加减运算规则求和(差)。

(3) 规格化：为增加有效数字的位数，提高运算精度，必须将求和(差)后的尾数规格化。

(4) 舍入：为提高精度，要考虑尾数右移时丢失的数值位。简单的舍入方法通常有 3 种：截断法、0 舍 1 入法、末位恒置 1 法。截断法实际上没有舍入，只是简单地将多余的位数全部舍去；0 舍 1 入法类似于四舍五入法，当舍入的最高位为 0 时，直接舍去多余位，当舍入的最高位为 1 时，在保留的尾数最低位上加 1；末位恒置 1 法，不管多余的位数值是多少，始终将保留的尾数最低位置 1。

(5) 溢出判断：判断结果是否溢出。

设机器数为补码，尾数为规格化形式，并假设阶符取 2 位，阶码取 7 位，数符取 2 位，尾数取 n 位，则该补码在数轴上的表示如图 4-6 所示。

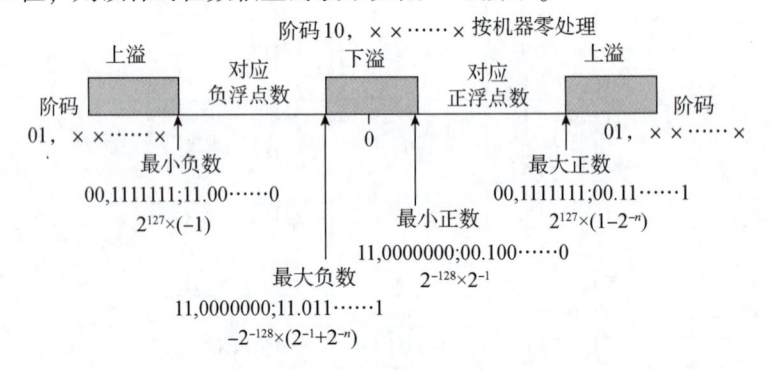

图 4-6　补码在数轴上的表示

【例 4-20】已知 $x = 0.1101 \times 2^{01}$，$y = -0.1010 \times 2^{11}$，求 $x + y$。

解：因为对阶和尾数求和要进行定点数加减运算，需要确定是否溢出，所以阶码、尾数都采用双符号位。

$$[x]_{补} = 00, 01; 00.1101, [y]_{补} = 00, 11; 11.0110$$

(1) 对阶。

先求阶差：

$$[\Delta E]_{补} = [E_x]_{补} - [E_y]_{补} = [E_x]_{补} + [-E_y]_{补} = 00, 01 + 11, 01 = 11, 10$$

阶差为负(-2)，所以 $E_x < E_y$，小阶向大阶对齐：$E_x + 2$。为了保证大小不变，尾数必须右移两位($M_x \to 2$)，对齐后记为 $[x]'_{补}$，$[x]'_{补} = 00, 11; 00.0011$（原来最后两位 01 被丢掉，采用 0 舍 1 入法）。

(2) 尾数求和。

$$[M_x]'_{补} + [M_y]_{补} = 00.0011 + 11.0110 = 11.1001$$

所以 $[x + y]_{补} = 00, 11; 11.1001$。

(3) 规格化。

将 $[x + y]_{补}$ 的尾数 11.1001 变成规格化的形式，需左规，高位符号位是真正的符号位，保持不变，其余位向左移一位，右边空出来的位置补 0，尾数左规后：11.0010。为了保证浮点数大小不变，阶码要减 1，于是规格化后的 $[x + y]_{补} = 00, 10; 11.0010$。

所以 $x + y = -0.1110 \times 2^{10}$。

(4)舍入。

本题在解答的过程采用了 0 舍 1 入法。

(5)溢出判断。

本题在对阶和尾数求和过程,两位符号位一致,没有产生溢出。

【例 4-21】 已知 $x = \left(-\dfrac{5}{8}\right) \times 2^{-5}$,$y = \left(\dfrac{7}{8}\right) \times 2^{-4}$,求 $x - y$(除阶符、数符外,阶码取 3 位,尾数取 6 位)。

解: $x = (-0.101000) \times 2^{-101}$,$y = (0.111000) \times 2^{-100}$。

$[x]_{补} = 11,011;11.011000$,$[y]_{补} = 11,100;00.111000$

(1)对阶。

$[\Delta E]_{补} = [E_x]_{补} - [E_y]_{补} = [E_x]_{补} + [-E_y]_{补} = 11,011 + 00,100 = 11,111$

阶差为负(-1),所以 $E_x < E_y$,小阶向大阶对齐:$E_x + 1$,为了保证大小不变,尾数必须右移一位($M_x \to 1$),对齐后记为 $[x]'_{补}$,$[x]'_{补} = 11,100;11.101100$(原来最后两位 0 被丢掉,采用 0 舍 1 入法)。

(2)尾数求和。

$[M_x]'_{补} - [M_y]_{补} = [M_x]'_{补} + [-M_y]_{补} = 11.101100 + 11.001000 = 10.110100$

所以 $[x-y]_{补} = 11,100;10.110100$。

(3)规格化。

将 $[x-y]_{补}$ 的尾数 10.110100 变成规格化的形式,需右规,高位符号位是真正的符号位,保持不变,其余位向右移一位,左边空出来的位置补 1。尾数右规后:11.011010。为了保证浮点数大小不变,阶码加 1,于是规格化后的 $[x-y]_{补} = 11,101;11.011010$。

所以 $x - y = -0.100110 \times 2^{-11}$。

4.4.2 浮点乘除运算

两个浮点数相乘,乘积的阶码应为相乘两数的阶码之和,乘积的尾数应为相乘两数的尾数之积。两个浮点数相除,商的阶码为被除数的阶码减去除数的阶码,商的尾数为被除数的尾数除以除数的尾数所得的商,可用下式描述。

设两个浮点数

$$x = M_x \times R^{E_x},\ y = M_y \times R^{E_y}$$

则有

$$x \cdot y = (M_x \cdot M_y) \times R^{(E_x + E_y)}$$

$$\dfrac{x}{y} = \dfrac{M_x}{M_y} \cdot R^{(E_x - E_y)}$$

在运算中也要考虑规格化和舍入问题。

1. 阶码运算

若阶码用补码运算,乘积的阶码为 $[E_x]_{补} + [E_y]_{补}$,商的阶码为 $[E_x]_{补} - [E_y]_{补}$。两个同号的阶码相加或异号的阶码相减可能产生溢出,所以应该作溢出判断。

若阶码用移码运算,则

$$[E_x]_{移} = 2^n + E_x \quad -2^n \leqslant E_x < 2^n$$

$$[E_y]_{移} = 2^n + E_y \quad -2^n \leqslant E_y < 2^n$$

所以 $[E_x]_{移} + [E_y]_{移} = 2^n + E_x + 2^n + E_y = 2^n + (2^n + E_x + E_y) = 2^n + [E_x + E_y]_{移}$

可见，直接用移码求阶码和时，其最高位多加了一个 2^n，要得到移码形式的结果，必须减去 2^n。

由于同一个真值的移码和补码其数值部分完全相同，而符号位正好相反，即

$$[E_y]_{补} = 2^{n+1} + E_y \pmod{2^{n+1}}$$

因此如果求阶码和，可用下式完成：

$$[E_x]_{移} + [E_y]_{补} = 2^n + E_x + 2^{n+1} + E_y \pmod{2^{n+1}}$$
$$= 2^{n+1} + [2^n + (E_x + E_y)] \pmod{2^{n+1}}$$
$$= [E_x + E_y]_{移} \pmod{2^{n+1}}$$

则直接可得移码形式。

同理，当做除法运算时，求商的阶码可用下式完成：

$$[E_x]_{移} + [-E_y]_{补} = [E_x - E_y]_{移}$$

阶码运算方法：进行移码加减运算时，只需将移码表示的加数或减数的符号位取反（即变为补码），然后进行运算，就可得阶和（或阶差）的移码。

溢出判断：在原有移码符号位的前面（即高位）再增加 1 位符号位，并规定该位恒用"0"表示，而加数或减数的补码的两位符号位则一致。<u>溢出的条件</u>是运算结果移码的最高符号位为 1。此时若低位符号位为 0，表示上溢；低位符号位为 1，表示下溢。如果运算结果移码的最高符号位为 0，即表明没溢出。此时若低位符号位为 1，表明结果为正；低位符号位为 0，表示结果为负。

例如，设阶码取 3 位（不含符号位），当 $E_x = +101$，$E_y = +110$ 时，有

$$[E_x]_{移} = 01,101, \quad [E_y]_{补} = 00,110$$

$$[E_x + E_y]_{移} = [E_x]_{移} + [E_y]_{补} = 01,101 + 00,110 = 10,011$$

最高符号位是 1，说明溢出，低位符号位是 0，说明上溢。

$$[E_x - E_y]_{移} = [E_x]_{移} + [-E_y]_{补} = 01,101 + 11,010 = 00,111$$

最高符号位是 0，说明没溢出。

2. 浮点乘法尾数运算

预处理：检测两个尾数中是否有一个为 0，若有一个为 0，乘积必为 0，不再作其他操作；若两尾数均不为 0，则可进行乘法运算。

相乘：两个浮点数的尾数相乘可以采用定点小数的任何一种乘法运算来完成。

规格化：相乘结果可能要进行左规，左规时调整阶码后若发生阶码下溢，则作机器零处理；若发生阶码上溢，则作溢出处理。

尾数截断：尾数相乘会得到一个双倍字长的结果，若限定只取 1 倍字长，则乘积的若干低位将会丢失。如何处理丢失的各位值，通常有两种办法：截断处理和舍入处理。截断处理是无条件地丢掉正常尾数最低位之后的全部数值；舍入处理是按浮点加减运算讨论过的舍入原则进行舍入处理。

舍入处理：对于原码，采用 0 舍 1 入法时，不论其值是正数或负数，"舍"使数的绝对

值变小，"入"使数的绝对值变大。对于补码，采用 0 舍 1 入法时，若丢失的位不是全 0，对正数来说，"舍""入"的结果与原码正好相同；对负数来说，"舍""入"的结果与原码正好相反，即"舍"使绝对值变大，"入"使绝对值变小。

为了使原码、补码舍入处理后的结果相同，对负数的补码可采用如下规则进行舍入处理。

(1) 当丢失的各位均为 0 时，不必舍入。

(2) 当丢失的各位数中的最高位为 0，且以下各位不全为 0 时，或者丢失的各位数中的最高位为 1，且以下各位均为 0 时，则舍去被丢失的各位。

(3) 当丢失的各位数中的最高位为 1，且以下各位又不全为 0 时，则在保留尾数的最末位加 1 修正。

例如，对下列 4 个补码进行只保留小数点后 4 位有效数字的舍入情况，如表 4-7 所示。

表 4-7 补码舍入示例

$[x]_{补}$舍入前	舍入后	对应的真值
1.01110000	1.0111（不舍不入）	-0.1001
1.01111000	1.0111（舍）	-0.1001
1.01110101	1.0111（舍）	-0.1001
1.01111100	1.1000（入）	-0.1000

将上表中 4 个补码变成原码后再舍入，情况如表 4-8 所示。

表 4-8 原码舍入示例

$[x]_{原}$舍入前	舍入后	对应的真值
1.10010000	1.1001（不舍不入）	-0.1001
1.10001000	1.1001（入）	-0.1001
1.10001011	1.1001（入）	-0.1001
1.10000100	1.1000（舍）	-0.1000

对比表 4-7 和表 4-8 可见，按照上述规则对负数的补码进行舍入处理，与对应的原码舍入处理后真值是一致的。

【例 4-22】设 $x = 0.0110011 \times 2^{-101}$，$y = -0.1110010 \times 2^{011}$，若机器数阶码取 3 位（不含阶符），尾数取 7 位（不含数符），要求阶码用移码运算，尾数用补码运算，最后结果保留 1 倍字长，求 $x \cdot y$。

解：$[x]_{补} = 11, 011; 00.0110011$，$[y]_{补} = 00, 011; 11.0001110$

(1) 阶码运算：

$$[E_x]_{移} = 00, 011, [E_y]_{补} = 00, 011$$

$$[E_x + E_y]_{移} = [E_x]_{移} + [E_y]_{补} = 00, 011 + 00, 011 = 00, 110$$

(2) 尾数相乘（采用 Booth 算法），过程如下：

$[M_x]_{补} = 00.0110011$，$[-M_x]_{补} = 11.1001101$，$[M_y]_{补} = 1.0001110$

部分积	乘数	y_{n+1}	说明
00.0000000	1.0001110	0	→1位
00.0000000	0 1000111	0	$+[-M_x]_{补}$
+11.1001101			
11.1001101	0	1	→1位
11.1100110	10100011	1	→1位
11.1110011	01010001	1	→1位
11.1111001	10101000		$+[M_x]_{补}$
+00.0110011			
00.0101100	1010	0	→1位
00.0010110	01010100	0	→1位
00.0001011	00101010	0	→1位
00.0000101	10010101		$+[-M_x]_{补}$
+11.1001101			
11.1010010	1001010		

可见

$$[M_x \cdot M_y]_{补} = 11.10100101001010$$

$$[x \cdot y]_{补} = 11,110;11.10100101001010$$

（3）规格化。

将$[x \cdot y]_{补}$的尾数11.10100101001010变成规格化的形式，需左规，高位符号位是真正的符号位，保持不变，其余位向左移一位，右边空出来的位置补0，尾数左规后：11.01001010010100。为了保证浮点数大小不变，阶码减1，于是规格化后：

$$[x \cdot y]_{补} = 11,101;11.01001010010100$$

（4）舍入处理。

尾数为负，按负数的补码的舍入规则，取1倍字长，丢失的7位为0010100，应"舍"。故最终的结果为

$$[x \cdot y]_{补} = 11,101;11.0100101$$

即$x \cdot y = -0.1011011 \times 2^{-011}$。

> **关键词**

算术逻辑单元：Arithmetic and Logic Unit(ALU)。

算术移位：Arithmetic Shift。

基数(或称为底)：Base。

移码表示法：Biased Representation。

非规格化数：Denormalized Number。

被除数：Dividend。

除数：Divisor。

指数(阶码)：Exponent。

阶码上溢：Exponent Overflow。

阶码下溢：Exponent Underflow。

定点表示法：Fixed-point Representation。

浮点表示法：Floating-point Representation。

尾数(有效值)：Mantissa。

被减数：Minuend。

被乘数：Multiplicand。

乘数：Multiplier。

规格化数：Normalized Mumber。

1 的补码(反码)表示法：Ones Complement Representation。

上溢(或溢出)：Overflow。

部分积：Partial Product。

积：Product。

商：Quotient。

小数点：Radix Point。

余数：Remainder。

舍入：Rounding。

符号位：Sign Bit。

有效值：Significand。

减数：Subtrahend。

本章小结

机器数是数值数据在机器中的表示形式，根据小数点的位置是否浮动，可以分为定点数和浮点数。定点机器数根据小数点的隐含位置又可分为定点小数和定点整数两种。浮点机器数由阶码和尾数两部分构成，阶码是定点整数，尾数是定点小数。浮点机器数的小数点的位置随阶码值变化。当真值转换为定点机器数时，有4种表示形式：原码、反码、补码和移码。移码主要用于表示浮点数的阶码。

定点机器数的加减法运算通常通过补码来实现，即和的补码等于补码的和，差的补码等于被减数的补码与减数相反数的补码之和。补码的加减运算规则使得计算机中的减法转化为加法来实现，方便了硬件设计。定点机器数的乘法运算则可以采用原码和补码来实现，包括原码1位乘法、补码 Booth 乘法等串行乘法算法。对于定点机器数的除法运算同样采用原码和补码来实现，包括原码恢复余数除法、原码加减交替法、补码加减交替法等除法算法。由于浮点机器数是由定点机器数构成的，因此浮点数的运算也由定点数的运算复合而成。浮点运算器由阶码运算部件和尾数运算部件两部分构成。现代计算机中，多采用流水线技术实现浮点数运算，以提高浮点数运算性能。计算机运算器的结构和复杂度随机器的不同而有所不同。本章重点为定点数和浮点数的运算方法。

> **知识窗**

快1.8亿倍！九章光量子计算原型机成功求解图论问题

科技日报 2023-06-09

6月8日，记者从中国科学技术大学获悉，该校由潘建伟、陆朝阳、刘乃乐等组成的研究团队，基于"九章"光量子计算原型机完成了对"稠密子图"和"Max-Haf"两类图论问题的求解，通过实验和理论研究了"九章"处理这两类图论问题为搜索算法带来的加速，以及该加速对于问题规模和实验噪声的依赖关系。该研究成果系首次在具有量子计算优越性的光量子计算原型机上开展的面向具有应用价值问题的实验研究。相关论文日前以"编辑推荐"的形式发表在国际学术期刊《物理评论快报》上，并被物理网站专题报道。

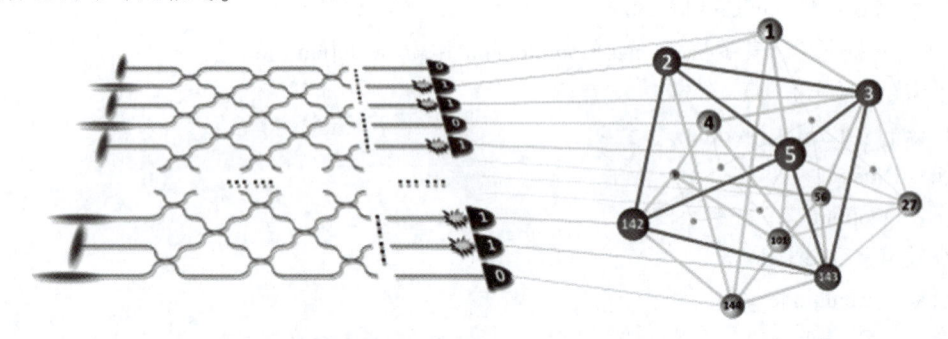

图片来源：中国科学技术大学

国际学术界对量子计算的实验发展制定了三步走的路线图，其中第一步是实现"量子计算优越性"，即通过高精度地操纵近百个物理比特，高效求解超级计算机无法在合理时间内解决的特定的高复杂度数学问题。这一步的意义在于首次从实验上确凿地证明量子计算加速，并挑战"扩展的丘奇—图灵论题"。因此，国际学术界下一阶段的一个重要科研目标是探索利用量子计算原型机演示具有实用价值的问题的求解。

近期，潘建伟团队在继续发展更高质量和更强拓展性的光量子计算原型机的同时，开展了将"九章"所执行的高斯玻色采样任务应用于图论问题的研究探索。图论起源于著名的"哥尼斯堡七桥问题"，被广泛用于描述事物之间的关系，例如社交网络、分子结构和计算机科学中的许多问题均可对应到图论问题。高斯玻色采样与图论问题具有紧密的数学联系，通过将高斯玻色采样设备的每个输出端口映射到图的顶点，将每个探测到的光子映射到子图的顶点，研究人员可以利用实验得到的样本加速搜索算法寻找具有更大密度或 Hafnian 的子图的过程，从而帮助这两类图论问题的求解。这两类图论问题在数据挖掘、生物信息、网络分析和某些化学模型研究等领域具有重要应用。

此次研究中，研究人员首次利用"九章"执行高斯玻色采样来加速随机搜索算法和模拟退火算法对图论问题的求解。研究人员在实验中使用了超过20万个80光子符合计数样本，相比全球最快超级计算机使用当前最优经典算法精确模拟该实验的速度快约1.8亿倍。（记者吴长锋）

习题4

4.1 填空题。

(1) 移码常用来表示浮点数的(   )，移码和补码除符号位(   )外，其他各位(   )。

(2) 在浮点表示时，若用全0表示机器零，尾数为(   )，阶码最小，则阶码应采用(   )机器数形式。在定点表示时，若要求数值0在计算机中唯一表示为全"0"，则应采用(   )。

(3) 正数补码算术移位时，(   )位不变，低位补(   )。负数补码算术左移时，(   )位不变，低位补(   )。负数补码算术右移时，(   )位不变，高位补(   )。

(4) 正数原码左移时，(   )位不变，高位丢0，结果(   )；右移时低位丢(   )，结果引起误差。负数原码移位时，(   )位不变，高位丢(   )，结果出错；右移时低位丢(   )，结果正确。

(5) 正数补码左移时，(   )位不变，高位丢1，结果(   )；右移时低位丢(   )，结果引起误差。负数补码左移时，(   )位不变，高位丢(   )，结果正确；右移时低位丢(   )，结果引起误差。

4.2 选择题。

(1) 下列数中最小的数为(   )。

A. $(101011)_2$ B. $(54)_8$ C. $(2C)_{16}$ D. $(47)_{10}$

(2) 设寄存器位数为8位，机器数采用补码形式(含1位符号位)。对应于十进制数-27，寄存器内容为(   )。

A. 27H   B. 9BH   C. E5H   D. 73H

(3) 将一个十进制数 $x = -8192$ 表示成补码时，至少采用(   )位二进制代码表示。

A. 13   B. 14   C. 15   D. 16

(4) 当 $[x]_反 = 1.1111$ 时，对应的真值是(   )。

A. -0   B. -15/16   C. -1/16   D. -1

(5) 设 x 为整数，当 $[x]_反 = 1,1111$ 时，对应的真值是(   )。

A. -15   B. -1   C. -0   D. -16

(6) 设机器数采用补码形式(含1位符号位)，若寄存器内容为9BH，则对应的十进制数为(   )。

A. -27   B. -97   C. -101   D. 155

(7) 设8位字长机器数的内容为10000000，若它等于0，则为(   )。

A. 原码   B. 补码   C. 反码   D. 移码

(8) 设8位字长机器数的内容为10000000，若它等于-127，则为(   )。

A. 原码   B. 补码   C. 反码   D. 移码

(9) 设8位字长机器数的内容为11111111，若它等于-0，则为(   )。

A. 原码   B. 补码   C. 反码   D. 移码

(10) 设8位字长机器数的内容为11111111，若它等于-127，则为(   )。

A. 原码   B. 补码   C. 反码   D. 移码

(11) 设8位字长机器数的内容为11111111，若它等于-1，则为(   )。

A. 原码　　　　　B. 补码　　　　　C. 反码　　　　　D. 移码

(12) 与十进制数 7212 等值的十六进制数为(　　)。

A. 12CC　　　　B. 1C2C　　　　C. 1CC2　　　　D. C1C2

(13) 在定点机中，下列说法错误的是(　　)。

A. 除补码外，原码和反码不能表示 −1

B. +0 的原码不等于 −0 的原码

C. +0 的反码不等于 −0 的反码

D. 对于相同的机器字长，补码比原码和反码能多表示一个负数

(14) 浮点数的表示范围和精度取决于(　　)。

A. 阶码的位数和尾数的机器数形式

B. 阶码的机器数形式和尾数的位数

C. 阶码的位数和尾数的位数

D. 阶码的机器数形式和尾数的机器数形式

(15) 在浮点机中(　　)是隐含的。

A. 阶码　　　　　B. 数符　　　　　C. 尾数　　　　　D. 基数

4.3　设机器数字长为 8 位(含 1 位符号位)，写出对应下列各真值的原码、补码和反码。

$$-\frac{13}{64}, \frac{29}{128}, 100, -87$$

4.4　已知下列 $[x]_\text{补}$，求 $[x]_\text{原}$ 和 x。

$[x]_\text{补} = 1.1100$；$[x]_\text{补} = 1.1001$；$[x]_\text{补} = 0.1110$；$[x]_\text{补} = 1.0000$

$[x]_\text{补} = 1,0101$；$[x]_\text{补} = 1,1100$；$[x]_\text{补} = 0,0111$；$[x]_\text{补} = 1,0000$

4.5　设浮点数格式为阶码 5 位(含 1 位阶符)、尾数 11 位(含 1 位数符)。写出 $\frac{51}{128}$、$-\frac{27}{1024}$、7.375、−86.5 对应的机器数。要求如下：

(1) 阶码和尾数均为原码。

(2) 阶码和尾数均为补码。

(3) 阶码为移码，尾数为补码。

4.6　设浮点数字长为 32 位，欲表示 ±60 000 间的十进制数，在保证数的最大精度条件下，除阶符、数符各取 1 位外，阶码和尾数各取几位？按这样分配，该浮点数溢出的条件是什么？

4.7　什么是机器零？若要求全 0 表示机器零，浮点数的阶码和尾数应采用什么机器数形式？

4.8　设机器数字长为 16 位，写出下列各种情况下它能表示的数的范围。设机器数采用 1 位符号位，答案均用十进制数表示。

(1) 无符号数。

(2) 原码表示的定点小数。

(3) 补码表示的定点小数。

(4) 补码表示的定点整数。

(5) 原码表示的定点整数。

(6) 浮点数的格式为阶码 6 位(含 1 位阶符)、尾数 10 位(含 1 位数符),分别写出正数和负数的表示范围。

(7) 浮点数格式同(6),机器数采用补码规格化形式,分别写出其对应的正数和负数的真值范围。

4.9 设机器数字长为 8 位(含 1 位符号位),对下列各机器数进行算术左移一位、两位,算术右移一位、两位,讨论结果是否正确。

$$[x]_原 = 0.0011010; [x]_补 = 0.1010100; [x]_反 = 1.0101111$$
$$[x]_原 = 1.1101000; [x]_补 = 1.1101000; [x]_反 = 1.1101000$$
$$[x]_原 = 1.0011001; [x]_补 = 1.0011001; [x]_反 = 1.0011001$$

4.10 设机器数字长为 8 位(含 1 位符号位),用补码运算规则计算下列各题。

(1) $A = \dfrac{9}{64}$, $B = -\dfrac{13}{32}$,求 $A + B$。

(2) $A = \dfrac{19}{32}$, $B = -\dfrac{17}{128}$,求 $A - B$。

(3) $A = -\dfrac{13}{16}$, $B = \dfrac{9}{32}$,求 $A + B$。

(4) $A = -87$, $B = 53$,求 $A - B$。

(5) $A = 115$, $B = -24$,求 $A + B$。

4.11 用原码 1 位乘和补码 1 位乘(Booth 算法)计算 $x \cdot y$。

(1) $x = 0.110111$, $y = -0.101110$。

(2) $x = -0.010111$, $y = -0.010101$。

4.12 按机器补码浮点运算步骤计算 $[x \pm y]_补$。

(1) $x = 0.101100 \times 2^{-011}$, $y = -0.011100 \times 2^{-010}$。

(2) $x = -0.100010 \times 2^{-011}$, $y = -0.011111 \times 2^{-010}$。

4.13 设浮点数阶码取 3 位,尾数取 6 位(均不包括符号位),要求阶码用移码运算,尾数用补码运算,计算 $x \cdot y$,且结果保留 1 倍字长。

(1) $x = 0.101101 \times 2^{-100}$, $y = -0.110101 \times 2^{-011}$。

(2) $x = -0.100111 \times 2^{-011}$, $y = -0.101011 \times 2^{101}$。

4.14 机器数格式同上题,要求阶码用移码运算,尾数用补码运算,计算 $x \div y$。

(1) $x = 0.100111 \times 2^{101}$, $y = -0.101011 \times 2^{011}$。

(2) $x = -0.101101 \times 2^{110}$, $y = -0.111100 \times 2^{011}$。

习题答案

第 5 章 指令系统

指令就是指示计算机执行某种操作的命令，是计算机的硬件与低层软件的接口。一台计算机可执行的所有指令的集合构成该计算机的指令系统或指令集。指令系统反映了计算机具有的基本功能，是表征计算机性能的主要属性。指令系统的格式与功能的确定涉及多个方面的因素，如指令长度、地址码结构以及操作码结构等，是一个非常复杂的问题，它与计算机系统结构、数据表示方法、指令功能设计等都密切相关，不仅影响机器的硬件结构，而且影响系统软件。因此，指令系统既是计算机硬件设计的主要依据，又是计算机软件设计的基础，一台计算机指令系统的优劣直接影响着计算机系统的性能，了解指令系统对了解计算机的工作过程和控制方法有着重要的作用。

本章主要介绍计算机指令系统的基本知识，如指令格式、编码方式、操作数的寻址方式、指令的分类等，同时还简要介绍指令系统设计中的 CISC、RISC 产生和发展过程，并列举了几种常用的指令系统。

本章重难点

重点：指令格式、指令字长、地址指令、指令格式设计应考虑的因素、RISC 和 CISC 比较。

难点：操作码扩展、操作数寻址。

素养目标

知识和技能目标：了解指令系统的基本概念和发展过程，熟悉指令的一般格式和设计内容，掌握操作码扩展技术、指令寻址及各种操作数寻址方式；能够使用本章知识和问题要求，完成指令系统的设计。

过程与方法目标：结合知识的讲解，引入示例、提问等多种方式，提升课堂活跃度，通过实验教学提高学生的动手能力，进一步巩固学习内容。

情感态度和价值观目标：通过课程思政激发学生的爱国热情和树立正确的当代大学生价值观。

> 本章思维导图

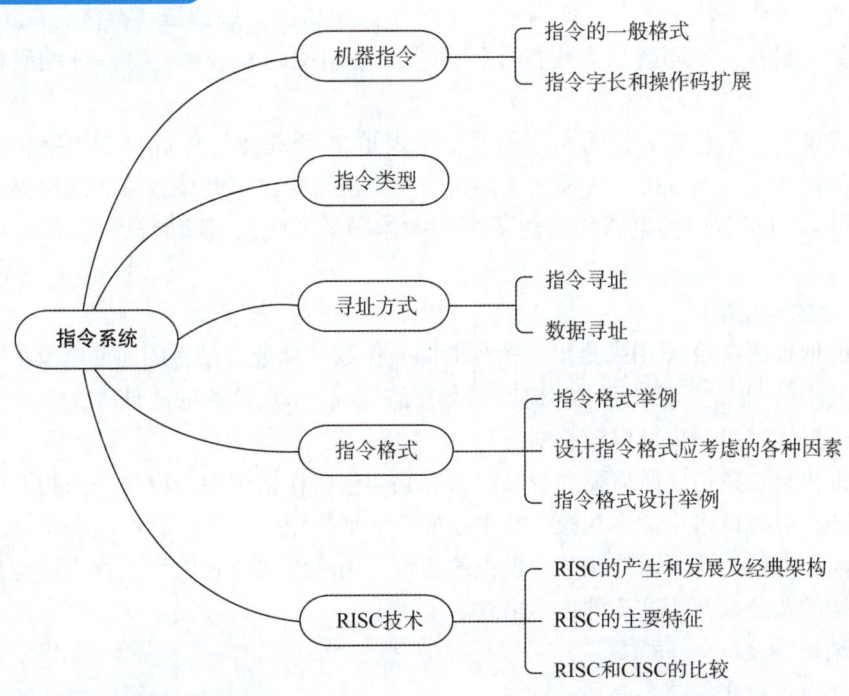

- 指令系统
  - 机器指令
    - 指令的一般格式
    - 指令字长和操作码扩展
  - 指令类型
  - 寻址方式
    - 指令寻址
    - 数据寻址
  - 指令格式
    - 指令格式举例
    - 设计指令格式应考虑的各种因素
    - 指令格式设计举例
  - RISC技术
    - RISC的产生和发展及经典架构
    - RISC的主要特征
    - RISC和CISC的比较

5.1 机器指令

从计算机组成的层次结构来说，计算机的指令有微指令、机器指令和宏指令之分。微指令属于硬件层面，是微程序级的命令；宏指令属于软件层面，是由若干条机器指令组成的软件指令；机器指令则在微指令与宏指令之间，用机器字来表示，用于直接表示对计算机硬件实体的控制信息，是计算机硬件能够直接理解并执行的命令，通常称作指令字，简称指令。每一条指令可完成一个独立的算术运算或逻辑运算操作，计算机的程序是由一系列的机器指令组成的，利用机器指令设计的编程语言被称为机器语言，一条指令就是机器语言的一个语句。

计算机硬件只能直接理解并执行机器语言，任何用其他语言编制的程序都必须经过编译器，编译为机器语言程序，才能在计算机中正确地运行。指令系统是面向机器的，不同类型的计算机系统具有不同的指令系统。

5.1.1 指令的一般格式

指令格式是机器指令用二进制代码表示的结构形式，通常由操作码字段和地址码字段组成。指令格式与指令功能、机器字长及存储器容量有关，设计指令格式时，需要指定指令中编码字段的个数、各个字段的位数及编码方式。指令格式的设计内容主要包括确定指令的长度、划分指令的字段以及对各字段加以定义。

指令的一般格式可用图 5-1 的形式来表示。

操作码字段 OP	地址码字段 A

图 5-1 指令的一般格式

1. 指令的操作码

指令的操作码字段 OP 表示该指令操作的性质和功能，如加法、减法、乘法、除法、取数、存数等操作。不同的指令用操作码字段的不同编码来表示，每一种编码代表一种指令。

一般来说，一个包含 n 位的操作码最多可表示 2^n 条指令，组成操作码字段的位数取决于计算机指令系统的规模，规模较大的指令系统就需要更多的位数来表示每条特定的指令，CPU 中设置了专门的电路用来解释每个操作码，因此机器就能执行操作码所表示的操作。

2. 指令的地址码

指令的地址码字段 A 用来指出该指令的源操作数的地址、结果的地址以及下一条指令的地址。其中的"地址"可以是主存地址、寄存器地址、I/O 设备的地址等，一条指令可以具有多个地址码字段，也可以没有地址码。

计算机执行一条指令所需要的全部信息都必须包含在指令中。根据一条指令中有几个操作数地址，可将该指令称为几操作数指令或几地址指令。这些信息可以在指令中显式地给出，称为显地址；也可以依照某种事先的约定，用隐含的方式给出，称为隐地址。下面从地址结构的角度来介绍这几种指令格式。

1）四地址指令

四地址指令格式如图 5-2 所示。

| OP | A_1 | A_2 | A_3 | A_4 |

图 5-2 四地址指令格式

其中，A_1 为第一操作数的地址；A_2 为第二操作数的地址；A_3 为存放操作结果的地址；A_4 为下一条要执行指令的地址。

指令的功能：对在 A_1、A_2 地址中存放的两个操作数进行操作码（OP）所规定的操作，结果存入 A_3 中，可表示为 $(A_1)\text{OP}(A_2) \rightarrow A_3$；当前指令执行结束后，接着执行由 A_4 指出的下一条指令。

四地址指令直观明了，程序的执行指向明确，不需要转移指令，指令执行后操作数保持不变。指令中可直接寻址的地址范围与地址字段的位数有关，若指令字长为 32 位，操作码占 8 位，剩余 24 位平均分配给 4 个地址字段，各占 6 位，则指令操作数的直接寻址范围为 $2^6 = 64$。若地址字段均为主存地址，则完成一条四地址指令，共需访问 4 次存储器，例如图 5-3 中的示例说明。

【例 5-1】用四地址指令格式来实现一个双操作数运算类指令，假设该指令各地址在主存中的分配如图 5-3 所示。为指令的操作码 OP 分配主存地址为 1001，第一操作数存放地址 $A_1 = 2001$，第二操作数存放地址 $A_2 = 2002$，操作结果存放地址 $A_3 = 2003$，以及下一条将要执行的指令的地址存放在 $A_4 = 2004$ 的存储单元。

解：执行过程需要访问 4 次主存，第一次从地址 1001 指示的存储单元中取出指令，第二次从 2001 存储单元中取第一操作数，第三次从 2002 存储单元中取第二操作数，第四次将 OP 运算结果保存到主存的 2003 存储单元中，当前指令执行结束，接着执行由 A_4 指出的下一条指令。

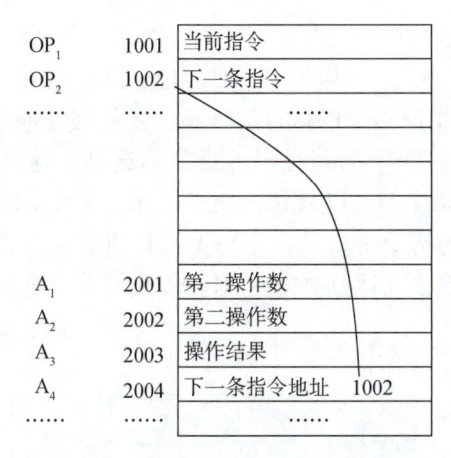

```
OP₁    1001   当前指令
OP₂    1002   下一条指令
……     ……    ……


A₁     2001   第一操作数
A₂     2002   第二操作数
A₃     2003   操作结果
A₄     2004   下一条指令地址  1002
……     ……    ……
```

图 5-3 存放在主存中的指令和数据

四地址指令存在地址字段过多造成指令长度太长的问题，在实际中很少使用，为了压缩指令长度，可将四地址指令中下一条指令地址 A_4，采用隐含的方法给出。通常采用的方法是利用程序计数器 PC 跟踪程序的执行并指示将要执行的指令地址。将当前要执行的指令地址保存在程序计数器 PC 中，若程序指令是按顺序执行的，则程序计数器 PC 能够自动形成下一条指令的地址；当程序出现跳转时，利用转移指令将转移地址直接送入 PC，即可实现跳转操作。这样，指令中就不必显式地指出下一条指令的地址，从而将四地址指令中的 A_4 省略，形成了三地址指令。

2）三地址指令

三地址指令格式如图 5-4 所示。

OP	A_1	A_2	A_3

图 5-4 三地址指令格式

三地址指令完成上述相同的功能，可表示为 $(A_1)OP(A_2) \rightarrow A_3$。后续指令的地址隐含在程序计数器 PC 之中。若指令字长仍为 32 位，操作码占 8 位，剩余 24 位平均分配给 3 个地址字段，各占 8 位，则三地址指令操作数的直接寻址范围可达 $2^8 = 256$。同理，若地址字段均为主存地址，则完成一条三地址指令也需访问 4 次存储器。

对于双操作数指令，一般运算结束后源操作数就不再需要了，因此为了进一步缩短指令长度，可以将运算结果存入某一源操作数所在的存储单元；也可以暂时存放在 CPU 的寄存器（如 ACC 等）中。这样又可以省略地址字段 A_3，形成了二地址指令。

3）二地址指令

二地址指令格式如图 5-5 所示。

OP	A_1	A_2

图 5-5 二地址指令格式

二地址指令的功能：$(A_1)OP(A_2) \rightarrow A_1$ 或 $(A_1)OP(A_2) \rightarrow A_2$。

通常把仅存放操作数的地址称为源地址，既存放操作数又存放操作结果的地址称为目的地址。若指令字长仍为 32 位，操作码占 8 位，剩余 24 位平均分配给 2 个地址字段，各占 12 位，则二地址指令操作数的直接寻址范围为 $2^{12} = 4K$。

在二地址指令格式中，根据操作数地址类型的不同，可分为 3 种类型的指令：A_1、A_2

均为主存地址，称这种二地址指令为存储器-存储器型（S-S型）指令，这种情况完成一条指令仍需访问4次存储器；A_1、A_2均为寄存器地址，则称这种二地址指令为寄存器-寄存器型（R-R型）指令，这种情况指令的执行过程不需要访问存储器，执行指令的速度很快；A_1、A_2一个为主存地址，另一个为寄存器地址，称这种二地址指令为寄存器-存储器型（R-S型）指令，执行此类指令时，既要访问内存单元，又要访问寄存器。

二地址指令是最常见的指令格式，在中小型计算机和微型计算机中的应用最为广泛。若再将一个操作数的地址隐含在运算器的ACC中，则构成一地址指令。

4）一地址指令

一地址指令格式如图5-6所示。

| OP | A |

图5-6 一地址指令格式

一地址指令可分为单操作数和双操作数两种情况：作为单操作数指令，这些指令只需一个操作数，指令功能为OP(A)→A，如增量INC、减量DEC等指令；作为双操作数指令时，其中一个操作数通常采用隐含寻址的方法，即约定操作数在累加器ACC中，其指令功能为(ACC)OP(A)→ACC。累加器ACC中既存放参与运算的一个操作数，又存放运算的中间结果。

若指令字长仍为32位，操作码占8位，剩余24位分配给地址字段，则一地址指令操作数的直接寻址范围可达2^{24}=16M。若地址字段A为主存地址，则完成一条一地址指令需要2次访存。

5）零地址指令

零地址指令格式如图5-7所示。

| OP |

图5-7 零地址指令格式

零地址指令中无地址码，这种指令分为两种类型。一种是不需要操作数的指令，如停机HALT、等待WAIT、空操作NOP等指令；另一种是零地址的算术逻辑类指令，如程序返回RET、中断返回IRET等指令也没有地址码，其操作数的地址隐含在堆栈指针SP中。

采用哪种地址结构的指令，需要从指令功能、简化软硬件设计、方便用户使用等多方面综合考虑。为了丰富指令系统功能、便于编程，指令的地址结构往往不是单一的，而是多种格式混合使用。另外，由于小型和微型计算机的指令字长较短，所以广泛使用二地址指令和一地址指令；而三地址指令以及多地址指令由于功能强、便于编程，多为指令字长较长的大中型计算机所采用。此外，用程序计数器PC、累加器ACC等寄存器代替指令中的某些地址字段，可在不改变指令字长的前提下，扩大操作数的直接寻址范围，减少访存次数，提高机器运行速度。

5.1.2 指令字长和操作码扩展

1. 指令字长

指令字长是指一个指令中包含的二进制码的位数。在一个指令系统中，若各种指令的长度均为固定的，则称为定长指令结构；若各种指令的长度随指令功能而异，则称为可变长指令结构。

虽然不同指令系统的指令长度各不相同，但因为指令与数据都是存放在存储器中的，所以无论是定长还是可变长指令，其长度都不能随意确定。为了便于存储，指令长度与机器字长之间具有一定的对应关系。机器字长是指计算机能直接处理的二进制数据的位数，它决定了计算机的运算精度。机器字长通常与主存单元的位数一致。由于存储器是以字节为单位编址，所以指令长度通常设计为字节(1Byte/8bit)的整倍数，采用长度为字节的整倍数的指令，可以充分利用存储空间，增加内存访问的有效性。

根据指令字长与机器字长的对应关系，通常将指令长度等于机器字长的指令称为单字长指令；指令长度等于两个机器字长的指令，称为双字长指令；根据需要，有的指令系统中还有更多倍字长的指令以及半字长指令等。由于短指令占用存储空间少，有利于提高指令执行速度，通常把最常用的指令(如算术逻辑运算指令、数据传送指令等)设计成短指令格式。

例如，PDP-8 和 NOVA 为定长指令结构，指令字长分别为 12 位和 16 位；IBM 370 为可变长指令结构，指令字长可以是 16 位、32 位、48 位；Intel 8086 的指令字长也被设计为可变长指令结构，指令字长可以是 8 位、16 位、24 位、32 位、40 位、48 位共 6 种。

定长指令的指令长度固定，结构简单，指令译码时间短，有利于硬件控制系统的设计，多用于机器字长较长的大中型及超小型计算机；在 RISC 中也多采用定长指令字结构。但定长指令存在指令平均长度长、容易出现冗余码点、指令不易扩展的问题。可变长指令的指令长度不定，结构灵活，能充分利用指令的每一位，所以指令的冗余码点少，平均指令长度短，易于扩展。但由于可变长指令的指令格式不规整，取指令时可能需要多次访存，从而导致不同指令的执行时间不一致，硬件控制系统复杂。

2. 操作码扩展

对于一个机器的指令系统，指令中操作码字段和地址码字段的长度通常是固定的，例如，IBM 370 和 VAX-11 系列机，操作码长度固定为 8 位。操作码字段和地址码字段的长度也可以是变化的，例如，在单片机中，由于受硬件资源影响，指令字长本身较短，为了充分利用指令字长，指令的操作码字段和地址码字段被设计为不固定的，即不同类型的指令其操作码长度不同。操作码长度不固定会增加指令译码和分析的难度，使控制器的设计复杂。通常采用扩展操作码技术，使操作码的长度随地址数的减少而增加，不同地址数的指令可以具有不同长度的操作码，从而在满足需要的前提下，有效地缩短指令字长。

【例 5-2】设某机器的指令字长为固定的 16 位，基本操作码字段 OP 占 4 位，另有 3 个地址码为 4 位的地址字段 A_1、A_2、A_3，现要求对操作码进行扩展后，形成 15 条三地址指令、15 条二地址指令、14 条一地址指令、32 条零地址指令。

解：不扩展操作码时，可编码的三地址指令共 16 条。若采用扩展操作码技术，为了扩展形成 15 条二地址指令，将最后 1 条三地址指令取出，并将第一个地址码字段 A_1 的 4 位用于操作码扩展字段，组成新的 16 条二地址指令；同理，为了扩展形成 14 条一地址指令，将最后 1 条二地址指令取出，再将第二个地址码字段 A2 的 4 位也用于操作码扩展字段，组成新的 16 条一地址指令；最后，为了扩展形成 32 条零地址指令，将最后 2 条一地址指令取出，再将第三个地址码字段 A_3 的 4 位也用于操作码扩展字段，组成新的 2×16 条零地址指令，如图 5-8 所示。除了这种扩展方法以外，还有其他多种方法，读者可自行学习。

操作码字段（4位）	三地址码字段（12位）		
15条三地址指令 { 0000 / 0001 / …… / 1110	A_1 / A_1 / A_1 / A_1	A_2 / A_2 / A_2 / A_2	A_3 / A_3 / A_3 / A_3
扩展使用 1111	A_1	A_2	A_3	取最后1条三地址指令，可扩展$1×2^4=16$条二地址指令
15条二地址指令 1111	{ 0000 / 0001 / …… / 1110	A_2 / A_2 / A_2 / A_2	A_3 / A_3 / A_3 / A_3
扩展使用 1111	1111	A_2	A_3	取最后1条二地址指令，可扩展$1×2^4=16$条一地址指令
14条一地址指令 1111	1111	{ 0000 / 0001 / …… / 1101	A_3 / A_3 / A_3 / A_3
扩展使用 1111 / 1111	1111 / 1111	1110 / 1111	A_3 / A_3	取最后2条一地址指令，可扩展$2×2^4=32$条零地址指令
16条零地址指令 1111	1111	1110	{ 0000 / 0001 / …… / 1111
16条零地址指令 1111	1111	1111	{ 0000 / 0001 / …… / 1111

图 5-8　操作码扩展示例

扩展操作码有等长扩展和不等长扩展两种方式。等长扩展是指每次扩展的操作码的位数相同，如上述例5-2中使用的是4-8-12扩展法；不等长扩展是指每次扩展的操作码的位数不相同，如4-6-10扩展法，比较成功的当属B1700机（美国Burroughs公司生产），该机指令的操作码字段有4位、6位、10位3种长度。

【例5-3】某计算机指令为定长16位，每个地址码字段长度均为6位，有零地址指令、一地址指令、二地址指令3种指令格式。若二地址指令已有 K 条，零地址指令已有 L 条，采用扩展操作码技术，一地址指令最多可能有多少条？

解：设一地址指令最多可能的条数为 X。如图5-9所示，由已知条件得，二地址指令时，操作码字段长度为16-6-6=4位，若不扩展操作码，则最多有 2^4 条二地址指令，采用扩展技术时，已知现在有二地址指令 K 条，则可用于扩展的二地址指令条数为 (2^4-K)，同理，可用于扩展的一地址指令条数为 $[(2^4-K)×2^6-X]$，又已知零地址指令有 L 条，则 $L=[(2^4-K)×2^6-X]×2^6$。

因此，一地址指令最多可能的条数为

$$X = (2^4 - K) \times 2^6 - L \times 2^{-6}$$

操作码字段	地址码字段		分析
OP　16-6-6=4	A_1	A_2	可用于扩展的二地址指令条数 (2^4-K)
OP　4+6=10		A_2	可用于扩展的一地址指令条数 $[(2^4-K)×2^6-X]$
OP　4+6+6=16			$L=[(2^4-K)×2^6-X]×2^6$

指令字长16位

图 5-9　例5-3解析

5.2 指令类型

一般说来，不同类型的计算机所具有的指令系统也各不相同，但所包含指令的基本类型和功能是相似的。一个完善的指令系统应包括的基本指令有：数据传送指令、算术运算和逻辑运算指令、移位操作指令、堆栈操作指令、字符串处理指令、程序控制指令、输入输出指令、系统控制类指令等。本节列出一些基本的汇编指令示例，这些指令的功能具有普遍意义，在大多数的计算机指令系统中都对其做出了定义，个别指令功能在不同的指令系统中的定义稍有差异。

1. 数据传送指令

数据传送指令用于在不同部件之间进行数据传送操作，如寄存器之间、存储器之间、寄存器与存储器之间的数据传送操作，主要包括存数指令、取数指令、传送指令、数据交换指令、寄存器清零指令、堆栈指令等，是计算机中最常用最基本的指令。表 5-1 列出了一些常用的数据传送指令。

表 5-1 常用的数据传送指令

指令名称	功能
LAD	取数据
STO	存数据
MOV	数据传送
EXC	数据交换
CLA	清零操作
SET	置 1 操作
PUS	数据进栈
POP	数据出栈

2. 算术运算和逻辑运算指令

算术运算指令主要包括二进制定点数和浮点数的加、减、乘、除、取反、取补、算术移位、比较等指令，以及十进制数的加、减运算等指令，一些高级计算机中有乘方、开方、多项式运算指令，大型机中还有向量运算指令，可以直接对向量或矩阵进行求和、求积运算。

逻辑运算指令主要包括对各类布尔值进行与、或、非、异或、逻辑移位等指令，主要用于无符号数的位操作、代码的转换、判断及运算操作。表 5-2、表 5-3 列出了一些常用的算术运算和逻辑运算指令。

表 5-2 常用的算术运算指令

指令名称	功能
ADD	加法
SUB	减法
MUL	乘法

续表

指令名称	功能
DIV	除法
ABS	绝对值
NEG	变负
INC	增量
DEC	减量
SAL	算术左移
SAR	算术右移

表 5-3 常用的逻辑运算指令

指令名称	功能
AND	逻辑与
OR	逻辑或
NOT	逻辑非
EOR	逻辑异或
SHL	逻辑左移
SHR	逻辑右移

3. 程序控制指令

程序控制指令用于控制程序的顺序运行和跳转操作。程序控制指令也称转移指令，分为条件转移指令和无条件转移指令。

条件转移指令是根据不同的条件标志位来改变程序的执行顺序，循环指令是一种增强的条件转移指令，转移条件包括进位标志(C)、结果为零标志(Z)、结果为负标志(N)、结果溢出标志(V)、结果奇偶标志(P)等。无条件转移指令包括转子程序指令、返回主程序指令、中断返回指令等。

如果转移指令采用的是直接寻址方式，由指令地址码直接给出转移地址，称为绝对转移。如果转移指令采用的是相对寻址方式，称为相对转移，转移地址由程序计数器 PC 中的当前指令地址和偏移量计算得出。表 5-4 为常用的转移指令。

表 5-4 常用的转移指令

指令名称	功能
JMPX	条件转移
JMP	无条件转移
JMPC	转子程序
CALL	子程序调用
RET	返回主程序
LOOP	循环指令

4. 输入/输出指令

输入/输出指令简称 I/O 指令，用于主机向外部设备发送各种控制指令、状态检测指令、数据输入/输出指令等。若对外部设备的存储器统一编址，CPU 可以像访问内存一样访问外部设备的存储地址，则可以不设置专门的输入/输出指令，而使用取数、存数指令来代替输入/输出指令。表 5-5 为常用的输入/输出指令。

表 5-5 常用的输入/输出指令

指令名称	功能
IN	数据输入
OUT	数据输出

5. 字符串处理指令

字符串处理指令主要包括对字符串进行传送、转换、比较、查找、替换等指令。表 5-6 列出了一些常用的字符串处理指令。

表 5-6 常用的字符串处理指令

指令名称	功能
MOVS	字符串传送
MOVSB	传送字符
MOVSW	传送字
MOVSD	传送双字
CMPS	字符串比较
CMPSB	比较字符
CMPSW	比较字
LODS	字符串装入
STOS	字符串保存
SCAS	字符串查找

6. 特权指令

特权指令是指具有特殊控制权限的指令，主要用于对系统资源的分配与管理，只能由操作系统或特定的系统软件调用。在多用户、多任务的计算机系统中，特权指令尤为重要，如停机指令、等待指令、开中断指令、关中断指令、置条件码指令、空操作指令等。常用的特权指令如表 5-7 所示。

表 5-7 常用的特权指令

指令名称	功能
HLT	停机
WAIT	等待
NOP	空操作
INT	中断指令
IRET	中断返回

续表

指令名称	功能
INTO	溢出中断
STI	置中断允许位
CLI	清中断允许位
LOCK	封锁总线
STC	置进位标志位
CLC	清进位标志位

5.3 寻址方式

程序在运行之前，必须将程序和数据装入存储器中，存储器既可用来存放数据，又可用来存放指令。程序执行过程中，需要不断地从主存中读取指令和数据，如何在主存中准确地查寻将要执行的指令地址、指令的操作数地址，称为寻址方式。由上述可知，寻址方式分为指令寻址和数据寻址两大类，寻址方式与硬件结构紧密相关，而且直接影响指令格式和指令功能。

5.3.1 指令寻址

在大多数情况下，程序都是按指令的顺序执行的，因此指令寻址比较简单，又分为顺序寻址和跳跃寻址。

1. 顺序寻址方式

程序中的指令在内存中是顺序存放的，顺序寻址方式就是通过程序计数器 PC 增量的方式，自动形成下一条指令的地址，增量的多少取决于一条指令所占的存储单元数。顺序寻址方式如图 5-10 所示。

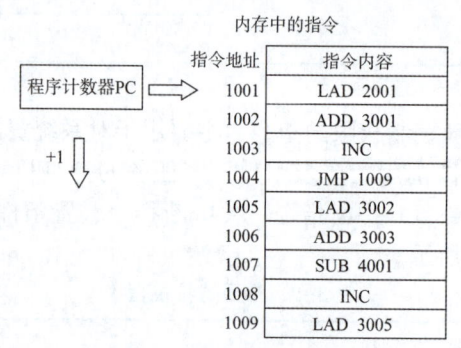

内存中的指令

指令地址	指令内容
1001	LAD 2001
1002	ADD 3001
1003	INC
1004	JMP 1009
1005	LAD 3002
1006	ADD 3003
1007	SUB 4001
1008	INC
1009	LAD 3005

图 5-10 顺序寻址方式

2. 跳跃寻址方式

当程序转移执行的顺序时，指令的寻址采用跳跃寻址，下一条指令的地址码不再由程序计数器 PC 自动加 1 得到，而是将转移指令指出的转移地址装入程序计数器 PC 中，以便及时跟踪新的指令地址。程序跳跃后，按新装入的指令地址重新开始顺序执行，如图 5-11 所示。

跳跃寻址的转移地址有3种形成方式：直接寻址、相对寻址和间接寻址，与下面介绍的数据寻址方式相同。使用指令的跳跃寻址方式，可以实现程序的转移和循环，不仅缩短了程序长度，还能够共享公共程序指令段。

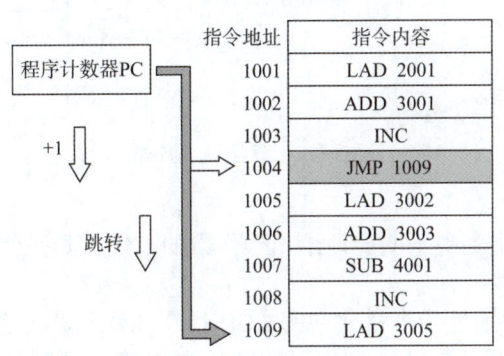

内存中的指令

指令地址	指令内容
1001	LAD 2001
1002	ADD 3001
1003	INC
1004	JMP 1009
1005	LAD 3002
1006	ADD 3003
1007	SUB 4001
1008	INC
1009	LAD 3005

图 5-11　跳跃寻址方式

5.3.2　数据寻址

由于指令的操作数可能存放在主存、寄存器或指令中，且数据可能是原始数据、临时数据、公用数据等，所以数据寻址比较复杂。在数据的寻址方式中，指令中地址码字段不一定就是操作数的实际内存地址，因此将它称作形式地址，用 A 表示；操作数的实际内存地址为有效地址，由寻址方式和形式地址确定，用 EA 表示。通过各种寻址方式将形式地址转换为有效地址的算法就是数据寻址。

数据的寻址方式种类较多，在指令中专门设置一个特征标记字段来指示某种寻址方式。为了方便讨论，假设指令字长、存储字长、机器字长均相同。下面以图 5-12 所示的一地址指令格式为例，介绍几种常用的数据寻址方式。

操作码 OP	寻址特征	形式地址 A

图 5-12　一地址指令格式

1. 立即寻址

立即寻址方式中，指令所需的操作数在指令内，即形式地址 A 给出的不是操作数的地址，而是操作数本身，又称为立即数，可见立即寻址的优点在于只要取出指令，便可立即获得操作数，在执行阶段不必再访问存储器。

同时，由于指令字长有限，A 的位数限制了立即数的取值范围。立即寻址方式通常用于给寄存器或存储器单元赋予一个常数初值，数据采用补码形式存放，如图 5-13 所示。

操作码 OP	立即寻址特征	立即数 A

图 5-13　立即寻址方式

2. 直接寻址

直接寻址方式中，指令的地址码给出的形式地址 A 就是操作数的有效地址 EA，即操作数的有效地址在指令中直接给出，如图 5-14 所示，有效地址 EA=A。

直接寻址简单直观，不需要另外计算操作数地址，在指令执行阶段只需访问一次主存，便于硬件实现。但形式地址 A 的位数限制了指令的寻址范围，随着存储器容量不断扩大，要寻址整个主存空间，将造成指令长度加长。此外，如果操作数地址发生变化，必须

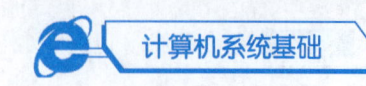

修改指令中 A 的值，给编程带来不便。

图 5-14　直接寻址方式

3. 隐含寻址

隐含寻址方式中，指令中不明显地给出操作数的地址，其操作数的地址隐含在操作码或某个寄存器中。

如图 5-15 所示，一地址指令格式中的 ADD 指令，就不显式地在地址字段给出第二操作数的地址，而是将其隐含在累加寄存器 ACC 中或其他类型的寄存器中。例如，Intel 8086 指令系统中的乘法指令 MUL，被乘数隐含在寄存器 AX（16 位）或寄存器 AL（8 位）中；又如字符串传送指令 MOVS，其源操作数的地址隐含在 SI 寄存器中，目的操作数的地址隐含在 DI 寄存器中。由于在隐含寻址的指令中，少了一个地址字段，所以，这种寻址方式有利于缩短指令字长。

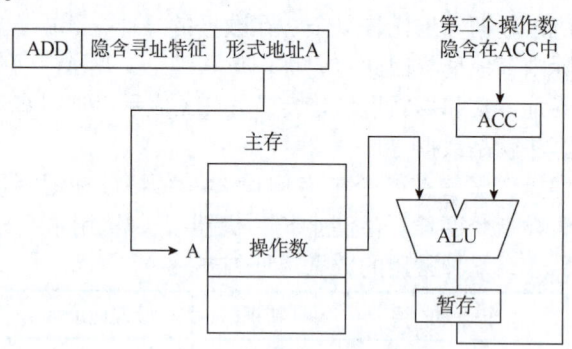

图 5-15　隐含寻址方式

4. 间接寻址

间接寻址方式中，指令字中的形式地址 A 不直接指出操作数的地址，而是指出操作数有效地址 EA 所在的存储地址，有效地址是由形式地址间接提供的，即 EA=（A），间接寻址方式如图 5-16 所示。

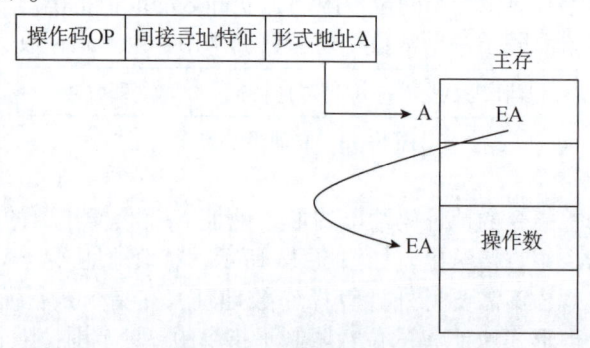

图 5-16　间接寻址方式

与直接寻址相比，间接寻址方式可以很容易地扩大操作数的寻址范围，还可以采用两级或多级间接寻址方式。此外，间接寻址方式便于编制程序，当操作数地址需要改变时，可不必修改指令，只需要修改有效地址 EA 的内容即可。

间接寻址的缺点在于指令的执行阶段需要访存两次（一次间接寻址）或多次（多次间接寻址），致使指令执行时间延长，降低了指令的执行速度。所以大多数计算机只允许一级间接寻址，甚至很少采用间接寻址方式。

【例 5-4】 设指令字长和存储字长均为 32 位，形式地址 A 为 10 位，采用直接寻址的范围为 $2^{10}=1K$；采用一次间接寻址，有效地址 EA 地址长度为 32 位，寻址范围可达 $2^{32}=4G$；采用多次间接寻址时，EA 的有效位有多少？寻址范围是多少？

解： 采用多次间接寻址时，可用存储字的首位作为标志位，该标志位取"1"时，表示需继续寻址，标志位取"0"时，该存储内容即 EA。如图 5-17 所示，因此 EA 的有效位只有后 31 位，寻址范围为 $2^{31}=2G$。

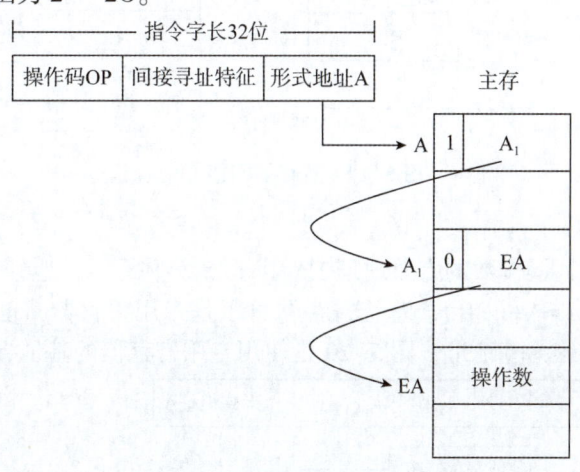

图 5-17 多级间接寻址示例

5. 寄存器直接寻址

在寄存器寻址方式中，指令中的地址码字段直接指出了寄存器的编号，即有效地址 EA 是寄存器的编号 $EA=R_i$，寄存器直接寻址也称寄存器寻址。

如图 5-18 所示，其操作数在 R_i 所指的寄存器内，故寄存器寻址在指令执行阶段不需要访存，减少了执行时间。由于计算机中寄存器数量有限，地址字段只需指明寄存器编号，指令的地址段较短，可以压缩指令长度，所以寄存器寻址在计算机中得到广泛应用；但也由于寄存器的数量有限，为操作数提供的存储空间也受此限制。

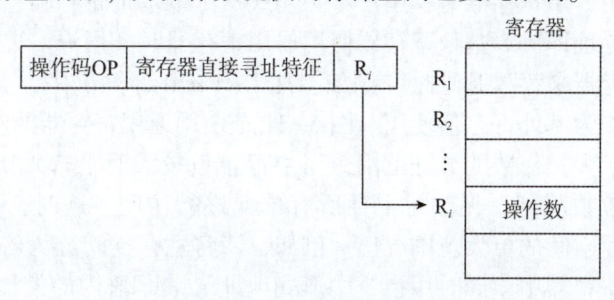

图 5-18 寄存器直接寻址

6. 寄存器间接寻址

在寄存器间接寻址方式中，指令中地址码所指定的寄存器 R_i 中的内容，不是操作数，而是操作数的有效地址，即有效地址 $EA=(R_i)$。

图 5-19 是寄存器间接寻址过程，指令在执行阶段需访问一次主存。与间接寻址（图 5-16）相似，由于寄存器能给出全字长的地址，可增大寻址空间；但由于有效地址不存放在主存中，故它比间接寻址少一次访存。

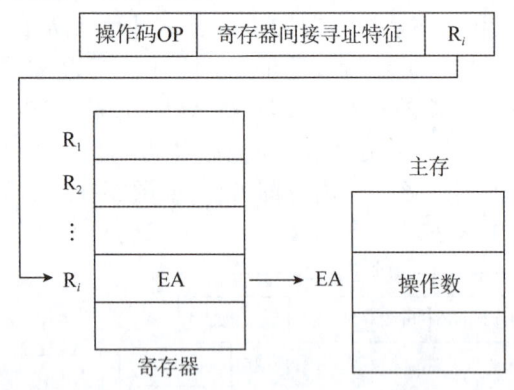

图 5-19　寄存器间接寻址

7. 基址寻址

基址寻址方式中，操作数的有效地址 EA 等于指令中的形式地址 A 与基址寄存器 BR 中的内容之和，即 $EA=A+(BR)$。基址寄存器可以是专用寄存器，也可以是通用寄存器，称基址寄存器中的内容为基地址，图 5-20 是使用专用寄存器的基址寻址方式。

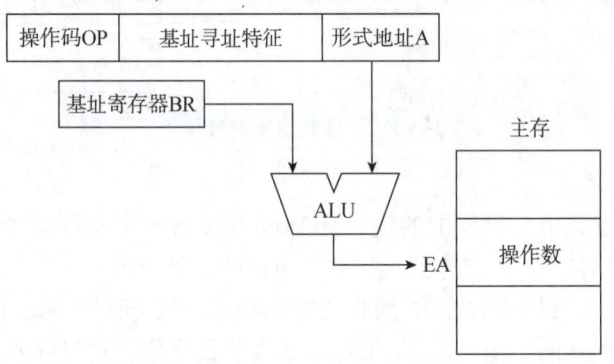

图 5-20　使用专用寄存器的基址寻址方式

基址寄存器使用专用寄存器时，用户不必显式指出该基址寄存器，只需由指令的寻址特征位反映出基址寻址即可。基址寄存器使用通用寄存器时，用户需要明确指出使用哪个寄存器作为基址寄存器来存放基地址。例如，在 IBM 370 计算机中，共设置有 16 个通用寄存器，可供用户作为基址寄存器使用。图 5-21 是使用通用寄存器的基址寻址方式。

基址寻址可以扩大操作数的寻址范围，当主存容量较大时，若采用直接寻址方式（图 5-14），因受 A 的位数限制，无法对主存所有单元进行访问。这时，若采用基址寻址方式，便可实现对主存空间的更大范围寻访。例如，可将主存空间分为若干片段，将每段的首地址存放于基址寄存器中，同时用指令中形式地址 A 表示段内的偏移量，操作数的有效地址 EA 就等于基址寄存器 BR 中的内容与形式地址 A 之和，访问任一片段中的内容时，只要将该段的首地址放入基址寄存器 BR 即可。

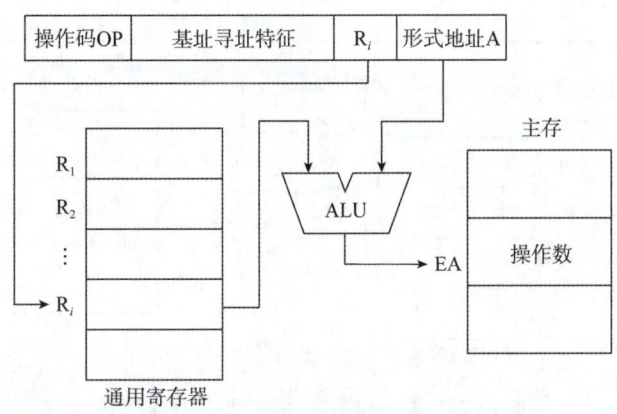

图 5-21 使用通用寄存器的基址寻址方式

基址寻址是面向系统的,主要用于将用户程序的逻辑地址转换成主存的物理地址,以便实现程序的再定位。例如,在多道程序运行时,需要由系统的管理程序将多道程序装入主存。由于用户在编写程序时,不知道自己的程序应该放在主存的哪一个实际物理地址中,只能按相对位置使用逻辑地址编写程序。当用户程序装入主存时,为了实现用户程序的再定位,系统程序给每个用户程序分配一个基准地址。当程序运行时,该基准地址装入基址寄存器,通过基址寻址,可以实现逻辑地址到物理地址的转换。由于系统程序需通过设置基址寄存器为程序或数据分配存储空间,所以基址寄存器的内容通常由操作系统或管理程序通过特权指令设置,对用户是透明的。用户可以通过改变指令中的形式地址 A 来实现指令或操作数的寻址。另外,基址寄存器的内容一般不进行自动增量和减量。

8. 变址寻址

变址寻址方式中,操作数的有效地址 EA 等于指令中形式地址 A 与变址寄存器 IX 的内容之和,即 $EA = A + (IX)$。变址寄存器可以是专用寄存器,也可以是通用寄存器。图 5-22 是使用专用寄存器的变址寻址方式。

变址寻址与基址寻址相似,变址寄存器使用专用寄存器时,用户不必显式指出该变址寄存器,只需由指令的寻址特征位反映出变址寻址即可。变址寄存器使用通用寄存器时,用户需要明确指出使用哪个寄存器作为变址寄存器来存放变址地址。图 5-23 是使用通用寄存器的变址寻址方式。

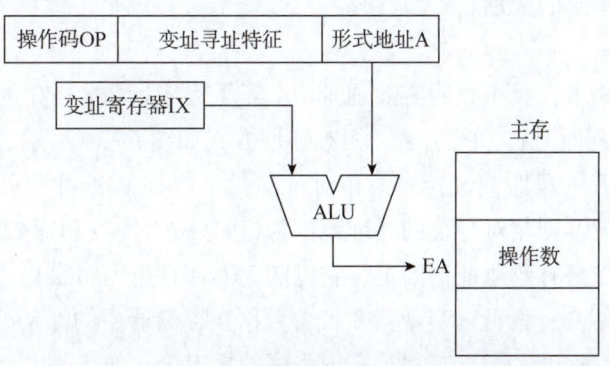

图 5-22 使用专用寄存器的变址寻址方式

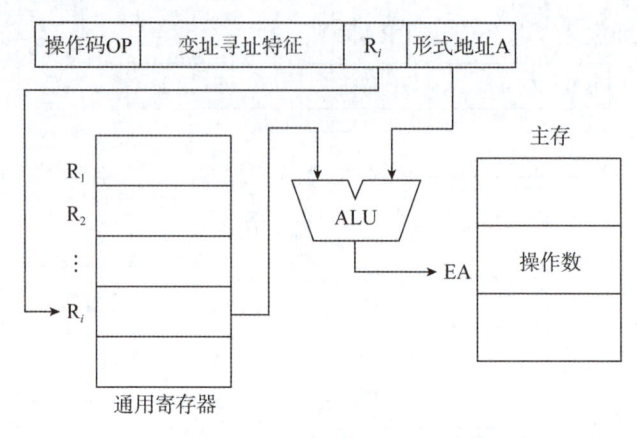

图 5-23　使用通用寄存器的变址寻址方式

显然只要变址寄存器位数足够，也可扩大操作数的寻址范围。此外，将基址寻址与变址寻址结合起来还可以形成基址加变址寻址方式。这种寻址方式是将两个寄存器的内容和指令形式地址 A 中给出的偏移量相加后得到的结果作为操作数的有效地址 EA。其中一个寄存器作为基址寄存器 BR，另一个寄存器作为变址寄存器 IX，即 EA=A+(IX)+(BR)。

【例 5-5】设基址寄存器 BR 的内容为(BR)= 2000H，变址寄存器 IX 的内容为(IX)= 3000H，形式地址 A=0004H，主存 5004H 单元的内容为 ABH。使用基址加变址寻址方式，计算和分析 Intel 8086 指令系统中 MOV AL，[BR+IX+A]指令的执行结果。

解：根据基址加变址寻址方式的有效地址计算式 EA=A+(IX)+(BR)，将上述已知量代入可得有效地址 EA=(BR)+(IX)+A=2000H+3000H+0004H=5004H，所以，MOV 指令执行的结果是将操作数 ABH 传送到寄存器 AL 中。

变址寻址是面向用户的，主要用于访问数组、向量、字符串等成批数据，用以解决程序的循环控制问题。因此变址寄存器的内容是由用户设定的。在程序执行过程中，用户通过改变变址寄存器 IX 的内容实现指令或操作数的寻址，而指令中的形式地址 A 是不变的。有的机器（如 Intel 8086、VAX-11）的变址寻址具有自动变址的功能，即每存取一个数据，根据数据长度，变址寄存器能自动增量或减量，以便形成下一个数据的地址。

变址寻址与基址寻址的有效地址的形成过程很相似，但比较变址寻址与基址寻址，可知两者的应用有着本质的区别。

9. 相对寻址

在相对寻址方式中，操作数的有效地址 EA 等于程序计数器 PC 的当前内容与指令中的形式地址 A 之和，即 EA=(PC)+A。相对寻址方式如图 5-24 所示，可知操作数的位置与当前指令的位置有一段距离 A，称为相对位移量，位移量 A 可正可负，通常用补码表示。若位移量为 n 位，则相对寻址的寻址范围为$(PC)-2^{(n-1)} \sim (PC)+2^{(n-1)}-1$。

相对寻址的特点是有效地址不固定，它可随 PC 值的变化而变化，只要数据与指令之间的位移量 A 保持不变，就可以实现指令带着数据在存储器中的浮动。因此，程序加载在主存的任何位置都可正确运行，有利于实现程序的再定位，便于编写浮动程序。相对寻址方式除访问操作数外，还常被用于转移类指令。

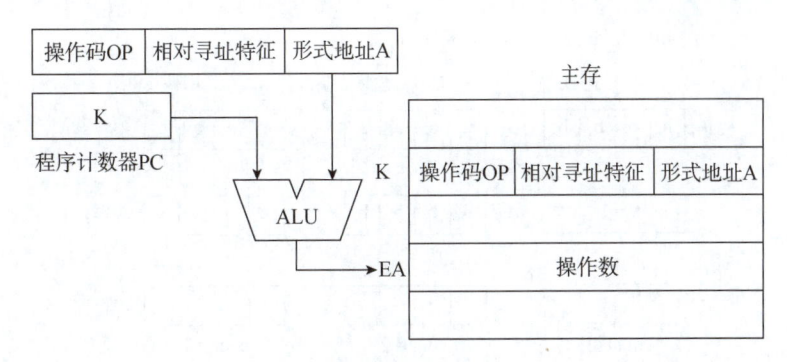

图 5-24　相对寻址方式

此外，需要特别说明的是，有的计算机是以当前指令地址为基准的，有的计算机是以下一条指令地址为基准的。这是因为有的机器是在当前指令执行完时，才执行(PC)+1→PC 的操作；而有的机器是在取出当前指令后立即执行(PC)+1→PC 的操作，使之变成下一条指令的地址。后一种方法将使位移量的计算变得比较复杂，特别是对于可变字长指令更加麻烦。不过在实际应用时，位移量是由汇编程序自动形成的，程序员不需要太关注。

【例 5-6】设相对寻址的转移指令占两个字节，第一个字节是操作码，第二个字节是相对位移量，用补码表示。假设当前转移指令第一字节所在的地址为 2000H，且 CPU 每取一个字节，便自动完成(PC)+1→PC 的操作。当执行 JMP ＊+8 和 JMP ＊-9 指令时(用＊表示相对寻址特征)。试问：

(1) 转移指令第二字节的内容各为多少？

(2) 转移的目的地址各是什么？

解：

(1) 由于 PC 计数器在取出 JMP 指令后已执行(PC)+2→PC，所以，转移指令的位移量应分别为 $A=+6$ 和 $A=-11$。由于位移量用补码表示，所以，转移指令第二字节的内容分别为(+6)的补码 00000110 和(-11)的补码 11110101。

(2) 因为转移指令占两个字节，指令被取出后，(PC)+2→PC，所以转移的目的地址分别为 EA=(PC+A)= 2000+2+6＝2008H 和 EA=(PC+A)= 2000+2-11＝1FF7H。

10. 堆栈寻址

计算机中的堆栈是指按先进后出(或者说后进先出)原则进行存取的一个特定的存储区域。堆栈有寄存器(硬件)堆栈和存储器(软件)堆栈两种结构。

1) 寄存器堆栈

寄存器堆栈由 CPU 中设置的一组专用堆栈寄存器构成，也称为硬件堆栈，相邻寄存器之间按位相连，具有位对位的移动功能，这种堆栈的栈顶固定。CPU 通过进栈指令和出栈指令，进行数据的存取操作。在堆栈操作中，将数据存入堆栈称为进栈或压入；从栈顶取出数据称为出栈或弹出。通常还会使用一个计数器来指示"栈空"和"栈满"，以防止堆栈空时执行出栈操作，或者在堆栈满时执行进栈操作。

寄存器堆栈的存取速度快，不占用主存空间，但堆栈的容量固定，不易扩展，成本高。图 5-25 显示了寄存器堆栈的工作过程。

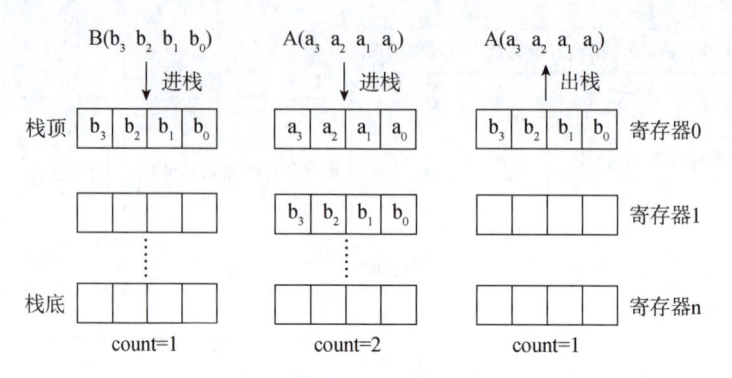

图 5-25　寄存器堆栈的工作过程

2）存储器堆栈

存储器堆栈是利用主存中一个特定区域来实现堆栈的功能，也称为软件堆栈。在存储器堆栈结构中，最先存入数据的堆栈单元称为栈底，最后存入数据的堆栈单元称为栈顶。通常栈底是固定不变的，而栈顶是随着数据的进栈和出栈不断变化的，即栈顶是浮动的。为了跟踪栈顶的位置，用一个寄存器保存栈顶的地址，称为堆栈指针 SP（Stack Point），SP 始终指向堆栈的栈顶。由于堆栈遵循先进后出的原则，随着堆栈的进栈和出栈操作，SP 总是按地址自增或自减变化。

在堆栈寻址方式中，操作数只能从栈顶访问，可见堆栈寻址也是一种隐含寻址，可用于为零地址指令提供操作数，其操作数隐含指定在堆栈中。堆栈的用途还有很多，比如可以用堆栈来存放子程序调用的返回地址，实现子程序的嵌套和递归调用；在程序中用堆栈存放多级中断处理信息，可以实现多级中断的嵌套等。图 5-26 为存储器堆栈寻址过程。

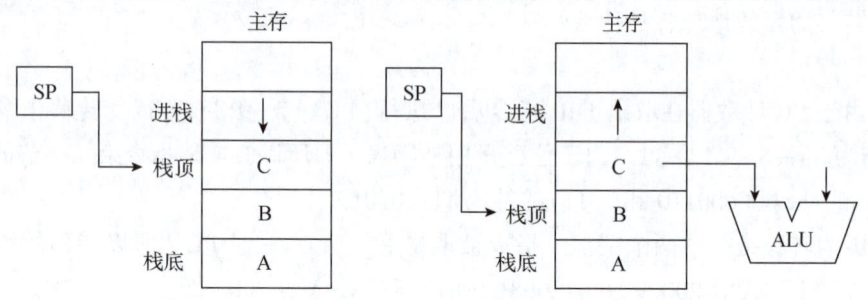

图 5-26　存储器堆栈寻址过程

不同的指令系统采用的寻址方式各有特点，本节介绍了几种常用的寻址方式，一般而言，有些指令系统使用固定的某种寻址方式；有些指令系统则可以使用多种寻址方式，或者在指令中加入寻址特征字段按需要指明要采用的寻址方式，有些指令系统会把几种常见的寻址方式组合起来使用，构成复杂的复合寻址方式。

5.4　指令格式

5.4.1　指令格式举例

1. ARM 指令格式

ARM 是一个 32 位的微处理器计算机，定位移动设备，采用寄存器-寄存器型的体系结构，使用 load-store 指令在存储器和寄存器之间移动数据。ARM 仅有 16 个通用寄存器，几乎所有操作数都是 32 位宽，除了几条乘法指令会产生 64 位结果并保存在两个 32 位寄存器中。第一代 ARM 支持 32 位的字以及无符号字节，而后续版本也支持 8 位有符号字节、16 位有符号和无符号半字。

ARM 所实现的指令大体上与 Pentium 或 68K 的相同，可被分为几种基本类型：数据移动、算术运算、逻辑运算、移位和程序控制。表 5-8 列出了 ARM 的数据处理汇编指令。其中：r0、r1、r2 代表寄存器编号，label 为跳转目标地址。

表 5-8　ARM 的数据处理汇编指令

指令	ARM 助记符
加法	ADD r0, r1, r2
减法	SUB r0, r1, r2
与	AND r0, r1, r2
或	ORR r0, r1, r2
异或	EOR r0, r1, r2
乘法	MUL r0, r1, r2
移动	MOV r0, r1
比较	CMP r1, r2
相等跳转	BEQ label

图 5-27 给出了 ARM 指令格式，也可参见图 5-32 中的 ARMv8 指令格式，它遵循 RISC 体系结构的一般模式，包括一个操作码、两个寄存器操作数 Rs 和 Rd、一个多目的操作数 2。寄存器操作数 Rs 定义了第一个源操作数，Rd 定义了目的操作数，操作数 2 定义了第二个源操作数。使用条件码可以实现高效的逻辑操作，提高代码效率，所有的 ARM 指令都可以条件执行。

31	28	27	26	25	24	21	20	19	16	15	12	11	0
条件码		0	0	#	操作码		S	Rs		Rd		操作数2	

图 5-27　ARM 指令格式

2. Thumb 指令格式

Thumb 使用 ARM 处理器的 32 位指令集并强制将其转换为 16 位模式，同时还保持了 ARM 处理器指令集体系结构的精髓。ARM 处理器的 Thumb 状态为设计者提供了最好的 16 位和 32 位处理器兼容的机制：处理器既可以执行压缩的 16 位 Thumb 代码，也可以执行一般的 32 位代码。

Thumb 结构丢掉了 ARM 指令中的 4 位条件码，只有跳转指令具有条件执行功能，如果指令不标明条件代码，将默认为无条件执行，这样每个指令可以节约 4 位。Thumb 状态下许多指令都使用二地址指令格式以避免编码第三个操作数。同样，第二操作数移位也被丢掉了，并增加了一组新的显式移位指令。最后，通过大幅度削减立即数的大小，最大地节约了指令字长。

图 5-28 列出了 4 种 Thumb 数据处理指令的指令格式。可以看到，立即数已经被减少为 3 位、7 位和 8 位。ADD 指令和 SUB 指令具有多种格式，其中 Rd、Rn 为操作数使用寄存器，Rm 为结果使用寄存器，SP 为堆栈指针。

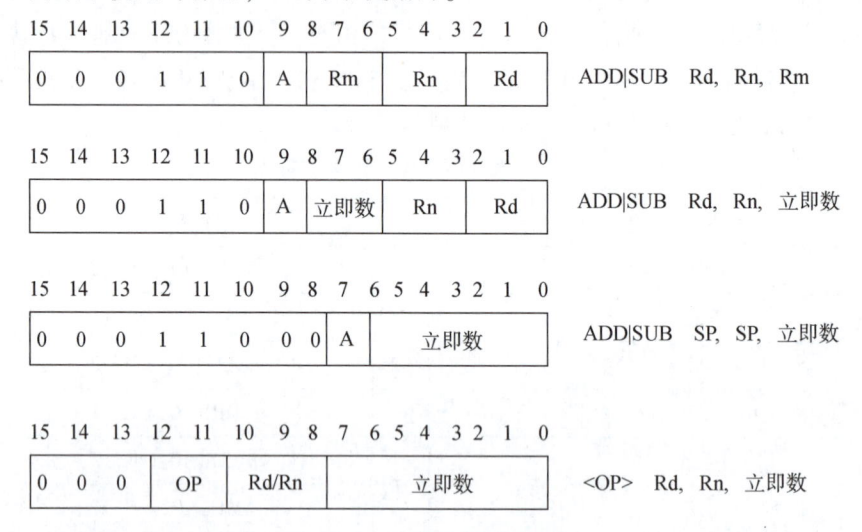

```
15 14 13 12 11 10 9 8 7 6 5 4 3 2 1 0
┌─┬─┬─┬─┬─┬─┬─┬───┬─────┬─────┐
│0│0│0│1│1│0│A│ Rm│ Rn  │ Rd  │   ADD|SUB  Rd, Rn, Rm
└─┴─┴─┴─┴─┴─┴─┴───┴─────┴─────┘

15 14 13 12 11 10 9 8 7 6 5 4 3 2 1 0
┌─┬─┬─┬─┬─┬─┬─┬───┬─────┬─────┐
│0│0│0│1│1│0│A│立即数│ Rn │ Rd  │   ADD|SUB  Rd, Rn, 立即数
└─┴─┴─┴─┴─┴─┴─┴───┴─────┴─────┘

15 14 13 12 11 10 9 8 7 6 5 4 3 2 1 0
┌─┬─┬─┬─┬─┬─┬─┬─┬─────────────┐
│0│0│0│1│1│0│0│A│   立即数    │   ADD|SUB  SP, SP, 立即数
└─┴─┴─┴─┴─┴─┴─┴─┴─────────────┘

15 14 13 12 11 10 9 8 7 6 5 4 3 2 1 0
┌─┬─┬─┬───┬─────┬─────────────┐
│0│0│0│ OP│Rd/Rn│   立即数    │   <OP>  Rd, Rn, 立即数
└─┴─┴─┴───┴─────┴─────────────┘
```

图 5-28　Thumb 指令格式

3. MIPS 指令格式

MIPS 是由斯坦福大学的 John Hennessy（约翰·轩尼诗）于 1980 年设计的经典 RISC 体系结构，利用 RISC 理念设计出了高效的 32 位处理器，并推出了 64 位版本。MIPS 非常重要，被用于大量嵌入式和移动应用，以及一些游戏系统中，并被广泛地用于计算机体系结构教学。

MIPS 采用传统的 32 位 load-store 型计算机体系结构，带有 32 个通用寄存器。寄存器 R0 的值总是 0 且不能修改，这是 MIPS 的一个重要特征，它使程序员很容易获得 0，也提供了一种将寄存器编码在指令中的能力。

MIPS 指令字长为 32 位，按字节寻址，它的指令格式简单，指令数量少。图 5-29 描述了 3 类 MIPS 指令格式：R-型为寄存器-寄存器操作；I-型为 16 位立即数操作；J-型为直接跳转指令。

R-型是最常见的指令格式，它提供了寄存器-寄存器型数据处理操作，与 ARM 处理器中对应的指令非常相似，一个最重要的不同在于 MIPS 可以使用 32 个寄存器，而 ARM 处理器只能使用 16 个寄存器。

I-型指令格式将 R-型指令的 3 个字段合并在一起得到一个 16 位的立即数字段，该字段可被用于加立即数等指令中的常数或寄存器间接寻址模式中的偏移量。这个 16 位的立即数可以是有符号数也可以是无符号数，其范围分别为 −32768~+32767 和 0~65535。和 ARM 处理器不同，MIPS 的立即数是不可缩放的。因为 MIPS 使用 16 位立即数，载入两个地址连续的立即数就可以很容易地将一个 32 位字送入寄存器。

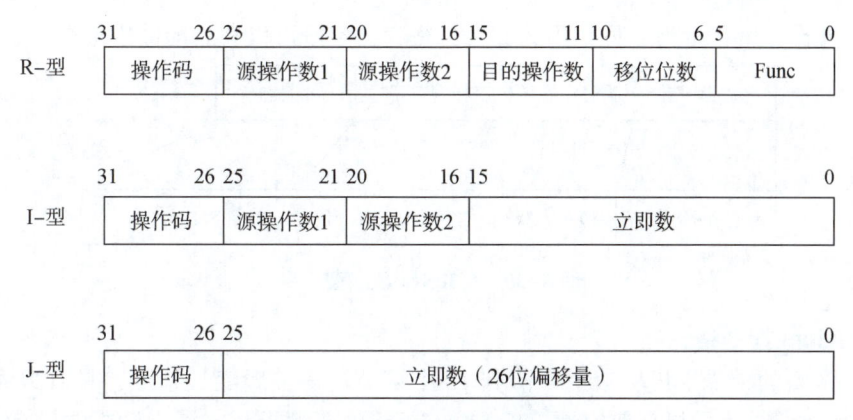

```
     31      26 25      21 20      16 15      11 10     6 5      0
R-型  | 操作码 | 源操作数1 | 源操作数2 | 目的操作数 | 移位位数 | Func |

     31      26 25      21 20      16 15                          0
I-型  | 操作码 | 源操作数1 | 源操作数2 |         立即数          |

     31      26 25                                                0
J-型  | 操作码 |            立即数（26位偏移量）                  |
```

图 5-29　3 类 MIPS 指令格式

J-型指令格式为无条件跳转，用一个 26 位立即数作为分支地址偏移量。因为 MIPS 指令字长为 32 位，分支地址偏移在使用之前会被左移两位，以得到一个 28 位的字节地址偏移，跳转范围为 256MB。

表 5-9 列出了 MIPS 的常用数据处理汇编指令，指令支持小写格式。

表 5-9　MIPS 的常用数据处理汇编指令

助记符	操作	助记符	操作
add	加法	and	逻辑与
sub	减法	or	逻辑或
mult	乘法	xor	异或
div	除法	nor	逻辑或非
addu	无符号加法	sll	逻辑左移
subu	无符号减法	srl	逻辑右移
multu	无符号乘法	sra	算术右移
divu	无符号除法	sla	算术左移

4. MIPS 16 指令格式

MIPS 16 与 Thumb 类似，也是为实现 16 位处理器同时又保持与 MIPS Ⅰ 和 MIPS Ⅲ 32 位体系结构的兼容而设计的。MIPS 16 的诀窍在于它将 MIPS Ⅲ 的 32 位指令集映射到 MIPS 16 的 16 位指令集上。

图 5-30 描述了 MIPS 16 对 MIPS Ⅰ 型指令来说是如何实现的。MIPS 代码的压缩是通过将 MIPS 指令分段并减少各段的位数而实现的。将操作码减少一位进一步精简了指令集。另外，寄存器的数量从 32 个减少到 8 个，每个寄存器选择字段可以节约两位。I-型指令中立即数的大小也从 16 位缩短到 5 位。MIPS 16 使用了经典的二地址模式指令，其中一个寄存器既是源操作数也是目的操作数，即结果会覆盖两个源操作数中的一个。

将 32 位指令集压缩到 16 位字中需要新的指令来处理由于小的寄存器组以及短的立即数字段带来的问题。MIPS 16 有一条扩展指令，它不执行任何操作，只是简单地提供一个 11 位的立即数，可以与下一条指令中的 5 位立即数拼接在一起。这一机制比 CISC 的多长度指令更加精巧。像 Thumb 一样，MIPS 16 实现了硬件栈指针，允许相对栈指针的

load-store 操作，偏移量为 8 位，因为冗余的寄存器字段可以和立即数拼接在一起。

操作码5位	源寄存器3位	目标寄存器3位	立即数5位
操作码6位	源寄存器5位	目标寄存器5位	立即数16位

图 5-30　MIPS16 压缩型指令

5. Pentium 指令格式

Pentium 机的指令字长从 1 个字节到 12 个字节不等，属变长指令，具有典型的 CISC 结构特征，主要是为了提高兼容性，Pentium 属于 R-S 型指令，指令格式中只有一个存储器操作数，指令格式如图 5-31 所示。

指令格式由操作码字段、Mod-R/M 字段、SIB 字段（由比例系数 S、变址寄存器号 I、基址寄存器号 B 组成）、位移量字段、立即数字段组成。除操作码字段外，其他 4 个字段都是可选字段。

Mod-R/M 字段规定了存储器操作数的寻址方式，给出了寄存器操作数的寄存器地址号。除少数预先规定寻址方式的指令外，绝大多数指令都包含这个字段。SIB 字段可与 Mod-R/M 字段一起使用，对操作数来源进行标识。

	1或2	0或1			0或1			0,1,2,4	0,1,2,4
操作码		Mod	Reg或操作码	R/M	比例S	变址 I	基址B	位移量	立即数
		2位	3位	3位	2位	3位	3位		

图 5-31　Pentium 指令格式

6. IBM 360 指令格式

IBM 360 机器字长为 32 位，按字节寻址，可支持字节、半字、字、双字（双精度实数）、压缩十进制数、字符串等多种数据类型。在 CPU 中设置有 16 个 32 位通用寄存器，用户可选其中之一作为基址寄存器或变址寄存器，另外还有 4 个 64 位双精度浮点寄存器。IBM 370 是属于同系列的扩展计算机，与 IBM 360 的指令系统兼容，设计有 16 位、32 位、48 位 3 种指令格式。

7. ARMv8 指令格式

ARMv8 指令格式如图 5-32 所示，其中尖括号表示该字段是必需的，花括号表示该字段是可选的。表 5-10 给出了 ARMv8 指令格式中各字段的使用说明，表 5-11 描述了 ARMv8 的指令分类。

\<Opcode\>	{\<Cond\>}	\<S\>	\<Rd\>	\<Rn\>	{\<Opcode2\>}

图 5-32　ARMv8 指令格式

表 5-10　ARMv8 指令格式字段说明

标识符	说明
Opcode	操作码，也就是助记符，说明指令需要执行的操作类型
Cond	指令执行条件码，在编码中占 4bit，0b0000~0b1110

续表

标识符	说明
S	条件码设置项，决定本次指令执行是否影响 PSTATE 寄存器响应状态位值
Rd/Xt	目标寄存器，A32 指令可以选择 R0-R14，T32 指令大部分只能选择 R0-R7，A64 指令可以选择 X0-X30 或 W0-W30
Rn/Xn	第一个操作数的寄存器，和 Rd 一样，不同指令有不同要求
Opcode2	第二个操作数，可以是立即数、寄存器 Rm 和寄存器移位方式(Rm, #shit)

表 5-11 ARMv8 指令分类

类型	说明
跳转指令	条件跳转、无条件跳转(#imm、register) 指令
异常产生指令	系统调用类指令(SVC、HVC、SMC)
系统寄存器指令	读写系统寄存器，如 MRS、MSR 指令可操作 PSTATE 的位段寄存器
数据处理指令	包括各种算数运算、逻辑运算、位操作、移位指令
load-store 内存访问指令	load-store 批量寄存器、单个寄存器、一对寄存器、非-暂存、非特权、独占 以及 load-Acquire、store-Release 指令 （A64 没有 LDM/STM 指令）
协处理器指令	A64 没有协处理器指令

5.4.2 设计指令格式应考虑的各种因素

指令系统的设计需要根据计算机系统的性能和用户要求来确定；计算机的硬件设计人员，则需要根据设计好的指令系统，研究如何使用电路、芯片、设备来设计硬件系统；而计算机的软件设计人员，则需要依据机器的指令系统，来编制各种软件程序。指令系统集中反映了机器的软硬件综合性能，也是程序员编程的依据。

程序员既希望指令系统所提供的功能丰富和完备，方便用户选择和使用；同时又要求机器在执行程序时运行速度快、占用的主存空间少，实现高效运行。同时，为了保持现有软件的正常运转，还必须要考虑新的机器指令系统是否能与旧的或同系列的机器指令系统兼容。

指令格式集中体现了指令系统的功能，在确定指令格式时，需要综合考虑以下几个方面的因素：操作类型、数据类型、寻址方式、寄存器数量等。

5.4.3 指令格式设计举例

【例 5-7】设某计算机指令字长为 16 位，每个操作数的地址码为 4 位，试提出一种方案，使该指令系统有 12 条三地址指令、30 条二地址指令、16 条一地址指令。

解：由题可知，指令的操作码 OP 为 $16-4 \times 3 = 4$ 位，则可形成三地址指令 16 条，取前 12 条即可，其中后 4 条(编码为 1100、1101、1110、1111)可用于扩展。

本题要求生成 30 条二地址指令，可将地址字段 A_1 用于扩展，由于地址码为 4 位，每条三地址指令最多可扩展二地址指令 16 条，所以可取编码为 1100、1101 的三地址指令分别扩展形成 16 条、14 条二地址指令。

同理，为形成一地址指令，将地址字段 A_2 也用于扩展，可取 1101 1110 的二地址指令扩展出 16 条一地址指令。

上述结果如图 5-33 所示，其他方案合理即可。

	OP	A_1	A_2	A_3	
三地址指令 {	0000 …… 1011	A_1	A_2	A_3	12 条
二地址指令 {	1100	0000 …… 1111	A_2	A_3	16 条
	1101	0000 …… 1101	A_2	A_3	14 条
一地址指令 {	1101	1110	0000 …… 1111	A_3	16 条

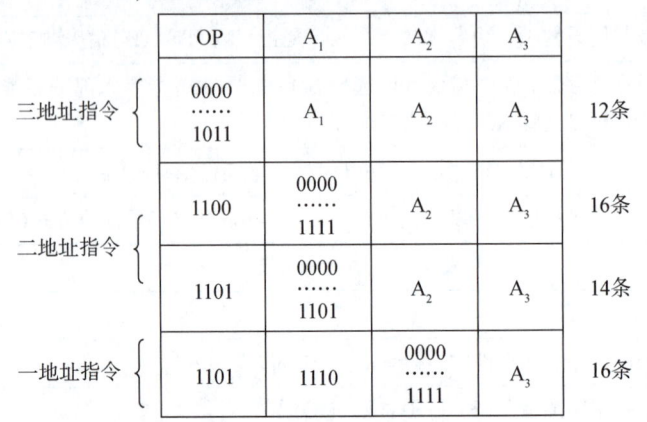

图 5-33 其中一种解决方案

【例 5-8】某机器字长为 32 位，有 32 个通用寄存器，设计一套能容纳 64 种操作的指令系统，设指令字长、寄存器位数、机器字长相同。

(1) 如果主存可直接或间接寻址，采用寄存器-存储器型指令，能直接寻址的最大存储空间是多少？画出指令格式。

(2) 若采用通用寄存器作为基址寄存器，则上述寄存器-存储器型指令的指令格式有何特点？画出指令格式并指出这类指令可访问多大的存储空间？

解：

(1) 先确定操作码位数，由于总共有 64 种操作指令，操作码取 6 位可满足要求；又由于主存支持直接寻址或间接寻址两种方式，可确定寻址特征标志位取 1 位即可；然后，对于 32 个寄存器，可使用 5 位编码寄存器地址；最后，指令字长等于机器字长 32 位，剩余的存储器寻址地址码位数为 32-6-1-5=20 位，因此，直接寻址的最大存储空间为 2^{20} B = 1 MB。指令格式如图 5-34(a) 所示。

(2) 保持第(1)问中的操作码 OP、寻址特征标志位、寄存器地址编码的位数不变，增加基址寻址特征位 X，令 X=1 时表示某个通用寄存器作为基址寄存器 R_B，由于采用了基址寻址方式，可增大寻址空间，寄存器位数为 32 位，所以最大寻址空间可达 $2^{32}+2^{14}$。指令格式如图 5-34(b) 所示。

(a) | 操作码 OP(6) | 寻址特征(1) | 寄存器地址 Ri(5) | 存储器地址 A(20) |

(b) | 操作码 OP(6) | 寻址特征(1) | 寄存器地址 Ri(5) | X(1) | R_B(5) | A(14) |

图 5-34 指令格式的各字段长度

【例 5-9】某机字长为 16 位，存储器直接寻址空间为 128 个字，CPU 中设置有 16 个通用寄存器，且都可作为变址寄存器使用，变址时的位移量为 -64~+63。要求：设计一套指令系统格式，满足下列寻址要求。

(1) 直接寻址的二地址指令 3 条。

(2) 变址寻址的一地址指令 6 条。

(3) 寄存器寻址的二地址指令 8 条。
(4) 直接寻址的一地址指令 12 条。
(5) 零地址指令 32 条。
(6) 试问还有多少种代码未用？若安排寄存器寻址的一地址指令，还能容纳多少条？

解：

(1) 在直接寻址的二地址指令中，根据题目给出直接寻址空间为 128 字，则每个地址码为 7 位，其格式如图 5-35(a)所示。3 条这种指令的操作码为 00、01 和 10，剩下的 11 可作为下一种格式指令的操作码扩展用。

(2) 在变址寻址的一地址指令中，根据变址时的位移量为 $-64 \sim +63$，形式地址 A 取 7 位。根据 16 个通用寄存器可作为变址寄存器，取 4 位作为变址寄存器 Rx 的编号。剩下的 5 位可作为操作码，其格式如图 5-35(b)所示。6 条这种指令的操作码为 11000~11101，剩下的两个编码 11110 和 11111 可作为扩展用。

(3) 在寄存器寻址的二地址指令中，两个寄存器地址 Ri 和 Rj 共 8 位，剩下的 8 位可作为操作码，比图 5-35(b)的操作码扩展了 3 位，其格式如图 5-35(c)所示。8 条这种指令的操作码为 11110000~11110111。剩下的 11111000~11111111 这 8 个编码可作为扩展使用。

(4) 在直接寻址的一地址指令中，除去 7 位的地址码外，可有 9 位操作码，比图 5-35(c)的操作码扩展了 1 位，与图 5-35(c)剩下的 8 个编码组合，可构成 16 个 9 位编码。以 11111 作为图 5-35(d)所示格式指令的操作码特征位，12 条这种指令的操作码为 111110000~111111011，如图 5-35(d)所示。剩下的 111111100~111111111 可作为扩展用。

	2	7	7		
(a)	OP	A_1	A_2	00 ⋮ 10	3条

	5	4	7		
(b)	OP	Rx	A	11000 ⋮ 11101	6条

	8	4	4		
(c)	OP	Ri	Rj	11110000 ⋮ 11110111	8条

	9	7		
(d)	OP	A	111110000 ⋮ 111111011	12条

	16		
(e)	OP	1111111000000000 ⋮ 1111111000011111	32条

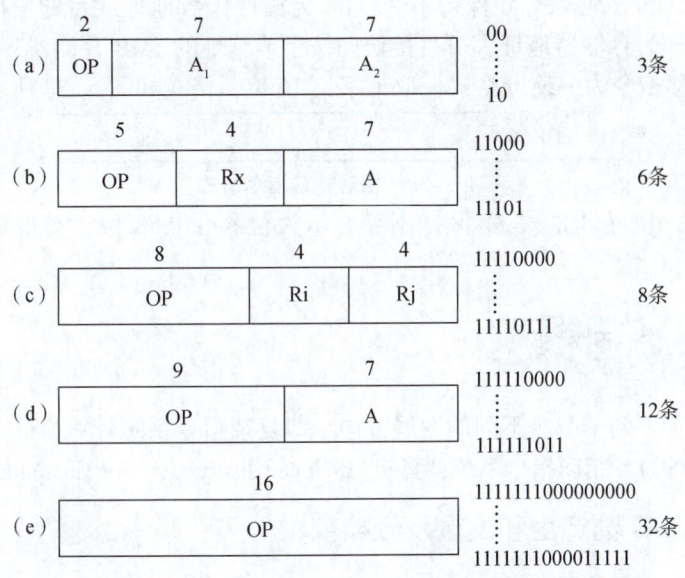

图 5-35 例 5-9 的解析结果

(5) 在零地址指令中，指令的 16 位都作为操作码，比图 5-35(d)的操作码扩展了 7 位，与上述剩下的 4 个操作码组合后，共可构成 4×2^7 条指令的操作码。32 条这种指令的操作码可取 1111111000000000~1111111000011111，如图 5-35(e)所示。

(6) 还有 $2^9 - 32 = 480$ 种代码未用，若安排寄存器寻址的一地址指令，除去末 4 位为寄存器地址外，还可容纳 30 条这类指令。

【例5-10】某模型机共有64种操作，操作码位数固定，有如下5个特点，要求设计算术逻辑运算指令、取数/存数指令和相对转移指令的格式，并简述理由。

(1) 采用一地址或二地址格式。
(2) 有寄存器寻址、直接寻址和相对寻址（位移量为-128~+127）3种寻址方式。
(3) 有16个通用寄存器，算术逻辑运算的操作数均在寄存器中，结果也在寄存器中。
(4) 取数/存数指令在通用寄存器和存储器之间传送数据。
(5) 存储器容量为1MB，按字节编址。

解：

(1) 算术逻辑运算指令格式为寄存器-寄存器型，取单字长16位，格式如图5-36所示。

OP(6)	M(2)	Ro(4)	Rd(4)

图5-36 算术逻辑运算指令格式

其中，操作码OP占6位，可实现64种操作；寻址模式M占2位，可表示寄存器寻址、直接寻址、相对寻址等3种寻址方式；Ro、Rd表示源操作数和目的操作数寄存器，各取4位。

(2) 取数/存数指令格式为寄存器-存储器型，取双字长32位，格式如图5-37所示。

OP(6)	M(2)	Ro(4)	A_1(4)
A_2(16)			

图5-37 取数/存数指令格式

其中，操作码OP和寻址模式M保持不变，Ro为源操作数地址或目的操作数地址，A_1和A_2共占20位，作为存储器地址，可直接访问按字节编址的1MB存储器。

(3) 相对转移指令为一地址格式，取单字长16位，格式如图5-38所示。

OP(6)	M(2)	A(8)

图5-38 相对转移指令格式

其中，操作码OP和寻址模式M保持不变，A为位移量占8位，对应位移量为-128~+127。

5.5 RISC技术

指令系统有如下两个截然不同的发展方向，即复杂指令系统计算机(Complex Instruction Set Computer, CISC)和精简指令系统计算机(Reduced Instruction Set Computer, RISC)。

5.5.1 RISC的产生和发展及经典架构

1. RISC的产生和发展

在计算机发展的早期，计算机硬件结构简单，所支持的指令系统的功能也相对较少，只有定点加减、逻辑运算、数据传送、数据转移等少量指令。20世纪60年代后期，随着集成电路的发展，硬件功能不断增强，指令的种类和功能也不断增加，寻址方式也更加灵活多样，指令系统不断扩大。除以上基本指令外，还设置了乘除运算、浮点运算、十进制运算、字符串处理等指令，指令数目多达一二百条。随着集成电路的发展和计算机应用领域的不断扩大，20世纪60年代后期开始出现系列计算机，为了满足软件兼容的需要，使已开发的软件能被继承，在同一系列的计算机中，新机型的指令系统往往需要包含之前机器的所有指令和寻址方式。这就导致计算机的指令系统变得越来越庞大。如 DEC 公司的 VAX-11/780 有 18 种寻址方式、9 种数据格式、303 种指令；又如 Intel 80x86（IA-32）系列 Pentium 4，包含扩展的指令集在内，指令条数已达到 500 多条。

把这些具备庞大且复杂的指令系统的计算机称为复杂指令系统计算机，简称 CISC。如 Intel 的 80x86 系列 CPU、DEC 的 VAX-11 等都采用了 CISC 的思想。CISC 指令系统的特点：指令系统复杂庞大，指令种类和指令格式多，指令字长不固定，采用多种不同的寻址方式，可访存指令不受限制，各种指令的执行时间和使用频率相差很大，大多数 CISC 都采用微程序控制器。

CISC 的主要思想就是采用复杂的指令系统，来达到增强计算机的功能和提高计算机运行速度的目的。然而，CISC 的复杂结构并没有像预期的那样很好地提高计算机的性能。由于指令系统复杂，导致所需的硬件结构复杂，这不仅增加了计算机的研制开发周期和成本，而且也难以保证系统的正确性，有时甚至可能降低系统的性能。

CISC 既有简单指令也有复杂指令，经过对 CISC 的各种指令在典型程序中使用频率的测试分析，发现指令系统中只有 20% 的指令是经常用到的，且这些指令大多属于算术逻辑运算、数据传送、转移、子程序调用等简单指令，而指令系统中剩余的 80% 的指令在程序中出现的概率只有 20% 左右，而且因为复杂指令的存在，当执行频率高的简单指令时，执行速度也无法提高。另外，20 世纪 70 年代末，计算机硬件结构随着超大规模集成电路技术（Very Large Scale Integration，VLSI）的飞速发展而越来越复杂化，复杂的指令系统需要复杂的控制器，这需要占用较多的芯片面积。统计表明，典型的 CISC 中，控制器约占 60% 的芯片面积，这使设计、验证和实现都更加困难。

从这一事实出发，人们开始了对指令系统的合理性的研究，于是精简指令系统计算机 RISC 随之诞生。RISC 是一种执行较少类型计算机指令的微处理器，起源于 20 世纪 80 年代的 MIPS 主机。RISC 的设计初衷主要是要求指令系统简化，尽量使用寄存器-寄存器型操作指令，除去访存指令外，其他指令都可以在单个 CPU 周期完成，指令格式力求一致，寻址方式尽可能减少，并提高编译的效率，以降低 CPU 的复杂度，将复杂性交给编译器，最终达到加快机器处理速度的目的。RISC 具有设计更简单、设计周期更短等优点，能够以更快的速度执行操作。RISC 的这种设计思路对指令数目和寻址方式都做了精简，使其实现更容易，指令并行执行程度更好，编译器的效率更高。

到目前为止，RISC 体系结构的芯片已经历了 3 代。第一代以 32 位数据通路为代表，支持 Cache，软件支持较少，性能与 CISC 体系结构的产品相当，如 RISC I、MIPS、IBM 801 等。第二代产品提高了集成度，增加了对多处理机系统的支持，提高了时钟频率，建立了完善的存储管理体系，软件支持系统也逐渐完善。它们已具有单指令流水线，可同时执行多条指令，每个时钟周期发出一条指令。例如，MIPS 公司的 R3000 处理器，时钟频率为 25 MHz 和 33 MHz，集成度达 11.5 万个晶体管，字长为 32 位。第三代 RISC 产品为 64 位微处理器，采用了巨型计算机或大型计算机的设计技术，即超级流水线（Superpipelining）技术和超标量（Superscalar）技术，提高了指令级的并行处理能力，每个时钟周期发出 2 条或 3 条指令，使 RISC 处理器的整体性能更好。例如，MIPS 公司的 R4000 处理器采用 50 MHz 和 75 MHz 的外部时钟频率，内部流水时钟达 100 MHz 和 150 MHz，芯片集成度高达 110 万个晶体管，字长为 64 位，并有 16 KB 的片内 Cache。它有 R4000PC、R4000SC 和

R4000MC 这 3 种版本，对应不同的时钟频率，分别提供给台式系统、高性能服务器和多处理器环境下使用。

2. 经典架构举例

1) MIPS

MIPS 是一种典型 RISC 处理器，MIPS 的含义是无内部互锁流水级的微处理器（Microprocessor without Interlocked Piped Stages），机制是尽量利用软件办法避免流水线中的数据相关问题。它最早是在 20 世纪 80 年代初期由斯坦福大学 Hennessy 教授领导的研究小组研制的。MIPS 是出现最早的商业 RISC 架构芯片之一，新的架构集成了所有原来 MIPS 指令集，并增加了许多更强大的功能。MIPS 自己只进行 CPU 的设计，之后把设计方案授权给客户，使得客户能够制造出高性能的 CPU。最早的 MIPS 架构是 32 位，最新的版本是 64 位。

2) ARM

ARM 被称为高级精简指令系统机器（Advanced RISC Machine），是 32 位 RISC 处理器架构，1981 年出现，由 MIPS 科技公司开发并授权，广泛被使用在许多电子产品、网络设备、个人娱乐装置与商业装置上。目前，ARM 家族产品应用广泛，占所有 32 位嵌入式处理器 75%的比例，在智能手机芯片领域更是占用垄断地位，成为占全世界最多数的 32 位架构。

ARM 架构目前共有 8 种分类：ARMv1~ARMv8。从 1983 年开始，ARM 内核由 ARM1、ARM2、ARM6、ARM7、ARM9、ARM10、ARM11 和 Cortex 以及对应的修改版或增强版组成，越靠后的内核，初始频率越高、架构越先进，功能也越强。从 ARMv7 开始，CPU 命名为 Cortex，并划分为 A、R、M 三大系列，分别为不同的市场提供服务。表 5-12 列出了目前 ARM 架构的分类及其对应的内核版本。

表 5-12 目前 ARM 架构的分类及其对应的内核版本

架构	处理器家族
ARMv1	ARM1
ARMv2	ARM2、ARM3
ARMv3	ARM6、ARM7
ARMv4	Strong ARM、ARM7TDMI、ARM9TDMI
ARMv5	ARM7EJ、ARM9E、ARM10E、Xscale
ARMv6	ARM11、ARM Cortex-M
ARMv7	ARM Cortex-A、ARM Cortex-M、ARM Cortex-R

3) ARMv8

ARMv8 架构是基于海思自研的具有完全知识产权的指令系统，支持 64 位操作，指令为 32 位，寄存器为 64 位，寻址能力为 64 位。指令系统使用 NEON 扩展结构。ARMv8 的架构继承以往 ARMv7 与之前处理器技术的基础，除现有的 16/32 bit 的 Thumb2 指令支持外，也向前兼容现有的 A32（ARM 32 bit）指令系统，基于 64 bit 的 AArch64 架构，除了新增 A64（ARM 64 bit）指令系统外，也扩充了现有的 A32（ARM 32 bit）和 T32（Thumb2 32 bit）指令系统，另外还新增了 CRYPTO（加密）模块支持。

4) PowerPC

PowerPC 也是一种 RISC 架构的中央处理器，其基本的设计源自 IBM PowerPC 601 微处理器（Performance Optimized With Enhanced RISC，POWER）架构。20 世纪 90 年代，IBM、

苹果和摩托罗拉合作开发 PowerPC 芯片成功，并制造出基于 PowerPC 的多处理器计算机。PowerPC 的特点是可伸缩性好、方便灵活，有着广泛的应用范围，包括从诸如 Power4 那样的高端服务器 CPU 到嵌入式 CPU 市场。PowerPC 处理器有非常强的嵌入式表现，因为它具有优异的性能、较低的能量损耗以及较低的散热量。除了像串行和以太网控制器那样的集成 I/O，该嵌入式处理器与"台式机"CPU 存在非常显著的区别。

5）Alpha

Alpha 指令集 Alpha ISA 由数字设备公司 DEC 为其工作站和服务器开发，并于 1992 年发布。在 20 世纪 90 年代中期，它被认为是 SPARC 和 MIPS RISC 体系结构的有力竞争者。但是，ISA 的所有权在 1998 年转移给了 Compaq。Compaq 于 2001 年将 Alpha ISA 的权利卖给了 Intel，并在同年被 HP 惠普收购（Compaq 公司于 1982 年创建，2002 年被惠普公司收购）。2001 年 6 月 25 日，Compaq 宣布放弃 Alpha，到 2004 年所有的产品都采用 IA-64。之后 Alpha 被束之高阁，指令集和微结构都已经不再更新，技术专利大多已过期。因为 Alpha 架构本身很强，非常适合服务器、超级计算机等，于是无锡的江南计算技术研究所买了 Alpha 架构的所有设计资料，基于原来的 Alpha 架构，开发出了更多的具有自主知识产权的指令集，将 Alpha 架构发扬光大，推出了一系列的申威处理器。申威是目前 Alpha 阵营中仅存的硕果，拥有自主扩展指令和发展路线的自主权。

6）IA-64

IA-64（Intel Architecture 64），即 Intel 安腾架构。IA-64 的历史早于 x86-64，最初由 Intel 和惠普联合推出，使用这种架构的 CPU 有 Itanium 和 Itanium2。IA-64 是原生的纯 64 位处理器，并且与 x86 指令不兼容，想要执行 x86 指令需要硬件虚拟化支持，而且效率不高。IA-64 的优点是拥有 64 位寻址能力，能够支持更大的内存寻址空间，性能比 x86-64 的 64 位兼容模式更强。由于只有 Intel 安腾系列处理器及少数 AMD 处理器支持，所以 IA-64 在主流市场并不常见。而且，这些 IA-64 架构处理器也不能够使用 x64 操作系统。结果 AMD64 在得到微软支持后成为事实上的 64 位 x86 标准。之后微软、红帽等都不再为安腾开发软件，戴尔、IBM 等大型服务器厂商也在 2005 年就抛弃了安腾。Intel 自己的 C/C++、Fortran 编译器也在 2011 年年初停止支持安腾，甚至将安腾产品团队的不少工程师都转移到了 Xeon 至强产品线。2017 年 5 月 12 日，Intel 发布了最后一代安腾 9700 系列处理器，2021 年 7 月宣布安腾正式退役。至此，一个曾被认为将颠覆产业的产品彻底落下帷幕。

7）x86

x86 是 Intel 开发制造的一种微处理器体系结构的泛称，x86 架构是可变指令长度的 CISC。x86 架构于 1978 年推出的 Intel 8086 中央处理器中首度出现，它是从 Intel 8008 处理器中发展而来的，而 Intel 8008 则是发展自 Intel 4004 的。Intel 8086 在 3 年后为 IBM PC 所选用，之后 x86 便成了个人计算机的标准平台，成了最成功的 CISC 架构。Intel 8086 是 16 位处理器，1985 年开发了 32 位的 Intel 80386 处理器，接着一系列的处理器对该 32 位架构进行了细微改进，推出了数种扩充版本。2003 年 AMD 对于这个架构进行了 64 位的扩充，并命名为 AMD64。后来 Intel 也推出了与之兼容的处理器，并命名为 Intel64。两者一般被统称为 x86-64 或 x64，开创了 x86 的 64 位时代。

虽然 x86-64 和 IA-64 处理器都能够运行 64 位操作系统和应用程序，但是区别在于，x86-64 架构基于 x86，是为了让 x86 架构 CPU 兼容 64 位计算而产生的技术。x86-64 架构的设计是采用直接简单的方法将目前的 x86 指令集进行了扩展。这个方法与当初的由 16 位扩展至 32 位的情形很相似，优点在于用户可以自行选择 x86 平台或 x64 平台，兼容性高。

5.5.2 RISC 的主要特征

RISC 技术希望使用精简的指令系统替代复杂的指令系统，通过组合使用 20% 左右的简单指令，实现 80% 不常用的复杂指令，以简化机器结构，提高机器性能和速度。通常 CPU 的执行速度受到 3 个因素的影响，即程序中的指令总数 I、平均指令执行所需的时钟周期数 CPI 和每个时钟周期的时间 T，CPU 执行程序所需的时间 $P=I \times CPI \times T$，显然，减小 I、CPI 和 T 就能有效地减少 CPU 的执行时间，提高程序执行的速度。

因此，RISC 技术主要从简化指令系统、优化硬件设计的角度，来提高系统的性能与速度，RISC 指令系统的主要特点如下。

（1）选取常用的简单指令或使用频率高又不复杂的指令构成指令系统，复杂功能通过这些指令的组合实现。

（2）指令数目较少，指令字长固定，指令格式少，寻址方式少。

（3）采用流水线技术，大多数指令可在一个时钟周期内完成；特别是在采用了超标量和超级流水线技术后，可使指令的平均执行时间小于一个时钟周期。

（4）设置较多的通用寄存器以减少访存。

（5）采用寄存器-寄存器方式工作，只有存数（STORE）/取数（LOAD）指令访问存储器，而其余指令均在寄存器之间进行操作。

（6）控制器使用组合逻辑控制，不用微程序控制。

（7）采用优化的编译技术，增强高级语言支持。

相比之下，CISC 的指令系统复杂庞大，各种指令使用频率相差很大；指令字长不固定，指令格式多，寻址方式多；可以访存的指令不受限制；CPU 中设有专用寄存器；绝大多数指令需要多个时钟周期方可执行完毕；采用微程序控制器；难以用优化编译技术生成高效的目标代码。表 5-13 列出了一些典型 RISC 指令系统的指令数。

表 5-13 RISC 指令系统的指令数

机器名	指令数	机器名	指令数
RISC Ⅱ	39	ACORN	44
MIPS	31	INMOS	111
IBM 801	120	IBM RT	118
MIRIS	64	HPPA	140
PYRAMID	128	CLIPPER	101
RIDGE	128	SPARC	89

5.5.3 RISC 和 CISC 的比较

与 CISC 相比，RISC 的主要优点如下。

1. 节约芯片面积

由于 RISC 的控制器采用了组合逻辑控制，其硬布线逻辑通常只占 CPU 芯片面积的 10% 左右；而 CISC 的控制器大多采用微程序控制，其控制存储器在 CPU 芯片内所占的面积达 50% 以上。因此，RISC 可以将这部分空出的芯片面积用于其他功能部件，如增加通用寄存器的数量，将存储管理部件也集成到 CPU 芯片内部等。随着半导体工艺技术的提高，集成的部件也会更多。

2. 提高运算速度

由于 RISC 的指令数少、寻址方式和指令格式种类不多，指令的编码很有规律，所以 RISC 的指令译码比 CISC 快。RISC 内通用寄存器多，减少了访存次数，加快了指令的执行速度；而且由于 RISC 中常采用寄存器窗口重叠技术，使得程序嵌套调用时，可以快速地将断点和现场保存到寄存器中，减少了程序调用过程中的保护和恢复现场所需的访存时间，进一步加快了程序的执行速度。另外，由于组合逻辑控制比微程序控制所需的延迟小，缩短了 CPU 的周期，所以 RISC 的指令实现速度快；RISC 选用精简指令系统，并且在超级流水线技术的支持下，大多数指令可以在一个时钟周期内完成。

3. 提高可靠性

由于 RISC 的指令系统简单，设计的周期短且容易查错，所以其可靠性高。

4. 更好地支持高级语言

RISC 采用的优化编译技术可以更有效地支持高级语言。由于 RISC 指令少，寻址方式少，编译程序容易选择更有效的指令和寻址方式，这提高了编译程序的代码优化效率。有些 RISC(如 Sun 公司的 SPARC)采用寄存器窗口重叠技术，使过程间的参数传送加快，且不必保存与恢复现场，能直接支持调用子程序和过程的高级语言程序。

CISC 和 RISC 技术都在发展，两者都具有各自的特点。实际上在后来的发展中，RISC 与 CISC 在竞争的过程中相互学习，目前两种技术在许多方面已逐渐开始相互融合。现在的 RISC 指令集也达到数百条，运行周期也不再固定，这是因为随着硬件速度、芯片密度的不断提高，RISC 系统也开始采用 CISC 的一些设计思想，使得系统日趋复杂；而 CISC 也在不断地部分采用 RISC 的先进技术，如指令流水线、分级 Cache 和通用寄存器等，其性能也得到了提高。表 5-14 列出了 CISC 和 RISC 两种技术特点的对比。

表 5-14 CISC 和 RISC 两种技术特点的对比

特征	CISC	RISC
指令系统	复杂，庞大	简单，精简
指令数目	一般大于 200 条	一般小于 100 条
指令字长	不固定	固定
指令格式种类	一般大于 4	一般小于 4
寻址方式	一般大于 4	一般小于 4
可访存指令	不加限制	只有存数/取数指令
各种指令执行时间	相差较大	大多数在一个周期内完成
各种指令使用频率	相差很大	都比较常用
通用寄存器数量	较少	多
目标代码	难以用优化编译生成高效的目标代码程序	采用优化的编译程序，生成代码较为高效

续表

特征	CISC	RISC
控制方式	微程序控制	组合逻辑控制
指令流水线	可以通过某种方式实现	必须实现

➤ 关键词

指令系统：Instruction System。
指令寻址：Instruction Addressing。
操作数寻址：Operand Addressing。
复杂指令系统计算机：Complex Instruction Set Computer(CISC)。
精简指令系统计算机：Reduced Instruction Set Computer(RISC)。

➤ 本章小结

本章介绍了指令系统的基本概念，以及指令的格式、分类和常见的寻址方式等，此外介绍了 RISC 的产生和发展过程。

知识窗

龙芯新款服务器 CPU：采用自主指令 可满足通用计算等需求

人民日报客户端　2023-04-10

原标题：龙芯新款服务器 CPU：采用自主指令，无须国外授权

龙芯中科技术股份有限公司近日发布新款高性能服务器 CPU 龙芯 3D5000，该 CPU 采用龙芯自主指令系统"龙架构"（LoongArch），无须国外授权，可满足通用计算、大型数据中心、云计算中心的计算需求。龙芯 3D5000 的推出，标志着龙芯中科在服务器 CPU 芯片领域进入国内领先行列。

据了解，龙芯 3D5000 是一款面向服务器市场的 32 核 CPU 产品，通过芯粒（chiplet）技术把 2 个龙芯 3C5000 的硅片封装在一起。它内部集成了 32 个高性能处理器核，频率为 2.0 GHz，支持动态频率及电压调节。此外，龙芯 3D5000 采用龙芯自主指令系统"龙架构"，这是龙芯中科基于 20 年的 CPU 研制和生态建设积累于 2020 年推出的指令系统，包括基础架构部分和向量指令、虚拟化、二进制翻译等扩展部分，近 2000 条指令。从整个架构的顶层规划，到各部分的功能定义，再到细节上每条指令的编码、名称、含义，龙芯均进行了重新设计，具有充分的自主性。从 2020 年起，龙芯中科新研制的 CPU 均支持"龙架构"。

龙芯中科董事长胡伟武表示，龙芯基于自主指令系统的基础软件生态基本建成，基于自主 IP 核 CPU 性能达到市场主流产品水平，基于自主工艺可以基本满足自主 CPU 生产要求。当前，龙芯正努力构建国产自主信息技术体系，实现指令系统层面的独立创新。（谷业凯）

（责编：董童、李源）

习题5

5.1 填空题。

(1) 寄存器直接寻址操作数在( )中,寄存器间接寻址操作数在( )中,所以执行指令的速度前者比后者( )。

(2) 设形式地址为 X,则在直接寻址方式中,操作数的有效地址为( );在间接寻址方式中,操作数的有效地址为( );在相对寻址中,操作数的有效地址为( )。

(3) 指令寻址的基本方式有两种,一种是( )寻址方式,其指令地址由( )给出,另一种是( )寻址方式,其指令地址由( )给出。

(4) 条件转移、无条件转移、子程序调用指令、中断返回指令都属于( )类指令,这类指令的地址码字段指出的地址不是( )的地址,而是( )的地址。

(5) 堆栈寻址需在 CPU 内设一个专用的寄存器,称为( ),其内容是( )。

(6) 不同机器的指令系统各不相同,一个较完善的指令系统应该包括( )、( )、( )、( )、( )等类指令。

(7) 某计算机采用三地址格式指令,共能完成 50 种操作,若机器可在 1K 地址范围内直接寻址,则指令字长应取( )位,其中操作码占( )位,地址码占( )位。

(8) 某计算机指令字长为 24 位,共能完成 130 种操作,采用一地址格式可直接寻址的范围是( ),采用二地址格式指令,可直接寻址范围是( )。

(9) RISC 的英文全名是( ),它的中文含义是( );CISC 的英文全名是( ),它的中文含义是( )。

(10) RISC 指令系统选取使用频率较高的一些( )指令,复杂指令的功能由( )指令的组合来实现。其指令字长( ),指令格式种类( ),寻址方式( ),只有取数/存数指令访问存储器,其余指令的操作都在寄存器之间进行,且采用流水线技术,大部分指令在( )时间内完成。

5.2 选择题。

(1) 某计算机存储器按字编址(16 位),读取一条指令后,程序计数器 PC 的值自动加 1,则说明该指令的长度是( )个字节。

A. 1　　　　　B. 2　　　　　C. 3　　　　　D. 4

(2) 设相对寻址的转移指令占两个字节,第一个字节是操作码,第二个字节是相对位移量(用补码表示)。每当 CPU 从存储器取出一个字节时,即自动完成 PC+1→PC。设当前 PC 的内容为 2003H,要求转移到 200AH,则该转移指令第二个字节的内容应为( )。

A. 05H　　　　B. 06H　　　　C. 07H　　　　D. 03H

(3) 设相对寻址的转移指令占两个字节,第一个字节是操作码,第二个字节是相对位移量(用补码表示)。每当 CPU 从存储器取出一个字节时,即自动完成 PC+1→PC。若程序计数器 PC 的内容为 2008H,要求转移到 2001H,则该转移指令第二个字节的内容应为( )。

A. F7H　　　　B. F8H　　　　C. F9H　　　　D. 03H

(4) 某机器字长为 16 位,主存按字节编址,转移指令采用相对寻址,由两个字节组成,第一字节为操作码字段,第二字节为相对位移量字段。假定取指令时,每取一个字节，程序计数器 PC 自动加 1。若某转移指令所在主存地址为 2000H，相对位移量字段的内容为 06H，则该转移指令成功执行以后的目标地址是(　　)。

A. 2006H　　　B. 2007H　　　C. 2008H　　　D. 2009H

(5) 下列关于 RISC 的叙述中，错误的是(　　)。

A. RISC 普遍采用微程序控制器

B. RISC 大多数指令在一个时钟周期内完成

C. RISC 的内部通用寄存器数量比 CISC 多

D. RISC 的指令数、寻址方式和指令格式种类比 CISC 少

(6) 零地址运算指令在指令格式中不给出操作数地址，它的操作数来自(　　)。

A. 立即数和栈顶　　B. 暂存器　　C. 栈顶和次栈顶　　D. 存储器

(7) 采用基址寻址可扩大寻址范围，且(　　)。

A. 基址寄存器内容由用户确定，在程序执行过程中不可变

B. 基址寄存器内容由操作系统确定，在程序执行过程中不可变

C. 基址寄存器内容由操作系统确定，在程序执行过程中可变

D. 基址寄存器内容由用户确定，在程序执行过程中可变

(8) 采用变址寻址可扩大寻址范围，且(　　)。

A. 变址寄存器内容由用户确定，在程序执行过程中不可变

B. 变址寄存器内容由操作系统确定，在程序执行过程中可变

C. 变址寄存器内容由用户确定，在程序执行过程中可变

D. 变址寄存器内容由操作系统确定，在程序执行过程中不可变

(9) 程序控制类指令的功能是(　　)。

A. 进行主存和 CPU 之间的数据传送

B. 进行 CPU 和设备之间的数据传送

C. 改变程序执行的顺序

D. 控制程序的开始和结束

(10) 运算型指令的寻址和转移型指令的寻址不同点在于(　　)。

A. 前者取操作数，后者决定程序转移地址

B. 前者是短指令，后者是长指令

C. 后者是短指令，前者是长指令

D. 前者决定程序转移地址，后者取操作数

(11) 指令的寻址方式有顺序和跳跃两种，采用跳跃寻址方式可以实现(　　)。

A. 程序浮动　　　　　　　　　　B. 程序的无条件转移和浮动

C. 程序的条件转移和无条件转移　　D. 程序的条件转移和浮动

(12) 设相对寻址的转移指令占两个字节，第一字节是操作码，第二字节是相对位移量(可正可负)，则转移的地址范围是(　　)。

A. 255　　　　B. 256　　　　C. 254　　　　D. 248

(13) 设机器字长为 16 位，存储器按字编址，对于单字长指令而言，读取该指令后，程序计数器 PC 值自动加(　　)。

A. 1　　　　　B. 2　　　　　C. 4　　　　　D. 8

(14) 设机器字长为 16 位，存储器按字节编址，CPU 读取一条单字长指令后，程序计

数器PC值自动加( )。

    A. 1   B. 2   C. 4   D. 8

(15) 子程序返回指令完整的功能是( )。
    A. 改变程序计数器的值   B. 改变堆栈指针SP的值
    C. 从堆栈中恢复程序计数器的值   D. 将程序计数器的值保存到堆栈中

(16) 下列3种类型的指令,( )执行时间最长。
    A. R-R型   B. R-S型   C. S-S型

(17) ( )便于处理数组问题。
    A. 间接寻址   B. 变址寻址   C. 相对寻址   D. 基址寻址

(18) ( )有利于编制循环程序。
    A. 基址寻址   B. 相对寻址   C. 寄存器间址   D. 变址寻址

(19) 下列叙述中,( )能反映RISC的特征。(多项选择)
    A. 丰富的寻址方式   B. 指令执行采用流水方式
    C. 控制器采用微程序设计   D. 指令字长固定
    E. 只有取数/存数指令访问存储器   F. 难以用优化编译生成高效的目标代码
    G. 配置多个通用寄存器

(20) 下列叙述中,( )能反映CISC的特征。(多项选择)
    A. 丰富的寻址方式
    B. 控制器采用组合逻辑设计
    C. 指令字长固定
    D. 大多数指令需要多个时钟周期才能执行完成
    E. 各种指令都可以访存
    F. 只有取数/存数指令可以访存
    G. 采用优化编译技术

5.3　指令中有哪些字段? 各有何作用? 如何确定这些字段的位数?

5.4　指令字长和机器字长有什么关系? 半字长指令、单字长指令、双字长指令分别表示什么意思?

5.5　零地址指令的操作数来自哪里? 一地址指令中,另一个操作数的地址通常可采用什么寻址方式获得? 各举一例说明。

5.6　试比较间接寻址和寄存器间接寻址。

5.7　试比较基址寻址和变址寻址。

5.8　RISC指令系统具有哪些主要特点?

5.9　设某计算机为定长指令结构,指令字长为12位,每个地址码占3位,试提出一种分配方案,使该指令系统包含4条三地址指令、8条二地址指令、180条一地址指令。

5.10　某指令系统指令字长为16位,则操作码固定为4位,则三地址格式的指令共有几条? 如果采用扩展操作码技术,对于三地址、二地址、一地址和零地址这4种格式的指令,每种指令最多可以安排几条? 写出它们的格式。

5.11　某指令系统指令字长为12位,地址码取3位,试提出一种方案,使该指令系统有4条三地址指令、8条二地址指令、150条一地址指令。

5.12　某计算机字长为16位,主存容量为64K字,采用单字长一地址指令,共有50

条指令。若有直接寻址、间接寻址、变址寻址、相对寻址 4 种寻址方式，试设计其指令格式。

5.13 设某计算机字长为 32 位，CPU 有 32 个 32 位的通用寄存器，设计一个能容纳 64 种操作的单字长指令系统。

(1) 如果是存储器间接寻址方式的寄存器-存储器型指令，能直接寻址的最大主存空间是多少？

(2) 如果采用通用寄存器作为基址寄存器，能直接寻址的最大主存空间又是多少？

5.14 什么叫主程序和子程序？调用子程序时可采用哪几种方法保存返回地址？画图说明调用子程序的过程。

第 6 章

CPU

中央处理器(Central Processing Unit，CPU)作为计算机系统运算和控制的核心，是信息处理、程序运行的最终执行单元。在计算机体系结构中，CPU要对计算机的所有硬件资源(如存储器、输入/输出单元)进行统一控制调配，对计算机系统中的所有软件层的操作，也最终都将通过指令系统映射为CPU的操作。

本章主要介绍了CPU的基本结构和功能，结合指令周期的基本概念，分析了控制器、运算器、寄存器在指令执行期间各个阶段的数据流过程，详细讨论了提高CPU并行处理能力的指令流水线技术原理、影响指令流水线的相关性因素，以及判定指令流水线性能的技术指标。

本章重难点

重点：CPU的结构和功能、指令周期的基本概念、指令周期的数据流、指令流水线的概念和原理以及影响指令流水线性能的3个相关性因素。

难点：指令流水线的原理、影响指令流水线性能的因素和处理方法。

素养目标

知识和技能目标：了解CPU的结构和功能，熟悉指令周期的基本概念、指令执行期间的数据流，掌握指令流水线的基本原理和相关性影响因素的处理方法；通过本章的学习，能够完成简单的指令流水线设计和性能计算。

过程与方法目标：结合知识的讲解，引入示例、提问等多种方式，提升课堂活跃度，通过实验教学提高学生的动手能力，进一步巩固学习内容。

情感态度和价值观目标：通过课程思政激发学生的爱国热情和树立正确的当代大学生价值观。

本章思维导图

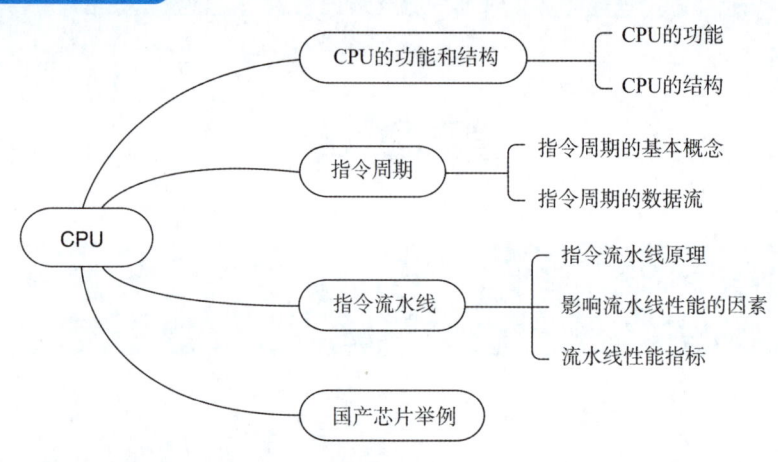

```
                    ┌── CPU的功能和结构 ──┬── CPU的功能
                    │                    └── CPU的结构
                    │
                    ├── 指令周期 ────────┬── 指令周期的基本概念
                    │                    └── 指令周期的数据流
         CPU ───────┤
                    │                    ┌── 指令流水线原理
                    ├── 指令流水线 ──────┼── 影响流水线性能的因素
                    │                    └── 流水线性能指标
                    │
                    └── 国产芯片举例
```

6.1 CPU 的功能和结构

6.1.1 CPU 的功能

CPU 的主要功能是指令控制、操作控制、时间控制、和数据加工。

(1) **指令控制**：程序的顺序控制。程序是一个指令序列，必须按照程序设计所规定好的顺序依次执行。指令控制是保障程序正确运行的首要任务。

(2) **操作控制**：一条指令的功能通常由若干操作信号的组合来实现，这些组合的操作信号由 CPU 统一管理和产生，经控制电路送往相应的操作部件，并控制其按要求执行。

(3) **时间控制**：对指令的各个操作实施时间上的管理。各条指令的执行，以及指令的一系列组合操作的执行，都必须在 CPU 的控制下，严格按照一定的时序运行，以保障计算机有序工作。

(4) **数据加工**：是对数据进行算术运算或逻辑运算的加工处理，是 CPU 的基本功能。

6.1.2 CPU 的结构

CPU 主要包括控制器和运算器两个核心部件，其中还包括高速缓冲存储器及实现它们之间联系的数据、控制的总线。

1. 控制器

控制器由程序计数器（Program Counter，PC）、指令寄存器（Instruction Register，IR）、指令译码器（Instruction Decoder，ID）、时序产生器（Timing Generator）和操作控制器组成，如图 6-1 所示。控制器负责协调并控制计算机各部件执行程序的指令序列，其基本功能是取指令、分析指令和执行指令。

1) 取指令

控制器必须具备能自动地从存储器中取出指令的功能。因此，要求控制器能自动形成指令的地址，并能发出取指令的命令，将此地址对应的指令取到控制器中。程序的第一条指令的地址可以人为指定，也可由系统设定。

2) 分析指令

分析指令包括两部分内容：一是分析此指令要完成什么操作，即控制器需发出什么操作命令；二是分析参与这次操作的操作数地址，即操作数的有效地址。

3）执行指令

执行指令就是根据分析指令过程中产生的"操作命令"和"操作数地址"，形成操作控制信号序列（不同的指令有不同的操作控制信号序列），通过对运算器、存储器以及 I/O 设备的操作，执行每条指令。

总之，CPU 必须具有控制程序的顺序执行（指令控制）、产生完成每条指令所需的控制命令（操作控制）、对各种操作加以时间上的控制（时间控制）、对数据进行算术运算和逻辑运算（数据加工）以及处理中断等功能。

2. 运算器

运算器不仅可以完成数据信息的算术逻辑运算，还可以作为数据信息的传送通路。运算器由算术逻辑运算单元（Arithmetic and Logic Unit，ALU）、通用寄存器（General Purpose Register，GPR）、数据缓冲寄存器（Data Register，DR）和状态寄存器（Program Status Word，PSWR）组成，如图 6-1 所示，它是数据加工处理部件。相对控制器而言，运算器接收控制器的命令而进行动作，即运算器所进行的全部操作都是由控制器发出的控制信号来指挥的，所以它是执行部件。运算器有以下两个主要功能。

（1）执行所有的算术运算，一个算术操作产生一个算术结果。

（2）执行所有的逻辑运算，并进行逻辑测试，一个逻辑操作则产生一个逻辑结果。

除了控制器和运算器外，要完成 CPU 的功能，还需要一些存放指令和数据的寄存器、中断系统、总线接口等其他功能部件，这些内容将在以后各章中陆续展开。一个典型的 CPU 结构如图 6-1 所示。

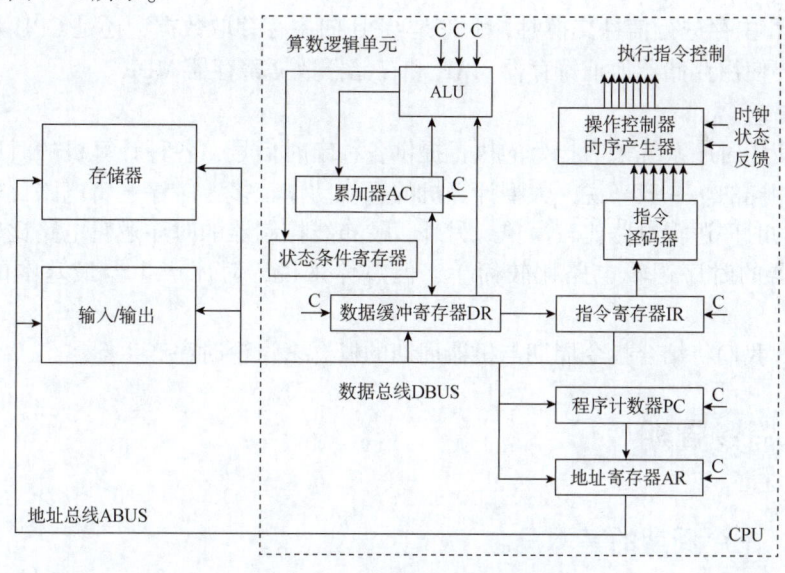

图 6-1　一个典型的 CPU 结构

3. CPU 的寄存器

不同类型的 CPU，其内部寄存器的数量、种类以及存储的数值范围都是不同的。

1）通用寄存器

通用寄存器是可以由程序编址访问、具有多种功能的寄存器。在指令系统中为这些寄存器分配了编号，也称为寄存器地址。可以编程指定使用其中的某个寄存器。可通过编程与运算器配合，指定其实现多种功能，如提供操作数、保存中间结果、存放堆栈指针等；也可用作基址寄存器、变址寄存器等；寄存器间接寻址时还可用通用寄存器存放有效地址。

现代计算机中为了减少访问存储器的次数，提高运算速度，往往在 CPU 中设置大量的通用寄存器，少则几个，多则几十个甚至上百个。

2）专用寄存器

专用寄存器是专门用来完成某一种特殊功能的寄存器，用于控制 CPU 的操作或运算，这类寄存器大部分对用户是透明的。

（1）程序计数器 PC：又称指令计数器，用来存放正在执行的指令地址或接着要执行的下一条指令地址。当遇到转移类指令时，PC 的值可被修改。

（2）指令寄存器 IR：用来存放从存储器中取出的指令。当指令从主存取出存于指令寄存器之后，在执行指令的过程中，指令寄存器的内容不允许发生变化，以保证实现指令的全部功能。

（3）存储器数据寄存器 MDR：用来存放向主存写入的信息或从主存中读出的信息。

（4）存储器地址寄存器 MAR：用来存放所要访问的主存单元的地址。它可以接收来自程序计数器 PC 的指令地址，或者接收来自地址形成部件的操作数地址。

（5）状态寄存器 PSWR：又称状态条件寄存器，用来存放程序状态字（PSW）。程序状态字的各位表征程序和机器运行的状态，是参与控制程序执行的重要依据之一。它主要包括两部分内容：一是状态标志，如进位标志（C）、结果为零标志（Z）等，大多数指令的执行将会影响到这些标志位；二是控制标志，如中断标志、陷阱标志等。状态寄存器的位数往往等于机器字长，各类机器的状态寄存器的位数和状态字的设置位置不尽相同。

当 CPU 和主存进行信息交换时，无论是 CPU 向主存存取数据，还是 CPU 从主存中读取指令，都要使用存储器地址寄存器 MAR 和存储器数据寄存器 MDR。

4. 时序产生器

控制器使用时序系统来为指令的执行提供各种定时信号，各种计算机的时序信号产生电路是不尽相同的。一般来说，大型计算机的操作动作较多，时序逻辑电路比较复杂，而微型计算机的时序逻辑电路比较简单。另外，硬布线控制器的时序逻辑电路比较复杂，而微程序控制器的时序逻辑电路比较简单，但总体来说，时序产生器最基本的构成是一样的。

下一节，我们将结合指令周期与机器周期的概念来讨论时序产生器。

6.2 指令周期

6.2.1 指令周期的基本概念

指令周期是指从取指令、分析指令到执行完该指令所需的全部时间。机器周期又称 CPU 周期，它是指令执行过程中的相对独立的阶段。一条指令的执行过程由若干个机器周期所组成，每个机器周期完成一个基本操作。由于 CPU 内部操作速度快，而 CPU 访存所需时间较长，所以许多计算机系统以访存时间为基准来规定机器周期，以便二者协调工作。不同的指令周期中所包含的机器周期数差别可能很大，一般情况下，一条指令所需的最短时间为两个机器周期：取指周期和执行周期。

一个机器周期时间又包含若干个时钟周期，又称 T 周期或节拍脉冲，它是处理操作的最基本单位，这些时钟周期的总和规定了一个机器周期的时间宽度。

通常，CPU 是按"取指令—执行—再取指令—再执行……"的顺序自动工作的。由于各种指令的操作功能不同，所以各种指令的指令周期是不尽相同的。

例如，无条件转移指令"JMP"，在执行阶段不需要访问主存，可以在取指令阶段的后期将转移地址送至程序计数器 PC，其指令周期就只有取指周期；又如一地址加法指令"ADD"，除取指令需访问一次内存外，执行阶段取操作数也要访问一次内存，其指令周期就包括取指周期和执行周期；再如乘法指令"MUL"，其执行阶段所要完成的操作比加法指令复杂，故它的执行周期要比加法指令的执行周期长一些。在间接寻址方式中，指令中的形式地址 A 不直接指出操作数的地址，而指出操作数有效地址 EA 所在的存储地址，因此，需先访问一次存储器，取出操作数的有效地址，然后根据有效地址访问存储器，取出操作数。所以，间接寻址的指令周期有 3 个阶段，除取指周期和执行周期外，还包括间址周期。间址周期在取指周期和执行周期之间，如图 6-2 所示。

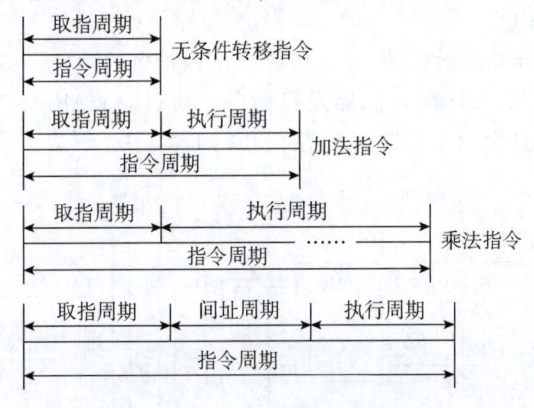

图 6-2 各种指令的指令周期

此外，在 CPU 采用中断方式实现主机与 I/O 设备交换信息的系统中，CPU 在每条指令执行阶段结束前还要发出中断查询，若有请求，CPU 则需要进行中断处理，将程序断点保存到存储器中，称此阶段为中断周期。因此，一个完整的指令周期可能包括取指周期、间址周期、执行周期和中断周期 4 个阶段。指令周期的流程图如图 6-3 所示。

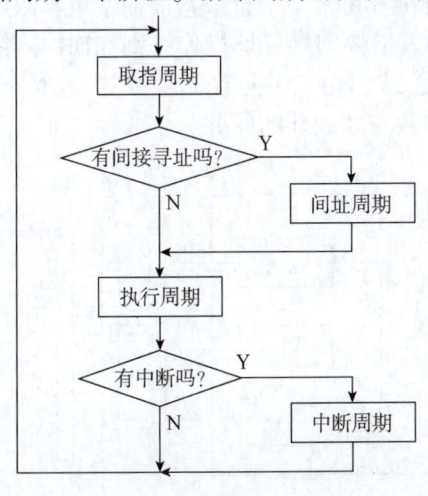

图 6-3 指令周期的流程图

通常，又称指令周期的每个阶段为 1 个 CPU 周期，每个 CPU 周期都有一个与之对应的周期状态触发器，如图 6-4 所示。其中，FE、IND、EX 和 INT 分别对应取指周期、间址周期、执行周期和中断周期 4 个周期，机器运行在不同的 CPU 周期时，其对应的周期状态触发器被置"1"。在机器运行的任何时刻只能处于一种周期状态，因此，有且仅有一个周期状态触发器被置"1"。

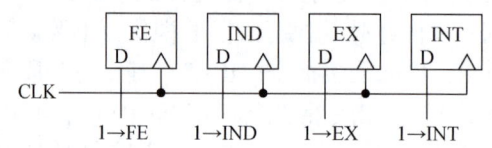

图 6-4　CPU 工作周期状态触发器

6.2.2　指令周期的数据流

1. 取指周期的数据流

图 6-5 所示是取指周期的数据流。PC 中存放现行指令的地址，该地址送到 MAR 并送至地址总线，然后由控制部件 CU 向存储器发读命令，使对应 MAR 所指单元的内容（指令）经数据总线送至 MDR，再送至 IR，并且 CU 控制 PC 内容加 1，形成下一条指令的地址。

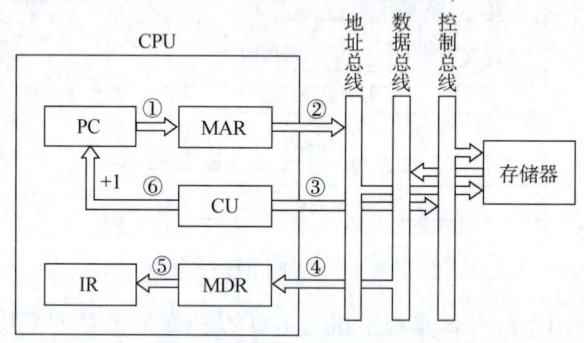

图 6-5　取指周期的数据流

2. 间址周期的数据流

间址周期的数据流如图 6-6 所示。一旦取指周期结束，CU 便检查 IR 中的内容，以确定其是否有间接寻址操作，若需要间接寻址操作，则 MDR 中指示形式地址的右 N 位，将被送到 MAR，再送至地址总线，由 CU 向存储器发送读命令，以获取有效地址并存至 MDR。间址周期完成取操作数有效地址的任务。

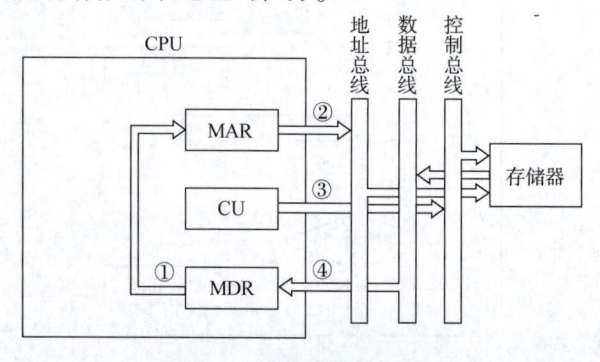

图 6-6　间指周期的数据流

3. 执行周期的数据流

不同的指令在执行周期的操作各不相同，因此执行周期的数据流是多种多样的，可能涉及 CPU 内部寄存器间的数据传送、对存储器(或 I/O)进行的读写操作或对 ALU 的操作，无法用统一的数据流图表示。

4. 中断周期的数据流

在中断周期，CPU 要完成一系列操作，以待执行完中断服务程序后，可以准确返回到该程序的间断处。由 CU 把用于保存程序断点的存储器特殊地址(或栈指针)送往 MAR，并送到地址总线上，然后由 CU 向存储器发送写命令，并将 PC 的内容(程序断点)送到 MDR，最终使程序断点经数据总线存入存储器。此外，CU 还需将中断服务程序的入口地址送至 PC，为下一个指令周期的取指周期做好准备。中断周期的数据流如图 6-7 所示。

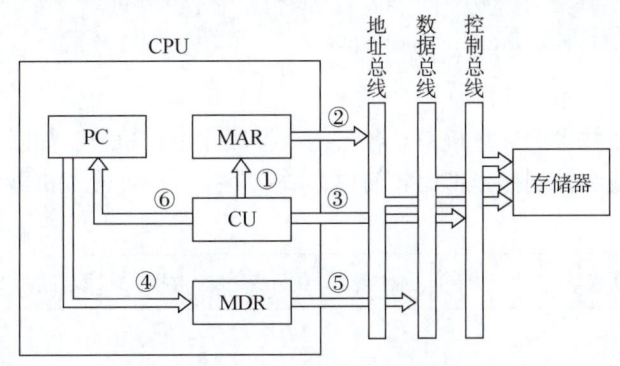

图 6-7 中断周期的数据流

6.3 指令流水线

计算机自诞生以来，提高器件的性能一直是提高整机性能的重要途径。计算机的发展过程中，从电子管、晶体管、集成电路，到现在的大规模、超大规模集成电路，器件的每一次更新换代都使计算机的软硬件技术和计算机性能获得突破性进展。特别是大规模集成电路的发展，由于其集成度高、体积小、功耗低、可靠性高、价格低等特点，使人们可采用更复杂的系统结构造出性能更高、工作更可靠、价格更低的计算机。但是由于半导体器件的集成度越来越接近物理极限，器件速度的提高越来越慢。

提高计算机的并行能力，是提高计算机速度的另一个重要手段。早期的计算机基于冯·诺依曼体系结构，采用的是串行处理，即计算机的各个操作只能串行地完成，任一时刻只能进行一个操作，而并行处理则使多个操作能同时进行，从而大大提高了计算机的速度。并行性有同时性和并发性两种含义，同时性指多个事件在同一时刻发生；并发性指多事件在同一时间段内发生。计算机的并行处理技术可贯穿于信息加工的各个步骤和阶段，概括起来，主要有 3 种形式：时间并行、空间并行、时间并行+空间并行。

并行性通常分为 4 个等级：作业级或程序级、任务级或进程级、指令之间级、指令内部级。前两个为粗粒度并行性(Coarse-grained Parallelism)，又称为过程级并行性，一般用软件算法实现；后两个为细粒度并行性(Fine-grained Parallelism)，又称为指令级并行性，一般用硬件实现。从计算机体系结构来看，粗粒度并行性是在多个处理机上分别运行多个进程，由多台处理机合作完成一个程序；细粒度并行性是指在处理机的操作级和指令级的并行性，其中指令的流水线作业就是一项重要技术。

一个计算机系统可以在不同的并行等级上采用流水线技术，常见的流水线形式有以下几种。

（1）指令流水线：指令步骤的并行，将指令的处理过程分解为取指令、指令译码、取操作数、执行指令、写操作数等几个可以并行处理的阶段。

（2）算术流水线：运算操作步骤的并行，如流水线加法器、流水线乘法器、流水线除法器等。

（3）处理机流水线：又称为宏流水线，是指程序步骤的并行。由一串级联的处理机构成流水线的各个过程段，每台处理机负责某一特定的任务。

6.3.1 指令流水线原理

1. 顺序方式

在不采用流水线技术的计算机里，各条指令按顺序串行执行，如图 6-8 所示。顺序方式的优点是硬件设备和控制操作都比较简单；缺点是执行速度慢，机器效率低。

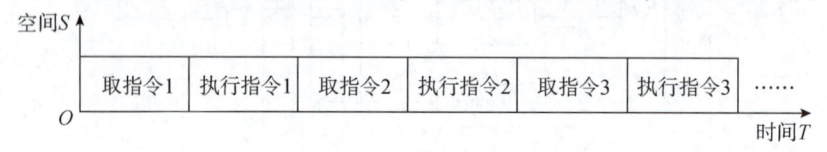

图 6-8 顺序方式

2. 重叠方式

重叠方式是指相邻两条指令的执行，在时间上可以相互重叠，如图 6-9 所示。重叠方式加快了程序的运行速度，但其控制逻辑要比顺序方式复杂，对存储器系统要求较高，一般要求存储器采用多存储体交叉工作的方法，以满足存储器速度要求；另外通常采用指令预取部件，利用主存的空闲时间预取后续指令。

图 6-9 重叠方式（二级流水线）

重叠方式能加速指令的执行，如果取指令和执行指令阶段在时间上完全重叠，相当于将指令周期减半。然而进一步分析流水线，就会发现存在两个原因使执行效率加倍是不可能的。

（1）指令的执行时间一般大于取指时间，因此，取指令阶段可能要等待一段时间，即存放在指令部件缓冲区的指令还不能立即传给执行部件，缓冲区不能空出。

（2）当遇到条件转移指令时，下一条指令是不可知的，因为必须等到执行指令阶段结束后，才能获知条件是否成立，从而决定下一条指令的地址，造成时间损失。

通常为了减少时间损失,采用猜测法,即当条件转移指令从取指令阶段进入执行指令阶段时,指令部件仍按顺序预取下一条指令。这样,若条件不成立,转移没有发生,则没有时间损失;若条件成立,转移发生,则所取的指令必须丢掉,并再取新的指令。尽管这些因素降低了重叠方式的潜在效率,但还是可以获得一定程度的加速。

3. 流水线方式

流水线方式是为了进一步提高处理速度,在重叠方式的基础上,采用类似生产流水线的方式控制指令的执行,即把指令的执行过程划分成若干个复杂程度相当、处理时间大致相等的子过程,每个子过程由一个独立的功能部件来完成。同一时间,多个功能部件同时工作,完成对不同子过程的处理。由于流水线上各功能部件并行工作,同时执行多条指令,机器的处理速度和执行效率大幅提升。

【例6-1】把一条指令I的执行过程划分为更细的5个阶段,即取指令(FI)、指令译码(DI)、取操作数(FO)、执行指令(EX)、写回结果(WO),并假设各段的处理时间都是相等的。画出指令的5级流水线时序并分析。

(1)取指令(FI):从存储器取出指令并暂时存入指令部件的缓冲区。
(2)指令译码(DI):分析操作码和操作数的寻址方式。
(3)取操作数(FO):从存储器中取操作数。
(4)执行指令(EX):执行指令定义的操作。
(5)写回结果(WO):将结果写入存储器。

解: 图6-10为指令的5级流水线时序,流水线方式中,处理器有5个功能操作部件同时对6条指令I1、I2、I3、I4、I5、I6并行处理,6条指令若不采用流水线技术,运行结束需要6×5=30个时间单位,而采用了5级流水线方式,只需要10个时间位就运行完成,大幅度提高了处理器速度。

图6-10中是假设每条指令在流水线上都要经过5个阶段,且每个阶段处理时间相等,而在实际当中则可能会出现一些问题:若I是一条取数指令,则该指令就只有3个阶段,并不需要WO阶段;若考虑访问存储器冲突问题,则不一定所有阶段都能够并行执行,如FI、FO、WO阶段都涉及存储器访问,如果出现冲突就无法并行执行。另外,如果遇到转移指令,或者各个阶段处理时间不等,都会影响流水线的性能。

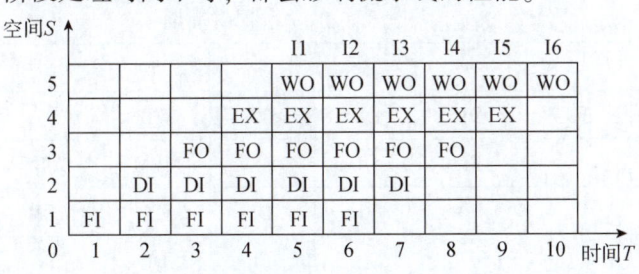

空间S						I1	I2	I3	I4	I5	I6
5						WO	WO	WO	WO	WO	WO
4					EX	EX	EX	EX	EX	EX	
3				FO	FO	FO	FO	FO	FO		
2			DI	DI	DI	DI	DI	DI			
1		FI	FI	FI	FI	FI	FI				
0	1	2	3	4	5	6	7	8	9	10	时间T

图6-10 指令的5级流水线时序

一般的流水线计算机因只有一条指令流水线,也称为标量流水线计算机。流水线技术使计算机系统结构产生重大革新,为了进一步发展,除采用好的指令调度算法、重新组织指令执行顺序、降低相关带来的干扰以及优化编译外,还可开发流水线中的多发技术,即设法在一个时钟周期内产生更多条指令的结果。常见的多发技术有超标量技术、超级流水线技术和超长指令技术。

6.3.2 影响流水线性能的因素

要使流水线具有良好的性能，必须设法使流水线做到充分流水，不发生断流。但通常由于在流水过程中会出现3种相关性，使流水线不断流实现起来很困难，这3种相关性是结构相关、数据相关和控制相关。所谓相关，是指在流水线的邻近指令之间存在某种相互约束的关系，这种关系会影响指令的并行执行。

为方便讨论，假设指令 I 的流水线由 5 个阶段组成，分别是取指令（FI）、指令译码（DI）、执行/访存有效地址计算（EX）、存储器访问（MEM）、结果写回寄存器堆（WB）。表 6-1 列出了算术类指令、访存类指令（取数、存数）和转移类指令在各流水段中的操作。

表 6-1 不同指令的流水段操作

阶段	算术类指令	访存类指令	转移类指令
FI	取指令	取指令	取指令
DI	译码	译码	译码
EX	执行	计算访存有效地址	计算转移目标地址，设置条件码
MEM		访存（读/写）	若条件成立，将转移目标地址送 PC
WB	结果写回寄存器堆	将读出的数据写入寄存器堆	

1. 结构相关

结构相关，也称资源相关，是指多条指令进入流水线后，在同一时钟周期内争用同一个功能部件所产生的冲突，是硬件资源满足不了指令重叠执行的要求导致的。通常，大多数机器（冯•诺依曼结构）都是将指令和数据存放在同一存储器中，若只有一个访问入口，如果在流水线的同一时钟周期内发生取指令访存和取数访存操作，就会引起争用资源的冲突。

由表 6-2 给出了这种冲突的示例，在第 4 个时钟周期时，指令 I1（LOAD）的取数访存 MEM 阶段与指令 I4 的取指令 FI 阶段，都需要访问存储器，如果这两个阶段所访问的是同一个存储器，就会产生两条指令争用存储器资源的相关性冲突。

表 6-2 结构相关示例

指令	时钟周期							
	1	2	3	4	5	6	7	8
I1（LOAD）	FI	DI	EX	MEM	WB			
I2		FI	DI	EX	MEM	WB		
I3			FI	DI	EX	MEM	WB	
I4				FI	DI	EX	MEM	WB
I5					FI	DI	EX	MEM

解决这种冲突的办法有 3 种，分别如下所述。

第一种：将 I4 指令的启动时间推后 1 个时钟周期，即等前一条指令 I1 对存储器访问完成之后，再启动 I4 指令，如表 6-3 所示，这会使后续的流水线得以继续进行。此方法的缺点是会造成指令流水线的暂停等待，即流水线断流、不连续。如果这种相邻指令的资源冲突频繁发生，流水线就会断断续续，将严重影响指令流水线的性能。

表 6-3　流水线暂停 1 个时钟周期

指令	时钟周期								
	1	2	3	4	5	6	7	8	9
I1（LOAD）	FI	DI	EX	MEM	WB				
I2		FI	DI	EX	MEM	WB			
I3			FI	DI	EX	MEM	WB		
I4				暂停	FI	DI	EX	MEM	WB
I5						FI	DI	EX	MEM

第二种：增加计算机资源，即增设一个存储器，将指令和数据分别放在两个独立的存储器中，这样取指令操作和取数操作同时访问各自的存储器而避免了冲突。此方法的好处是流水线不断流，缺点是增加了计算机的硬件资源成本。

第三种：采用指令预取技术。指令预取技术的实现主要是基于访存操作时间短的情况，即在一条指令的执行周期，利用访存操作外的空闲时间，可进行后续指令的预取操作。此方法在 CPU 中设置一个指令队列，将预取的指令存入该队列中，只要指令队列有空余，就可在指令流水线的空闲时段预取下一条指令，从而保证在执行第 I 条指令的同时对第 I+1 条指令进行译码，实现"执行 I"与"分析 I+1"的重叠。表 6-4 为指令预取技术说明。

表 6-4　指令预取技术说明

指令	时钟周期							
	1	2	3	4	5	6	7	8
I1（LOAD）	FI	DI	EX	MEM	WB			
I2		FI	DI	EX	MEM	WB		
I3			预取	DI	EX	MEM	WB	
I4				预取	DI	EX	MEM	WB
I5					预取	DI	EX	MEM

2. 数据相关

指令流水线中，当后续指令要使用前面指令的结果作为操作数时，若这一结果尚未产生或尚未送达指定位置，则后续指令将取到错误的操作数。这是由于在流水线中的各条指令因重叠操作，改变了操作数的读写访问顺序，从而导致了数据相关冲突。

根据指令间对同一寄存器读和写操作的先后次序关系，数据相关冲突可分为写后读（Read After Write，RAW）相关、读后写（Write After Read，WAR）相关和写后写（Write After Write，WAW）相关。在按序流动的流水线中，只可能出现 RAW 相关。在非按序流动的流水线中，由于允许后进入流水线的指令超过先进入流水线的指令而先流出流水线，则既可能发生 RAW 相关，还可能发生 WAR 和 WAW 相关。

【例 6-2】现假设有如下 3 条指令：

ADD　R1，R2，R3；(R2)+(R3)→R1

SUB　R4，R1，R5；(R1)-(R5)→R4
AND　R6，R1，R7；(R1)·(R7)→R6

ADD 指令在第 5 个时钟周期时，将运算结果写入寄存器 R1，SUB 指令和 AND 指令分别在第 4 个和第 5 个时钟周期读寄存器 R1 的数据到 ALU 进行运算。画出指令流水线并分析。

解： 表 6-5 所示为上述指令的指令流水线。

指令顺序执行时正常读写顺序应该是先由 ADD 指令写入 R1，再由 SUB 指令和 AND 指令读取。而采用指令流水线后，变成 SUB 指令先读 R1，ADD 指令再写 R1，因而发生了 SUB 指令和 ADD 指令间先写后读的顺序改变为先读后写，即 RAW 数据相关冲突；ADD、AND 两条指令发生了同时写和同时读的相关冲突。

表 6-5　数据相关示例

指令	时钟周期						
	1	2	3	4	5	6	7
ADD	FI	DI	EX	MEM	WB (写R1)		
SUB		FI	DI	EX (读R1)	MEM	WB	
AND			FI	DI	EX (读R1)	MEM	WB

为了解决数据相关冲突，有以下两种解决方案。

第一种：可以采用后推法，即在指令流水线中遇到数据相关问题时，就暂停后继指令的运行，直至前面指令的结果已经生成。其流水线如表 6-6 所示，显然这种方法会使流水线停顿 3 个时钟周期。

第二种：在流水线 CPU 的运算器中，特别地设置若干运算结果缓冲寄存器，用于暂时保留运算结果，以便于后继指令直接使用，称为定向传送技术，又称为旁路技术或相关专用通路技术。其主要思想是不必暂停流水线，而是直接将前面指令执行结果送到其他后续指令所需要的地方。

表 6-6　后推法说明

指令	时钟周期								
	1	2	3	4	5	6	7	8	9
ADD	FI	DI	EX	MEM	WB (写R1)				
SUB		FI	DI	暂停	EX (读R1)	MEM	WB		
AND			IF	DI	暂停	暂停	EX (读R1)	MEM	WB

例如，在上述 3 条指令中，要写入 R1 的结果，实际上在 ADD 指令 EX 段的末尾处已形成，如果设置专用通路，将此时产生的结果直接送到需要它的 SUB、AND 指令的 EX 段，就可以使流水线不发生停顿。显然，此时要对 3 条指令进行定向传送操作。图 6-11 为带有定向传送技术的 ALU 执行部件，包含两个暂存器。在 ADD 指令的 EX 段末期，将执行结果存入暂存器中，当 SUB 指令或 AND 指令将进入 EX 段时，可通过定向传送技术经多路开关送到 ALU 中，这里的定向传送仅发生在 ALU 内部。

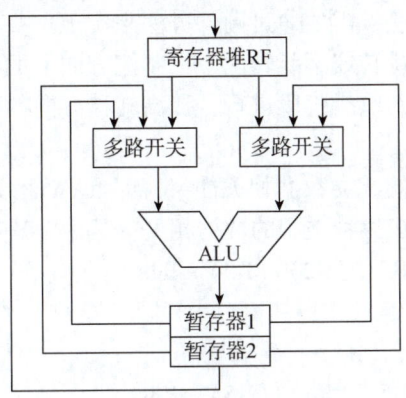

图 6-11 定向传送技术

3. 控制相关

控制相关是由转移指令引起的。当执行转移指令时，根据转移条件的判定，程序可能会按原来的顺序继续执行，也可能会发生跳转，程序的跳转使得流水线发生断流。因为发生跳转前，指令流水线的指令都是按顺序依次预取的，发生跳转后，这些预取的指令全部失效。

【例 6-3】以例 6-1 中的指令流水序列为例，假设指令 I3 为一条转移指令，且满足转移条件后需跳转到指令 I9 继续执行，分析指令流水的执行情况。

解：由于指令 I3 要在其指令执行阶段 EX 的末尾，才能判定下一条指令是 I4（不跳转）还是 I9（跳转），但在指令 I3 的执行阶段 EX 结束之前，流水线是按顺序正常向前推进的。若转移条件满足时，即指令 I3 执行完成之后，下一条被执行的指令应该是 I9，所以，指令流水线之前对第 4、5、6 条指令所做的操作全部失效，并排空流水线，从第 7 个时钟周期开始，流水线作业需要重新从指令 I9 开始进行。这样，由于指令跳转，导致在时钟周期 8、9、10 期间没有指令执行完成，这就是由于不能预测转移条件而带来的性能损失，如图 6-12 所示。

图 6-12 控制相关示例

统计表明，转移指令约占总指令的25%，与其他相关性相比，它会使流水线丧失更多的性能。为了减小转移指令对流水线性能的影响，常用以下两种转移处理技术。

第一种：采用延迟转移法，由编译程序对指令序列进行重排来实现。其基本思想是"先执行再转移"，即发生转移时不排空指令流水线，而是让之前预取的少数几条指令继续执行并完成。如果这些指令的执行结果与转移指令无关，这样发生转移后其结果仍然可用，而转移损失的时间片则得到了有效利用。

第二种：采用转移预测法，需要通过硬件方法来实现，基本思想是依据指令过去的行为来预测将来的行为。预取跳转或不跳转两个控制流方向上的目标指令，加快和提前形成条件码，可将转移预测提前到取指阶段进行，提高转移方向的猜准率。详细过程可进一步查阅相关资料。

【例6-4】根据流水线中的3类数据相关冲突，即 RAW 相关、WAR 相关以及 WAW 相关，判断以下3组指令各存在哪种类型的数据相关，其中，M(x)是存储器单元。

(1) I1：ADD R1, R2, R3；(R2)+(R3)→R1
    I2：SUB R4, R1, R5；(R1)-(R5)→R4

(2) I3：STA M(x), R3；(R3)→M(x)
    I4：ADD R3, R4, R5；(R4)+(R5)→R3

(3) I5：MUL R3, R1, R2；(R1)×(R2)→R3
    I6：ADD R3, R4, R5；(R4)+(R5)→R3

解：

第(1)组指令中，I1 指令运算结果应先写入 R1，然后在 I2 指令中读出 R1 内容。由于 I2 指令进入流水线，变成 I2 指令在 I1 指令写入 R1 前就读出 R1 内容，发生 RAW 相关。

第(2)组指令中，I3 指令应先读出 R3 内容并存入存储单元 M(x)，然后在 I4 指令中将运算结果写入 R3。但如果 I4 指令进入流水线，变成 I4 指令在 I3 指令读出 R3 内容前就写入 R3，发生 WAR 相关。

第(3)组指令中，如果 I6 指令的加法运算完成时间早于 I5 指令的乘法运算时间，变成指令 I6 在指令 I5 写入 R3 前就写入 R3，导致 R3 的内容错误，发生 WAW 相关。

6.3.3 流水线性能指标

流水线性能通常用吞吐率、加速比和效率3项指标来衡量。

1. 吞吐率(Throughput Rate)

在指令流水线中，吞吐率是指单位时间内流水线所完成指令或输出结果的数量。吞吐率又有最大吞吐率和实际吞吐率之分。

最大吞吐率是指流水线在连续流动达到稳定状态后所获得的吞吐率。对于 m 段的指令流水线而言，若各段的时间均为 Δt，则最大吞吐率 T_{pmax} 为

$$T_{pmax} = \frac{1}{\Delta t}$$

流水线仅在连续流动时才可达到最大吞吐率。实际上由于流水线在开始时有一段建立时间（第一条指令输入后到其完成的时间）；结束时有一段排空时间（最后一条指令输入后到其完成的时间），另外，由于各种相关因素使流水线无法连续流动，所以，实际吞吐率总是小于最大吞吐率。

对于 m 段的指令流水线，若各段的时间均为 Δt，若连续处理 n 条指令，除第一条指令需 $m\Delta t$ 外，其余 $(n-1)$ 条指令，每隔 Δt 就有一个结果输出，即总共需 $m\Delta t + (n-1)\Delta t$ 时间，故实际吞吐率 T_p 为

$$T_p = \frac{n}{m\Delta t + (n-1)\Delta t} = \frac{1}{\Delta t[1+(m-1)/n]} = \frac{T_{pmax}}{1+(m-1)/n}$$

2. 加速比(Speedup Ratio)

流水线的加速比是指等功能的非流水线的速度与 m 段流水线的速度之比。若流水线各段时间均为 Δt，则在 m 段流水线上完成 n 条指令共需 $T = m\Delta t + (n-1)\Delta t$ 时间，而在等效的非流水线上所需时间为 $T' = nm\Delta t$。故加速比 S_p 为

$$S_p = \frac{nm\Delta t}{m\Delta t + (n-1)\Delta t} = \frac{nm}{m+n-1} = \frac{m}{1+(m-1)/n}$$

可以看出，在 $n \gg m$ 时，S_p 接近于 m，即当流水线各段时间相等时，其最大加速比等于流水线的段数 m。

3. 效率(Efficiency)

效率是指流水线中各功能段的利用率，通常用流水线各段处于工作时间的时空区与流水线中各段总的时空区之比来衡量流水线的效率。由于流水线有建立时间和排空时间，所以各功能段的设备不可能一直处于工作状态，总有一些空闲时间。图 6-13 是理想状态(不断流时) m 段流水线的时空图，假设各段时间相等，且均为 Δt。

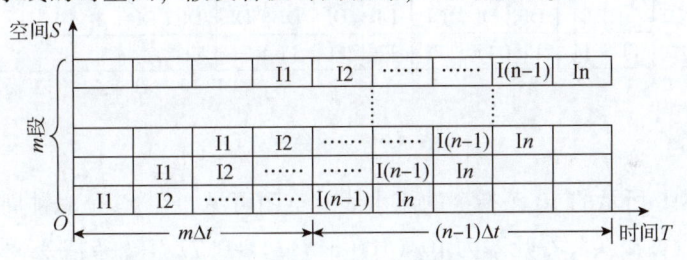

图 6-13 理想状态 m 段流水线的时空图

$mn\Delta t$ 是流水线各段处于工作时间的时空区，而流水线中各段总的时空区是 $m(m+n-1)\Delta t$，则流水线的效率可用公式表示为

$$E = \frac{nm\Delta t}{m(m+n-1)\Delta t} = \frac{n}{m+n-1} = \frac{S_p}{m} = T_p\Delta t$$

【例 6-5】假设指令流水线分为取指令(FI)、指令译码(DI)、指令执行(EX)、回写结果(WO)等 4 个过程段，共有 10 条指令连续输入此流水线。

(1) 画出指令周期流程。
(2) 画出非流水线时空图。
(3) 画出流水线时空图。
(4) 假设时钟周期为 100 ns，求流水线的实际吞吐率。
(5) 求该流水线处理器的加速比。

解：

(1) 指令周期包括 FI、DI、EX、WO 这 4 个子过程，图 6-14 为指令周期流程。

```
入 → FI → DI → EX → WO → 出
```

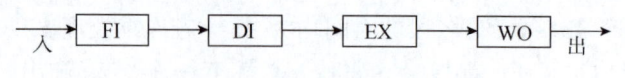

图 6-14 指令周期流程

（2）非流水线时空图如图 6-15 所示。假设一个时间单位为一个时钟周期，则每隔 4 个时钟周期才有一个输出结果。

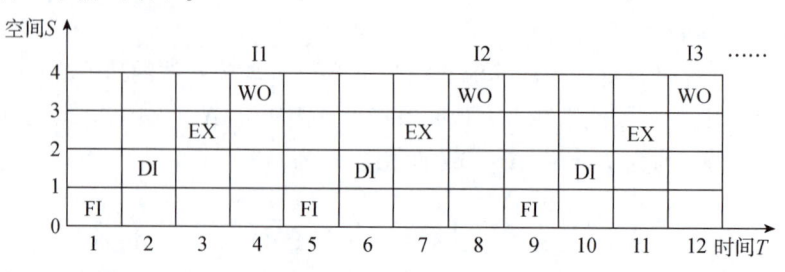

```
空间S
 4        WO            WO            WO
 3     EX            EX            EX
 2  DI            DI            DI
 1 FI            FI            FI
 0  1  2  3  4  5  6  7  8  9 10 11 12  时间T
        I1           I2           I3 ……
```

图 6-15 非流水线时空图

（3）流水线时空图如图 6-16 所示。由图可见，第一条指令出结果需要 4 个时钟周期。当流水线满载时，以后每一个时钟周期可以出一个结果，即执行完一条指令。

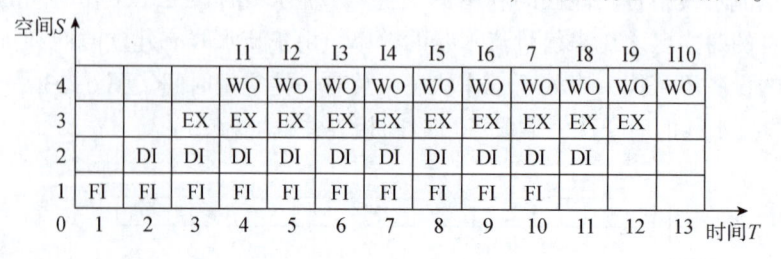

```
空间S          I1 I2 I3 I4 I5 I6 I7 I8 I9 I10
 4           WO WO WO WO WO WO WO WO WO WO
 3        EX EX EX EX EX EX EX EX EX EX
 2     DI DI DI DI DI DI DI DI DI DI
 1  FI FI FI FI FI FI FI FI FI FI
 0  1  2  3  4  5  6  7  8  9 10 11 12 13  时间T
```

图 6-16 流水线时空图

（4）由图 6-16 所示的 10 条指令的流水线时空图可见，在 13 个时钟周期结束时，CPU 执行完 10 条指令，故实际吞吐率为 $10/(100\ ns\times 13)\approx 0.77\times 10^7$ 条指令/秒。

（5）在流水线处理器中，当任务饱满时，指令不断输入流水线，不论是几级流水线，每隔一个时钟周期都输出一个结果。对于本题 4 级流水线而言，处理 10 条指令所需的时钟周期数为 $T_4=4+(10-1)=13$，而非流水线处理 10 条指令需 $4\times 10=40$ 个时钟周期，故该流水线处理器的加速比为 $40\div 13\approx 3.08$。

6.4 国产芯片举例

1. 华为鲲鹏系列芯片简介

鲲鹏 920 芯片供华为鲲鹏系列服务器全面搭载和使用。鲲鹏 920 芯片提供强大的计算能力，基于海思自研的具有完全知识产权的 ARMv8 架构，它采用了 7 纳米工艺制造，具有高性能、低功耗的特点，支持 64 位指令集，可以运行多种操作系统，如 Android、Linux 等。

鲲鹏 920 芯片的 CPU 部分采用了 DaVinci 架构，包含了 4 个 Cortex-A76 核心和 4 个 Cortex-A55 核心，以及一颗 NPU（神经网络处理器），能够实现高效的人工智能计算。其最多支持 64 Core，支持多达 8 组 72 bits、数据率最高为 3200 MT/s 的 DDR4 接口，全面提升芯片的计算能力和一致性总线性能。芯片还集成以太网控制器，用于提供网络通信功能；提供 SAS 控制器，用于扩展存储介质；集成 PCIe 控制器，用于扩展用户特性化功能，并可被用于不同 CPU 之间连接。芯片集成安全算法引擎、压缩解压缩引擎、存储算法引擎等加速引擎进行业务加速。

ARMv8 的架构继承了以往 ARMv7 与之前处理器技术的基础，除现有的 16/32 bit 的 Thumb2 指令支持外，也向前兼容现有的 A32（ARM 32 bit）指令系统。基于 64 bit 的 AArch64 架构，除新增 A64（ARM 64 bit）指令系统外，也扩充了现有的 A32（ARM 32 bit）和 T32（Thumb2 32 bit）指令系统，另外还新增加了 CRYPTO（加密）模块支持。

2. ARMv8 架构的流水线技术

1）技术特点

不能减少单指令的响应时间，和 single-cycle 指令的响应时间是相同的；多指令同时使用不同资源，可提升整体单 cycle 内的指令吞吐量，极大提高指令执行效率；指令执行速率被最慢的流水线所限制，执行效率被依赖关系所影响。

分支预测和取指流水线解耦设计，取指流水线每节拍最多可提供 32 Bytes 指令供译码，分支预测流水线可以不受取指流水线停顿影响，超前进行预测处理；定浮点流水线分开设计，解除定浮点相互反压，每拍可为后端执行部件提供 4 条整型微指令及 3 条浮点微指令；整型运算单元支持每节拍执行 4 条 ALU 运算（含 2 条跳转）及 1 条乘除运算；浮点及单指令流多数据流（Single Instruction Multiple Data，SIMD）运算单元支持每节拍执行 2 条 ARM Neon 128 bits 浮点及 SIMD 运算；访存单元支持每拍 2 条读或写访存操作，读操作最快 4 拍完成，每节拍访存带宽为：读数 2×128 bits，写数 1×128 bits。

2）指令流水线

ARMv8 架构支持 3 级和 5 级指令流水线技术，表 6-7 分别给出了支持这两种流水线技术的指令格式，图 6-17 为这两种指令的流水线时序图。

（1）包含 3 个 CPU 周期的指令，3 个阶段分别是取指令 IF、译码/读取寄存器堆数据 ID、执行/地址计算 EX。

（2）包含 5 个 CPU 周期的指令，5 个阶段分别是取指令 IF、译码/读取寄存器堆数据 ID、执行/地址计算 EX、读写内存数据 MEM、数据写回到寄存器堆 WB。

表 6-7 指令格式

包含 3 个 CPU 周期的指令		包含 5 个 CPU 周期的指令	
IF	取指令	IF	取指令
ID	译码/读取寄存器堆数据	ID	译码/读取寄存器堆数据
EX	执行/地址计算	EX	执行/地址计算
		MEM	读写内存数据
		WB	数据写回到寄存器堆

[图示：(a) 指令的3级流水线时序图，(b) 指令的5级流水线时序图]

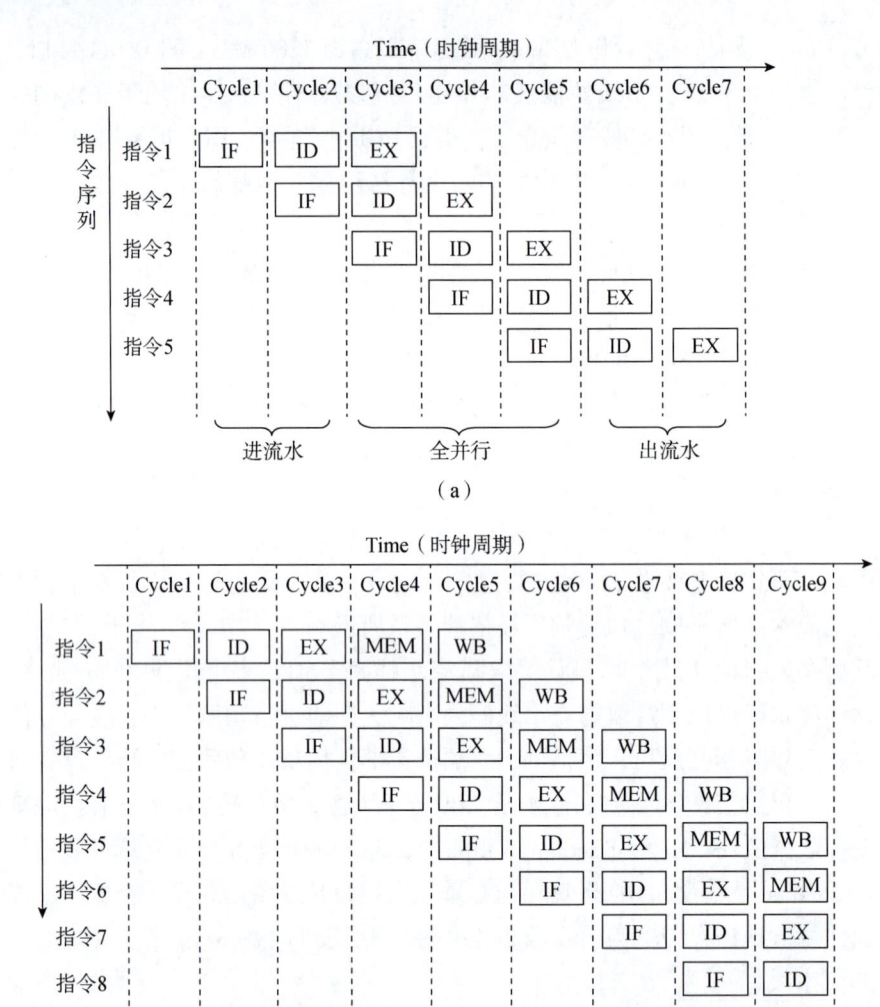

图 6-17 两种指令的流水线时序图

（a）指令的 3 级流水线；（b）指令的 5 级流水线

3）流水线相关性问题的处理技术

指令流水线引起的相关性问题的一些说明和解决方法，由表 6-8 给出。

4）并行技术

ARMv8 架构的流水线采用两种并行技术来增强指令的并行执行能力。

（1）一是增加单条流水线的深度，若是 N 级流水线，那么在 single-cycle 内就会有 N 条指令被执行。

（2）二是采用流水线并行技术（Pipeline Parallel），若有 M 条流水线，每条流水线深度为 N，那么 single-cycle 内有 $M \times N$ 条指令被执行，极大提升指令执行效率。

表 6-8 相关性问题的一些说明和解决方法

类型	说明	解决方法
结构冲突	不同指令同时占用存储器资源冲突，早期处理器程序、数据存储器混合设计产生的问题	分离程序、数据存储器，现代处理器已不存在这种冲突
数据冲突	不同指令同时访问同一寄存器导致，通常发生在寄存器 RAW 的情况下，WAR 和 WAW 的情况在 ARM 架构中不会发生	在指令流水线中插入空操作 NOP，增加足够的等待时钟周期，但是对 CPU 性能有较大影响使用专用通路解决，对性能影响小
控制冲突	B 指令跳转，导致其后面的指令的 fetch 等操作变成无用功，因此跳转指令会极大影响 CPU 性能	在指令流水线中插入空操作 NOP，增加足够的等待时钟周期，同样对 CPU 性能有较大影响使用分支预测算法来减少跳转带来的性能损失

关键词

中央处理器：Central Processing Unit(CPU)。
粗粒度并行性：Coarse-grained Parallelism。
细粒度并行性：Fine-grained Parallelism。
超标量：Superscalar。
超级流水线：Superpipelining。
吞吐率：Throughput Rate。
加速比：Speedup Ratio。
效率：Efficiency。

本章小结

本章主要介绍了 CPU 的基本结构和功能、指令周期的基本概念、指令流水线技术原理以及影响指令流水线的相关性因素，还介绍了衡量指令流水线性能的指标。

知识窗

打破 x86、ARM 垄断 国产 CPU 龙芯用上自主"根"技术：支持国密安全

快科技　2023-08-11

快科技 8 月 11 日消息，作为国产 CPU 的代表之一，龙芯近年来走了不同于其他产品的发展方向，指令集转向自研的龙架构，100%自主，打破了 x86、ARM 的垄断。

在日前的 023 商用密码大会上，龙芯展出了国密安全体系、龙芯国密云平台及密码生态产品。据龙芯介绍，龙芯国密安全体系以龙芯 CPU 芯片内嵌密码安全模块为底座，完成云侧和端侧的国密改造，两侧通过国密协议进行通信，保护数据传输的安全性，打造云端一体、内生安全的新型信息化密码解决方案。

此外，龙芯中科副总杜安利还发表了主题演讲，称龙芯中科推出自主指令系统

LoongArch"龙架构"系列处理器平台，采用非 x86、非 ARM、非国外开源技术的自主"根"技术。

作为工业装备的核心底座，打破国外巨头"垄断"，从芯片、板卡，到设备、系统，再到工业人才，全方位引领自主"根"技术在工业领域的应用发展。

同时将"自主根技术与密码技术深度融合"，为庞大的工业数据提供数据安全保障，在工业控制系统中体系性地开展密码应用，实现终端身份可信、工业联网设备可管、工控行为可控、工业通信及数据可靠。

习题6

6.1 填空题。

(1) CPU 的基本组成包括(　　)，CPU 的功能是(　　)。

(2) 控制器的主要功能是(　　)，运算器的主要功能是(　　)。

(3) 指令周期是(　　)，最基本的指令周期包括(　　)和(　　)。

(4) 根据 CPU 访存的性质不同，可将 CPU 的工作周期分为(　　)、(　　)、(　　)、(　　)。

(5) 流水线处理器可处理(　　)和(　　)，其实质是(　　)处理，以提高机器速度。

(6) 在流水线过程中会出现3种相关性，使流水线不断流实现起来很困难，这3种相关性是：(　　)、(　　)和(　　)。

(7) 3种类型的数据相关是(　　)、(　　)、(　　)。

(8) 解决结构相关的方法有(　　)、(　　)、(　　)。

(9) 解决数据相关的方法有(　　)、(　　)。

(10) 解决控制相关的方法有(　　)、(　　)。

6.2 选择题。

(1) 在 CPU 的寄存器中，(　　)对用户是完全透明的。

A. 程序计数器　　B. 指令寄存器　　C. 状态寄存器　　D. 通用寄存器

(2) 控制器的全部功能是(　　)。

A. 产生时序信号

B. 从主存取出指令并完成指令操作码译码

C. 从主存取出指令、分析指令并产生有关的操作控制信号

D. 控制指令的执行

(3) 指令周期是(　　)。

A. CPU 执行一条指令的时间

B. CPU 从主存取出一条指令的时间

C. CPU 从主存取出一条指令加上执行这条指令的时间

D. 取指周期加上执行周期的时间

(4) 下列说法中(　　)是正确的。

A. 指令周期等于机器周期　　　　B. 指令周期大于机器周期

C. 指令周期是机器周期的 2 倍　　D. 指令周期小于机器周期

(5) CPU 中的通用寄存器位数取决于(　　)。

A. 存储器容量　　　B. 指令的长度　　　C. 机器字长　　　D. 存储字长

(6) 程序计数器 PC 属于(　　)。

A. 运算器　　　B. 控制器　　　C. 存储器　　　D. 译码器

(7) CPU 不包括(　　)。

A. 地址寄存器　　　　　　　　　B. 指令寄存器 IR

C. 地址译码器　　　　　　　　　D. 程序计数器 PC

(8) 与具有 n 个并行部件的处理器相比，一个 n 段流水线处理器(　　)。

A. 具备同等水平的吞吐能力　　　B. 不具备同等水平的吞吐能力

C. 吞吐能力大于前者的吞吐能力　D. 无法比较

(9) CPU 中的译码器主要用于(　　)。

A. 地址译码　　　　　　　　　　B. 指令译码

C. 选择多路数据至 ALU　　　　　D. 数据译码

(10) CPU 中的通用寄存器(　　)。

A. 只能存放数据，不能存放地址

B. 可以存放数据和地址

C. 可以存放数据和地址，还可以代替指令寄存器

D. 只能存放地址，不能存放数据

6.3　控制器有哪些基本功能？

6.4　CPU 有哪些功能？它由哪些基本部件组成？

6.5　CPU 中有哪几个主要寄存器？试说明它们的结构和功能。

6.6　什么是指令周期？什么是 CPU 周期？它们之间有什么关系？

6.7　指令和数据都存放在主存，如何识别从主存中取出的是指令还是数据？

6.8　一个完整的指令周期包括哪些 CPU 工作周期？中断周期前和中断周期后各是 CPU 的什么工作周期？

第 7 章

控制器

本章介绍了计算机控制器的功能和组成,并结合指令周期的 4 个阶段,分析了控制器完成不同指令所发出的各种操作命令,这些命令控制计算机的功能部件有序地完成各种操作,达到执行程序的目的。学习本章内容,读者可以进一步理解指令周期、机器周期、时钟周期和控制信号之间的关系,从而加深理解控制器在计算机运行中所起的核心作用。

本章重难点

重点:控制器的功能和组成、多级时序系统、微操作命令。
难点:微操作命令。

素养目标

知识和技能目标:掌握控制器的功能和组成,理解控制器是 CPU 的一部分,其作用是向计算机每个功能部件提供它们协同运行所需要的控制信号。理解多级时序系统,能够分析指令的不同子周期对应的微操作命令。

过程与方法目标:通过控制器的功能、组成以及微操作命令的学习,进一步理解控制器与运算器、存储器、指令系统的联系。

情感态度和价值观目标:培养团队协作意识,激发学生的爱国情怀。

本章思维导图

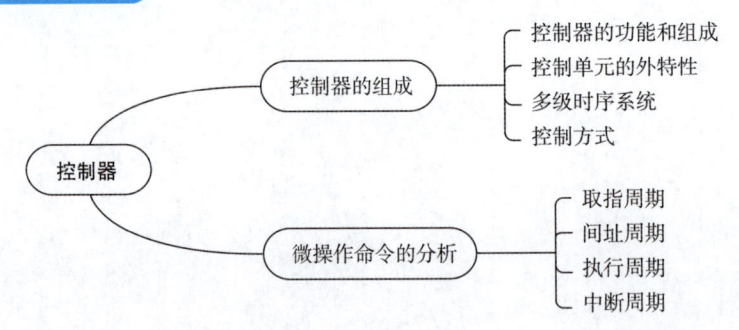

- 控制器
  - 控制器的组成
    - 控制器的功能和组成
    - 控制单元的外特性
    - 多级时序系统
    - 控制方式
  - 微操作命令的分析
    - 取指周期
    - 间址周期
    - 执行周期
    - 中断周期

7.1 控制器的组成

7.1.1 控制器的功能和组成

1. 控制器的功能

控制器是计算机系统的指挥中心，其作用是协调并控制计算机各个部件执行程序的指令序列，以完成特定任务。在控制器的控制下，运算器、存储器和输入输出设备等功能部件构成一个有机的整体。

控制器的基本功能包括取指令、分析指令和执行指令。此外，控制器还需要控制程序、数据的输入和运算结果的输出，能够处理机器运行过程中出现的某些异常情况（如算术运算的溢出）或特殊请求（如中断请求）。

2. 控制器的组成

根据对控制器功能的分析，控制器的基本组成应该包括程序计数器、指令寄存器和控制单元。

第6章已经介绍了程序计数器（Program Counter，PC）和指令寄存器（Instruction Register，IR）。控制单元（Control Unit，CU）是整个控制器的核心，它根据指令操作码的要求和当前处理器的状态（标志），按照一定的时序，产生控制整个计算机系统所需的各种控制信号（即微操作命令）。

7.1.2 控制单元的外特性

为了使控制单元正确实现其功能，就必须明确控制单元的输入和输出，即控制单元的外特性（外部规范），至于内部规范，会在第8章讨论。

图7-1是反映控制单元外特性的结构图，图中显示了控制单元所有的输入和输出。

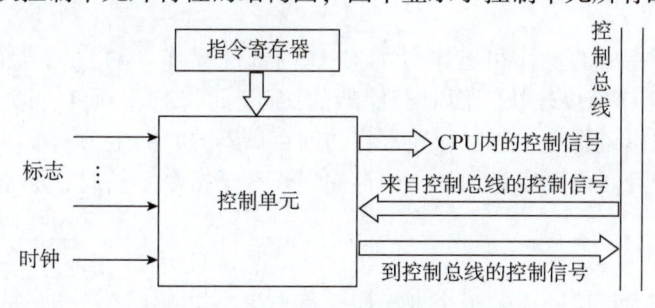

图7-1 反映控制单元外特性的结构图

1. 控制单元的输入

1）时钟

为完成不同指令的功能，控制单元需要发出各种控制信号（微操作命令），各个控制信号对应的操作需要一定的时间完成，且各个操作也有一定的先后顺序。因此，控制单元需要受时钟控制，在每一个时钟脉冲发送一个操作命令或一组可以同时执行的操作命令。

2）标志

标志是来自执行部件的反馈信息。控制单元有时需要根据CPU当前所处的状态（如

ALU 运算的结果)来产生控制信号,例如有的条件转移指令,控制单元需要根据上一条指令的执行结果来判断是否满足转移条件,从而产生不同的控制信号。因此,"标志"也是控制单元的输入信号。

3)指令寄存器

指令的操作码用于确定该指令的具体操作,因此,指令的操作码字段也是控制单元的输入信号。

4)来自控制总线的控制信号

系统总线的控制总线会向控制单元提供控制信号,如中断请求信号、DMA 请求信号等。

2. 控制单元的输出

1) CPU 内的控制信号

CPU 内的控制信号包括两类:一类用于 CPU 内部寄存器之间传送数据;另一类用于控制 ALU 实现不同的操作。

2) 到控制总线的控制信号

到控制总线的控制信号也有两类:一类是到存储器的控制信号;另一类是到输入输出设备的控制信号。

7.1.3 多级时序系统

1. 机器周期

在计算机中,为了便于管理,常把一条指令的完成过程划分为若干个阶段(如指令的取指、译码、执行等),每一阶段实现一个基本的功能操作。把完成一个基本功能所需要的时间称为机器周期(也称为 CPU 周期)。因此,机器周期可视为所有指令执行过程中的一个基准时间。我们知道,不同指令的操作功能不同,不同指令的指令周期是不同的。因此,确定指令执行过程中的基准时间,即机器周期,就需要分析机器指令的操作以及操作所需的时间。

实际上,机器指令的操作可基本分为 CPU 内部的操作和对存储器的访问操作两类,由于 CPU 内部的操作速度较快,而对存储器的访问时间较长。而且,完成一条指令首先需要访问存储器取出该指令,所以,通常将访问存储器的时间定为基准时间(机器周期)是一个较为合理的设计。需要注意的是,当存储字长等于指令字长时,取指周期也可视为机器周期。

2. 时钟周期

一个机器周期内可以完成若干个微操作,每个微操作都需要一定的时间,这些微操作有的可以并行执行,有的需要按先后次序串行执行。可以用时钟信号来控制产生微操作命令,时钟信号可由机器主振电路(如晶体振荡器)发出的脉冲信号经整形(或倍频、分频)后产生,时钟信号的频率就是 CPU 主频,时钟周期定义为时钟频率的倒数,它是控制计算机操作的最小时间单位。

用时钟信号控制节拍发生器可产生节拍,每个节拍的宽度正好对应一个时钟周期。在每个节拍内,机器可完成一个微操作或几个需同时执行的微操作。图 7-2 反映了机器周期、时钟周期和节拍的关系,图中一个机器周期分成 4 个相等的时间段,每个时间段为一个时钟周期,T_0、T_1、T_2 和 T_3 为一个机器周期内的 4 个节拍。

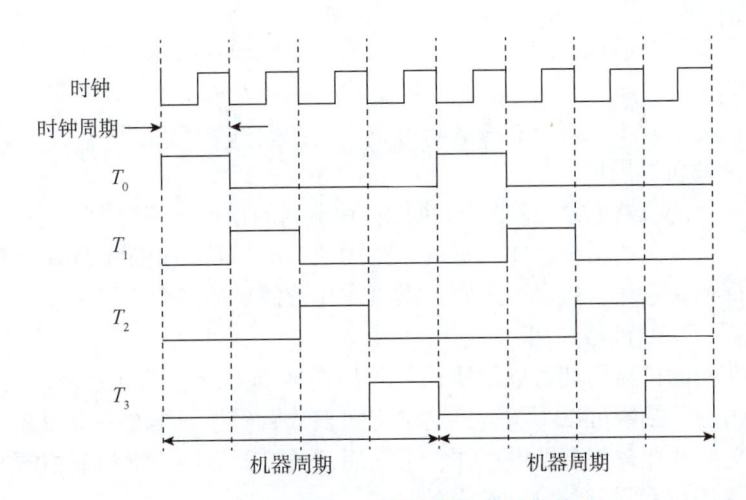

图 7-2 机器周期、时钟周期和节拍的关系

综上所述，CPU 中的时间单位包括 3 个：①时钟周期，是时序中最小的时间单位；②机器周期，由若干个时钟周期组成；③指令周期，由若干个机器周期组成。不同指令的指令周期不尽相同，例如一条加法指令的指令周期同一条乘法指令的指令周期是不相等的，因而每个指令周期内的机器周期数可以不相等，每个机器周期内的节拍数也可以不相等。

指令周期、机器周期和时钟周期(节拍)就构成了多级时序系统。

【例 7-1】假设某个计算机的 CPU 主频为 8 MHz，每个机器周期平均包含 2 个时钟周期，每条指令平均有 4 个机器周期，求该计算机的平均指令执行速度为多少 MIPS？若 CPU 主频不变，但每个机器周期平均含 4 个时钟周期，每条指令平均有 4 个机器周期，则该计算机的平均指令执行速度又是多少 MIPS？

解：CPU 主频为 8 MHz，因此时钟周期为 $1/8 = 0.125$ μs，机器周期为 $0.125 \times 2 = 0.25$ μs，指令周期为 $0.25 \times 4 = 1$ μs。计算机的平均指令执行速度为 $1/1 = 1$ MIPS。

若 CPU 主频不变，机器周期包含 4 个时钟周期，每条指令平均有 4 个机器周期，则指令周期为 $0.125 \times 4 \times 4 = 2$ μs，因此，平均指令执行速度为 $1/2 = 0.5$ MIPS。

由【例 7-1】可知，机器的速度不仅与主频有关，还与机器周期中所含的时钟周期数以及指令周期中所含的机器周期数有关。同样主频的机器，由于机器周期所含的时钟周期数不同，机器的速度也不同。

7.1.4 控制方式

控制器控制一条指令执行的过程，实质上是依次执行一个确定的微操作序列的过程。不同指令所对应的微操作的数量不同，复杂程度也不同，导致每条指令和每个微操作所需要的执行时间也不同。因此，如何形成控制不同微操作序列的时序控制信号就有多种方式，称为控制器的控制方式。常见的控制方式有同步控制方式、异步控制方式和联合控制方式。

1. 同步控制方式

同步控制方式是指任何一条指令的执行或指令中每个微操作的执行，均是事先确定的，并且都受具有统一基准时标的时序信号所控制。在同步控制方式下，每个时序控制信号的结束就意味着一个微操作或一条指令已经完成,随即开始执行后续的微操作或自动转向下一条指令的运行。

根据同步情况,同步控制方式有3种方案。

1) 采用统一的机器周期

采用完全统一的机器周期(或节拍)执行各种不同的指令,不管指令对应的微操作的繁简程度,一律以最复杂的微操作作为标准,采用统一的、具有相同时间间隔和相同数目的节拍作为机器周期。显然,这种方式对于微操作比较简单的指令,将造成时间上的浪费。

2) 采用不同节拍的机器周期

采用不同节拍的机器周期可以解决微操作所需时间不统一的问题。采用这种方案时,每个机器周期内的节拍数可以不相等,通常将大多数微操作安排在一个较短时间的机器周期内完成,而对一些比较复杂的微操作,可采用延长机器周期或增加节拍的方法解决。

3) 采用中央控制和局部控制相结合的方式

采用中央控制和局部控制相结合的方式时,机器的大部分指令被安排在一个统一较短的机器周期内完成,这就是所谓的中央控制;而对少数操作复杂的指令中的某些微操作(如乘法操作、除法操作或浮点运算等),根据需要增加若干个附加的节拍,这就是所谓的局部控制。

2. 异步控制方式

在异步控制方式下,微操作序列没有固定的周期节拍和严格的时钟同步,每条指令、每个微操作需要多少时间就占用多少时间,不存在基准时标信号。其特点是,微操作的时序由专门的"握手/应答"线路控制,当控制器发出执行某一微操作的控制信号后,等待执行部件完成该操作后发回的"回答"信号或"结束"信号,再开始新的微操作。

异步控制方式的优点是运行速度快,但由于需要采用各种应答电路,所以其结构比同步控制方式复杂。

3. 联合控制方式

联合控制方式是同步控制和异步控制之间的一种折中。这种方式对各种不同指令的微操作实行大部分统一(采用同步控制)、小部分区别对待(采用异步控制)的办法,即大部分微操作安排在一个固定机器周期中,并在同步时序信号控制下进行;而对时间难以确定的微操作(如I/O操作)则以执行部件返回的"回答"信号作为本次微操作的结束。

7.2 微操作命令的分析

在执行程序的过程中,对于不同的指令,控制器需要发出各种不同的微操作命令。本节将分析微操作命令,从而了解指令是如何被描述成微操作序列的。下面将指令周期分为4个子周期(取指周期、间址周期、执行周期和中断周期),详细分析每一个子周期对应的微操作命令。

7.2.1 取指周期

取指周期出现在每个指令周期的开始,将指令从存储器中取出。为了便于讨论,假设CPU内有4个寄存器:MAR、MDR、IR和PC。

取指周期的微操作命令如下。

①(PC)→MAR	//将待取指令的地址送至存储器地址寄存器 MAR
② 1→R	//向存储器发送读命令。
③ M(MAR)→MDR	//将指令从存储器(MAR 所指的存储单元)中读至 MDR
④(MDR)→IR	//指令从 MDR 送至 IR
⑤ OP(IR)→CU	//将指令的操作码部分送至 CU 进行译码
⑥(PC)+1→PC	//形成下一条指令的地址

严格来说，微操作⑥中 PC 的增量应该是指令的长度。

7.2.2 间址周期

在取到指令后，下一步是取操作数。若指令指定的寻址方式是间接寻址，则在执行指令前有一个间址周期来完成取操作数的地址。间址周期的具体微操作命令如下。

① Ad(IR)→MAR	//将指令中的地址码部分(形式地址)送至 MAR
② 1→R	//向存储器发送读命令
③ M(MAR)→MDR	//将有效地址从存储器(MAR 所指的存储单元)中读至 MDR
④(MDR)→Ad(IR)	//将 MDR 中的有效地址送至 IR 的地址字段

在有些机器中，微操作④可以省略。

经过间址周期后，IR 的状态与不使用间接寻址方式时的状态是相同的，并且已经为接下来的执行周期准备就绪。

7.2.3 执行周期

不同指令的操作码不同，在执行周期就会出现不同的微操作序列。下面举例说明几种不同指令的微操作命令。

1. CLA 指令

CLA 指令为清除累加器指令，微操作命令如下。

0→ACC	//将累加器 ACC 的值清零

2. SHR 指令

SHR 指令为算术右移指令，微操作命令如下。

① L(ACC)→R(ACC)	//在指令执行周期将 ACC 的值右移一位
② ACC_0→ACC_0	//符号位保持不变，ACC_0 表示累加器最高位，即符号位

上述两条指令较为简单，在执行周期不访问存储器，接下来介绍稍微复杂点的指令，即在执行周期需要访问存储器的指令。

3. ADD X

ADD X 指令为加法指令，在执行周期完成累加器 ACC 的值与存储器地址 X 上的值的加法运算，并将结果保存在 ACC 中。该指令微操作命令如下。

① Ad(IR)→MAR	//将指令中的地址码部分送至 MAR
② 1→R	//向存储器发送读命令
③ M(MAR)→MDR	//将 MAR 所指的存储单元中的操作数读至 MDR
④(ACC)+(MDR)→ACC	//由 ACC 中的值和 MDR 中值相加,结果保存在 ACC 中

4. STA X

STA X 指令为存数指令，在执行周期将累加器 ACC 中的值保存在存储器的 X 地址单元中。该指令的微操作命令如下。

① Ad(IR)→MAR	//将指令中的地址码部分送至 MAR
② 1→W	//向存储器发送写命令
③ (ACC)→MDR	//将累加器 ACC 中的值送至 MDR
④ (MDR)→M(MAR)	//将 MDR 中的值写入 MAR 所指的存储单元中

5. LDA X

LDA X 指令为取数指令，在执行周期将存储器的 X 地址单元中的数读出，送至累加器 ACC 中。该指令的微操作命令如下。

① Ad(IR)→MAR	//将指令中的地址码部分送至 MAR
② 1→R	//向存储器发送读命令
③ M(MAR)→MDR	//将 MAR 所指的存储单元中的操作数读至 MDR
④ (MDR)→ACC	//将 MDR 中的值送至累加器 ACC

接下来再来讨论一个转移类指令的例子。

6. BAN X

BAN X 指令为负转移指令，若上一条指令执行的结果为负，则将指令的地址码部分送至 PC，程序跳转到该地址指示的指令；否则程序按原顺序继续执行。假设指令的执行结果保存在累加器 ACC 中，该指令的微操作命令如下。

$$ACC_0 \cdot Ad(IR) + \overline{ACC_0} \cdot (PC) \rightarrow PC$$

类似的转移指令还包括为零转移指令"JZ X"，该指令在执行周期的微操作命令如下。

$$ZF \cdot Ad(IR) + \overline{ZF} \cdot (PC) \rightarrow PC$$

综上分析，可见不同指令在执行周期对应的微操作命令是不同的。

7.2.4 中断周期

执行周期完成时，CPU 需要查询以确定是否有允许的中断产生，若有，则出现一个中断周期。在中断周期内完成断点保护、生成中断服务程序入口地址和关中断的操作。中断周期的微操作命令如下。

① 保存地址→MAR	//把 PC 的值(断点)装入 MAR
② 1→W	//向存储器发送写命令
③ (PC)→MDR	//将 PC 中的值送至 MDR
④ (MDR)→M(MAR)	//将 MDR 中的值写入 MAR 所指的内存单元中
⑤ 入口地址→PC	//将地址形成部件的输出送至 PC
⑥ 0→EINT	//将允许中断触发器清零,关中断

上述①~④这 4 个微操作实现断点保护。中断周期完成后，CPU 开始下一个指令周期。

关键词

程序计数器：Program Counter。
指令寄存器：Instruction Register。
控制单元：Control Unit。
机器周期：Machine Cycle。
时钟周期：Clock Cycle。
同步控制：Synchronization Control。
异步控制：Asynchronous Control。
联合控制：Joint Control。

本章小结

本章介绍了控制器的功能和组成，明确了控制器的输入和输出，描述了控制器的多种控制方式，并按照指令周期的4个阶段进一步分析了其对应的微操作命令，为下一章控制单元的设计打好基础。

知识窗

鲲鹏处理器

来源：海思半导体

鲲鹏920是目前业界领先的ARM-based处理器。该处理器采用7纳米制造工艺，基于ARM架构授权，由华为公司自主设计完成。通过优化分支预测算法、提升运算单元数量、改进内存子系统架构等一系列微架构设计，大幅提高处理器性能。典型主频下，鲲鹏920的SPECint Benchmark评分超过930，超出业界标杆25%。同时，能效比优于业界标杆30%。鲲鹏920以更低功耗为数据中心提供更强性能。

习题7

7.1 填空题。

(1)(　　)也称为CPU周期，可视为所有指令执行过程中的一个基准时间。(　　)是控制计算机操作的最小时间单位。

(2)控制单元的主要输入有(　　)、(　　)、(　　)和(　　)。

(3)控制器的常见控制方式有(　　)、(　　)和(　　)。

7.2 选择题。

(1)一个节拍信号的宽度是指(　　)。

A 指令周期　　　　B. 机器周期　　　　C. 时钟周期　　　　D. 存储周期

(2)以下有关机器周期的叙述，错误的是(　　)。

A. 通常把访问一次主存的时间定为一个机器周期

B. 一个指令周期通常包含多个机器周期

C. 不同的指令周期所包含的机器周期数可能不同

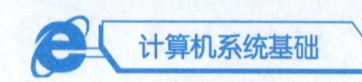

D. 每个指令周期都包含一个中断周期

(3) 有关控制方式，下列说法正确的是(　　)。

A. 异步控制方式中，每条指令可以按照实际需要分配节拍

B. 同步控制中的节拍顺序是随机的，长短不一

C. 异步控制的节拍统一，顺序也是固定的

D. 同步控制方式中以微操作序列最短的指令为标准，确定节拍数

(4) 取指令操作(　　)。

A. 受到上一条指令的操作码控制　　B. 受到当前指令的操作码控制

C. 受到下一条指令的操作码控制　　D. 不需要在操作码控制下进行

(5) 在间址周期中，(　　)。

A. 凡是存储器间接寻址的指令，它们的操作都是相同的

B. 对于存储器间接寻址或寄存器间接寻址的指令，它们的操作是不同的

C. 所有指令的间接寻址操作都是相同的

D. 以上都不对

7.3　控制单元的功能是什么？

7.4　什么是指令周期、机器周期和时钟周期？它们之间的关系是什么？

7.5　CPU 主频越快，计算机的运行速度就越快，这种说法正确吗？为什么？

7.6　控制器的同步控制方式和异步控制方式有何区别？

7.7　假设某个计算机的 CPU 主频为 8 MHz，每个机器周期平均包含 2 个时钟周期，每条指令的指令周期平均有 2.5 个机器周期，求该计算机的平均指令执行速度为多少 MIPS？若 CPU 主频不变，但每个机器周期平均含 4 个时钟周期，每条指令的指令周期平均有 5 个机器周期，则该计算机的平均指令执行速度又是多少 MIPS？由此可以得出什么结论？

7.8　某计算机 CPU 主频为 10 MHz，若已知每个机器周期平均包含 4 个时钟周期，该计算机的平均指令执行速度为 1 MIPS，试求该计算机的平均指令周期及每个指令周期含几个机器周期。若改用时钟周期为 0.4 μs 的 CPU，则计算机的平均指令执行速度为多少 MIPS？若要得到平均每秒 80 万次的指令执行速度，则应采用主频为多少的 CPU？

7.9　设 CPU 内有 PC、IR、MAR、MDR、ACC、CU 等部件，现有减法指令"SUB　X"、取数指令"LDA　X"(X 均为主存地址)，写出它们在执行阶段所需的全部微操作命令。当上述指令为间接寻址时，写出执行这些指令所需的全部微操作命令。

第 8 章 控制单元的设计

根据控制单元产生控制信号(即微操作命令)方式的不同,控制器可分为组合逻辑控制器和微程序控制器。本章介绍了组合逻辑设计和微程序设计,使读者初步掌握设计控制器的思路。

本章重难点

重点:组合逻辑设计原理、微程序设计的基本概念、微程序设计原理。
难点:微程序设计原理。

素养目标

知识和技能目标:掌握组合逻辑控制器和微程序控制器的工作原理。
过程与方法目标:结合组合逻辑设计示例和微程序控制器的设计技术,学习控制器乃至硬件系统的分析设计方法。
情感态度和价值观目标:激发学生学习高端核心技术的热情和投身国产 IT 生态的使命感。

本章思维导图

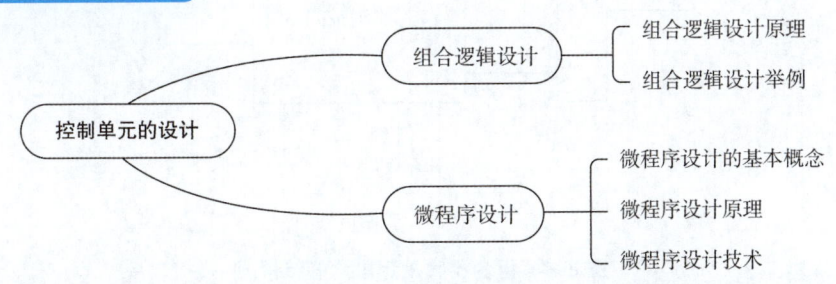

控制单元的设计
- 组合逻辑设计
  - 组合逻辑设计原理
  - 组合逻辑设计举例
- 微程序设计
  - 微程序设计的基本概念
  - 微程序设计原理
  - 微程序设计技术

8.1 组合逻辑设计

8.1.1 组合逻辑设计原理

组合逻辑控制器，本质上就是通过组合电路将输入信号转换为输出信号，即控制单元由复杂的逻辑门电路构成，根据指令的操作码、当前的时序信号以及外部和内部的状态，按一定的时间顺序产生微操作控制信号，也称为硬布线控制器。

1. **组合逻辑控制单元结构图**

在 7.1 节中已经讨论了控制单元的外特性，了解其关键的输入是指令寄存器、时钟、标志和来自控制总线的控制信号。对于标志和来自控制总线的控制信号这两类输入而言，它们的每个位都有明确的意义，例如，代表了运算结果是否为零的零标志、反映运算结果正负的符号标志等。然而，对于指令寄存器和时钟来说，就需要进一步分析。

指令寄存器 IR 中存放现行指令，控制单元根据操作码为不同的指令发出不同的控制信号。为了简化控制单元的逻辑，可使用译码器电路接收一个 n 位编码的操作码并产生 2^n 个输出，这样，每一个输入的操作码都有一个唯一的输出送至控制单元。这是对应定长的操作码，如果指令的操作码长度可变，译码器电路会更复杂一些。

另外，控制单元的时钟发出重复的脉冲序列，时钟周期要允许信号能沿着数据通路完成从源到目的地的传送。然而，在一个指令周期内，控制单元要在不同的时钟脉冲发送不同的控制信号，因此，应该有一个计数器(又称为节拍发生器)产生与时钟周期等宽的节拍序列，从而在每一个节拍使控制单元发送一个微操作命令或一组可以同时执行的微操作命令。

通过以上两点的分析，可以得到组合逻辑控制单元的结构图，如图 8-1 所示。

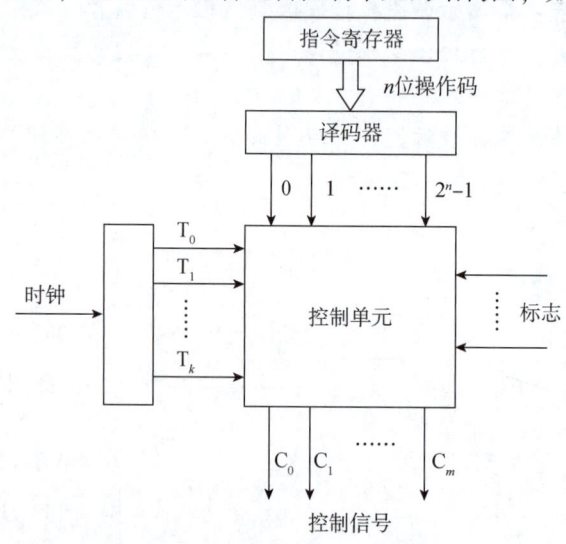

图 8-1 组合逻辑控制单元的结构图

2. **组合逻辑控制单元的设计步骤**

组合逻辑电路可通过一组逻辑表达式来描述，设计组合逻辑电路就是实现逻辑表达式，在满足逻辑功能的基础上，力求使电路简单、经济、可靠。

设计产生控制信号的组合逻辑电路的步骤如下。

1）在指令周期的每个节拍内合理地安排应该发出的控制信号（即微操作命令）

合理地安排控制信号，需要考虑以下 3 条准则。

（1）要严格遵循一条指令所要发出的控制信号的先后顺序，即有的控制信号的先后顺序是不可改变的。

（2）对于被控制部件不同的控制信号，应安排在一个节拍内发出，以缩短时间。

（3）对于一些占用时间短的控制信号，应将它们安排在一个节拍内，按照它们的先后顺序依次发出。

2）列出所有控制信号的操作时间表

根据控制信号的节拍安排，列出控制信号的操作时间表，该操作时间表中包括了各个机器周期、节拍的每条指令发出的控制信号。

3）根据操作时间表，写出每一个控制信号的逻辑表达式

对操作时间表进行分析，可以得到各控制信号的逻辑表达式，逻辑表达式的一般形式如下：

$$控制信号 = 机器周期 \wedge 节拍 \wedge 机器状态条件 \wedge 指令条件码$$

其中，∧ 代表逻辑与操作，详细描述见下一节中的示例说明。

4）根据逻辑表达式，设计组合逻辑电路

对每个控制信号的逻辑表达式进行简化、整理就可用现有的逻辑门电路实现控制信号的逻辑表达式，并画出对应的逻辑电路图。

8.1.2 组合逻辑设计举例

以 7.2.3 节中所分析的 6 条指令为例来说明组合逻辑控制单元的设计，为便于描述，假设每个机器周期包括 T_0、T_1 和 T_2 共 3 个节拍。

1. 合理安排控制信号的节拍

对于不同的指令，取指周期、间址周期和中断周期执行的微操作命令相同，即控制信号相同。而在执行周期，不同的命令由于操作码不同，控制单元发出不同的控制信号。

1）取指周期控制信号的节拍安排

7.2.1 节中给出了在取指周期内的微操作命令。为了保证微操作的正确执行顺序，(PC)→MAR 必须先于 M(MAR)→MDR，而 M(MAR)→MDR 必须先于 (MDR)→IR，因此可将这 3 个控制信号分别安排在 T_0、T_1 和 T_2 节拍。由于 1→R 需先于 M(MAR)→MDR 且与 (PC)→MAR 的被控制对象不同，1→R 也可以安排在 T_0 节拍，同理可将 (PC)+1→PC 安排在 T_1 节拍。由于指令译码时间较短，可以将 OP(IR)→CU 也安排在 T_2 节拍，但需要在 (MDR)→IR 之后。综合以上分析，取指周期控制信号的节拍安排如下。

T_0	(PC)→MAR, 1→R
T_1	M(MAR)→MDR, (PC)+1→PC
T_2	(MDR)→IR, OP(IR)→CU

2）间址周期控制信号的节拍安排

7.2.2 节中给出了在间址周期内的微操作命令。经分析，首先将指令的地址码字段送至 MAR，用于从存储器读取操作数的地址并送至 MDR，最后用 MDR 中的内容修改 IR 的

地址字段。因而可以将间址周期的控制信号安排如下。

T_0　Ad(IR)→MAR,1→R
T_1　M(MAR)→MDR
T_2　(MDR)→Ad(IR)

3) 执行周期控制信号的节拍安排

根据 8.1.1 节中给出的合理安排控制信号的 3 条准则，下述 6 条指令在执行周期的控制信号的安排如下。

(1) CLA 指令：该指令在执行周期只有一个微操作，它的控制信号可安排在任一节拍。

T_0
T_1
T_2　0→ACC

(2) SHR 指令：

T_0
T_1
T_2　L(ACC)→R(ACC),ACC_0→ACC_0

(3) ADD X 指令：

T_0　Ad(IR)→MAR,1→R
T_1　M(MAR)→MDR
T_2　(ACC)+(MDR)→ACC

(4) STA X 指令：该指令为存数指令，在执行周期将累加器 ACC 中的值保存在存储器的 X 地址单元中。微操作命令如下。

T_0　Ad(IR)→MAR,1→W
T_1　(ACC)→MDR
T_2　(MDR)→M(MAR)

(5) LDA X 指令：

T_0　Ad(IR)→MAR,1→R
T_1　M(MAR)→MDR
T_2　(MDR)→ACC

(6) BAN X 指令：

T_0
T_1
T_2　ACC_0·Ad(IR)+$\overline{ACC_0}$·(PC)→PC

4) 中断周期控制信号的节拍安排

在中断周期，首先把 PC 的值送到 MDR，这样就可以将它作为中断返回地址保存起来；然后，把中断返回地址将要保存到的存储器地址送入 MAR，同时将中断服务程序的入口地址送到 PC，这两步可在一个节拍内实现；最后将 MDR 中的中断返回地址保存在

MAR 指定的存储器地址单元上。因此，中断周期控制信号的节拍安排如下。

> T_0　（PC）→MDR
> T_1　保存地址→MAR，1→W，入口地址→PC
> T_2　（MDR）→M（MAR）

2. 列出控制信号的操作时间表

表 8-1 给出了上述 6 条指令对应的所有控制信号的操作时间表，为便于说明，没有考虑中断周期的控制信号。表中的符号说明如下。

FE、IN 和 EX 为 3 个触发器，标记不同的机器周期。

T_0、T_1 和 T_2 为节拍。

I 为间址标志，具体来讲，在取指周期的 T_2 时刻，若 I 等于 1，则将 IN 触发器置为 1，意味着接下来将进入间址周期；若 I 等于 0，则将 EX 触发器置 1，意味着现行指令不需要间址操作，接下来将进入执行周期。类似地，在间址周期的 T_2 时刻，如果 IN 为 0，表示现行指令仅需要一次间接寻址，EX 触发器会被置为 1，接下来进入执行周期；如果 IN 为 1，表示现行指令需要继续进行间接寻址（即多次间接寻址）。

若一条指令包含某一个控制信号，则对应的单元格内为 1。

3. 写出控制信号的逻辑表达式

根据表 8-1 可以写出各个控制信号的逻辑表达式，例如，控制信号"M（MAR）→MDR"的逻辑表达式如下。

M（MAR）→MDR
= FE·T_1+IN·T_1·（ADD+STA+LDA+BAN）+EX·T_1·（ADD+LDA）
= T_1·［FE+IN·（ADD+STA+LDA+BAN）+EX·（ADD+LDA）］

上式中，ADD、STA、LDA 和 BAN 均为指令译码器的输出信号。在真实机器中，机器指令有几十到上百条，所以机器中的控制信号很多，每一个控制信号的逻辑表达式中包含的项数也很多，因此，需要注意对逻辑表达式的化简。

4. 设计组合逻辑电路，画出对应的逻辑电路图

根据控制信号的逻辑表达式，可以画出所有控制信号的组合逻辑电路图。例如，图 8-2 就是控制信号"M（MAR）→MDR"的组合逻辑电路图。

表 8-1　控制信号的操作时间表

机器周期	节拍	状态条件	控制信号	CLA	SHR	ADD	STA	LDA	BAN
取指周期（FE）	T_0		（PC）→MAR	1	1	1	1	1	1
			1→R	1	1	1	1	1	1
	T_1		M（MAR）→MDR	1	1	1	1	1	1
			（PC）+1→PC	1	1	1	1	1	1
	T_2		（MDR）→IR	1	1	1	1	1	1
			OP（IR）→CU	1	1	1	1	1	1
		I	I→IN						
		$\bar{I}$	I→EX	1	1	1	1	1	1

续表

机器周期	节拍	状态条件	控制信号	CLA	SHR	ADD	STA	LDA	BAN
间址周期 （IN）	T_0		Ad(IR)→MAR			1	1	1	1
	T_0		1→R			1	1	1	1
	T_1		M(MAR)→MDR			1	1	1	1
	T_2		（MDR）→Ad(IR)			1	1	1	1
	T_2	$\overline{IN}$	I→EX			1	1	1	1
执行周期 （EX）	T_0		Ad(IR)→MAR			1	1	1	
	T_0		1→R			1		1	
	T_0		1→W				1		
	T_1		M(MAR)→MDR			1		1	
	T_1		（ACC）→MDR				1		
	T_2		0→ACC	1					
	T_2		L(ACC)→R(ACC)， ACC_0→ACC_0		1				
	T_2		（ACC）+（MDR）→ACC			1			
	T_2		（MDR）→M(MAR)				1		
	T_2		（MDR）→ACC					1	
	T_2	ACC_0	Ad(IR)→PC						1

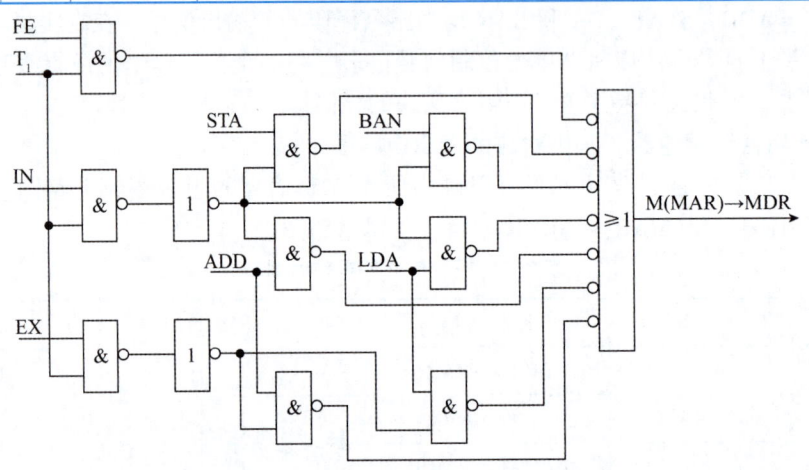

图 8-2 控制信号的组合逻辑电路图示例

8.2 微程序设计

微程序设计是将每条机器指令转化成为一段微程序并存入一个专门的控制存储器中，机器的控制信号由微指令产生。

8.2.1 微程序设计的基本概念

微程序设计方法是在 1951 年由英国剑桥大学的 Wilkes(威尔克斯)教授首先提出来的,所以也被称为 Wilkes 模型。受限于当时存储器速度太慢,使用微程序设计方法生成控制信号的时间远远大于组合逻辑电路生成控制信号的时间,因此,该方法当时并没有被采用。随着存储器速度的提高,微程序设计方法重新受到了业界的重视,1965 年,IBM 公司推出了首台采用微程序设计的大型机 S360。

微程序设计的基本思想是将每条机器指令编写为一段微程序,每个微程序由若干微指令组成,每条微指令对应一个或几个微操作命令。微指令的每一位代表一个控制信号,若某一位为 1,则表示该位对应的控制信号有效,反之无效。将所有指令的微程序存储到一个控制存储器中,采用寻址机器指令的方式来寻址微程序中的微指令,按序执行这些微指令,就可以实现指令的功能。

下面介绍微程序设计中的一些名词。

1. 微指令

在微程序控制的机器中,将由同时发出的控制信号所执行的一组微操作称为微指令,微指令通常由两部分组成。

(1)操作控制字段:也称微操作码字段,用于产生各种控制信号。
(2)顺序控制字段:也称微地址码字段,用于指出下一条微指令的地址(简称下地址)。

2. 微程序

微程序和程序不同,程序由指令序列构成,是指令的有序集合;微程序由微指令构成,是微指令的有序集合。一条指令的功能由一段微程序来实现。

3. 控制存储器

控制存储器是用来存放微程序的。一般来讲,指令系统是固定的,实现每一条机器指令的微程序也是固定的,因此,控制存储器可以用 ROM 来实现,这与主存是不同的,主存用于存放程序和数据,由 RAM 来实现。

8.2.2 微程序设计原理

1. 微程序控制单元的组成

图 8-3 为微程序控制单元的基本结构,它的基本组成包括:控制存储器(简称控存)、微地址形成逻辑、顺序逻辑、控存地址寄存器(CMAR)和控存数据寄存器(CMDR)等。

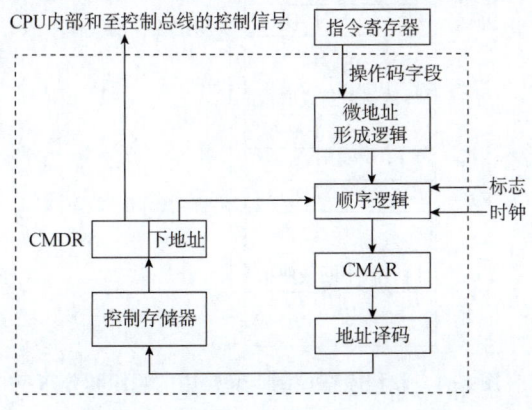

图 8-3 微程序控制单元的基本结构

控制存储器是微程序控制单元的核心部件，用来存放指令对应的微程序；CMAR 用来存放将要读出的微指令在控制存储器中的地址，也称为微地址寄存器；CMDR 用于存放从控制存储器中读出的微指令，也称为微指令寄存器；微地址形成逻辑根据指令的操作码进行译码，得到指令的第一条微指令的地址；顺序逻辑用来控制形成下一条微指令的地址。

2. 机器指令和微程序

通常来讲，一条机器指令对应一个微程序，但在具体设计微程序时，一般将指令的公共操作单独编写微程序。例如，任何一条机器指令在取指周期的操作都是相同的，因此可针对取指令操作专门编写一个微程序，这个微程序只负责将指令从主存的存储单元中取出，并送至指令寄存器。

类似地，如果指令采用间接寻址，也可先编写出统一的间址周期的微程序；在中断周期，中断隐指令需要完成的操作也可以由一个对应的微程序来控制实现。因此，机器指令对应的微程序在控制存储器中的组织和分布就如图 8-4 所示，这种情况下，控制存储器中微程序的个数就等于机器指令数加上取指周期、间址周期和中断周期这共用的 3 个微程序。

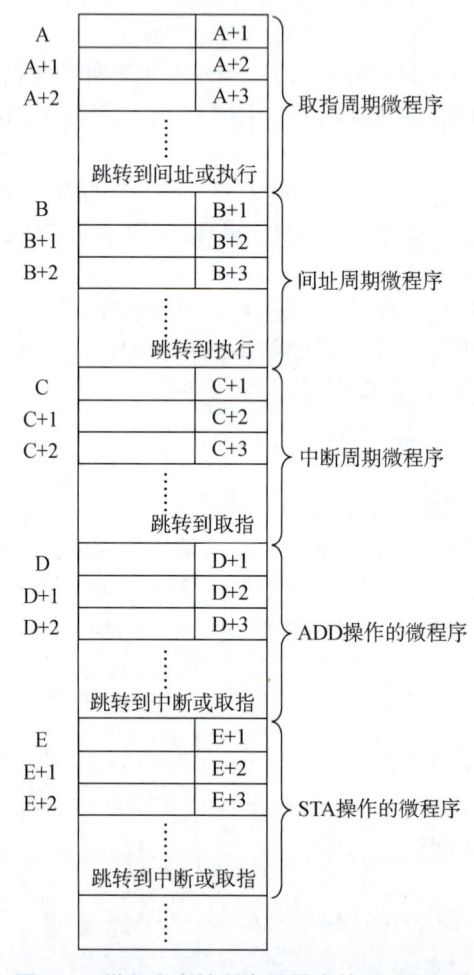

地址	内容	
A	A+1	⎫
A+1	A+2	⎬ 取指周期微程序
A+2	A+3	⎪
⋮	⋮	⎭
	跳转到间址或执行	
B	B+1	⎫
B+1	B+2	⎬ 间址周期微程序
B+2	B+3	⎪
⋮	⋮	⎭
	跳转到执行	
C	C+1	⎫
C+1	C+2	⎬ 中断周期微程序
C+2	C+3	⎪
⋮	⋮	⎭
	跳转到取指	
D	D+1	⎫
D+1	D+2	⎬ ADD操作的微程序
D+2	D+3	⎪
⋮	⋮	⎭
	跳转到中断或取指	
E	E+1	⎫
E+1	E+2	⎬ STA操作的微程序
E+2	E+3	⎪
⋮	⋮	⎭
	跳转到中断或取指	

图 8-4 微程序在控制存储器中的组织和分布

【例 8-1】假设某机器有 80 条指令，平均每条指令由 4 条微指令组成，其中有一条取指微指令是所有指令共用的，已知微指令长度为 32 位，请估算控制存储器的容量。

解： 总的微指令条数为 (4−1)×80+1=241 条，每条微指令占一个控制存储器单元，控制存储器的容量应该为 2 的 n 次方幂，241 最接近 256，所以控制存储器的容量为 256×32 位=1KB。

3. 微程序控制单元的工作过程

微程序控制单元的工作过程就是按序执行微程序的过程，具体描述如下。

(1) 在机器开始运行时，自动将取指微程序的入口地址送至 CMAR，从控制存储器中读出对应微指令送至 CMDR，当取指微程序执行完成后，机器指令就从存储器中取出并保存在指令寄存器中。

(2) 将机器指令的操作码字段送入微地址形成逻辑，生成该机器指令执行周期所对应的微程序的入口地址并送入 CMAR。

(3) 从控制存储器中逐条取出对应的微指令并执行。

(4) 执行完一条机器指令对应的微程序后，返回到取指周期微程序的入口地址，继续开始下一条指令的取指。如此反复，直到整个程序执行完毕。

8.2.3 微程序设计技术

在进行微程序设计时，需要重点考虑两个问题，即如何设计微指令和如何形成下一条微指令的地址。

1. 微指令的编码

微指令由操作控制字段和顺序控制字段组成，此处讨论的微指令的编码是指如何对微指令的操作控制字段进行编码，从而形成控制信号。因此，微指令的编码方式也被称为微指令的控制方式，它的主要目的是尽量缩短微指令字长。

微指令的编码方式主要有以下几种。

1) 直接编码方式

在微指令的操作控制字段，每一位代表一个微操作命令。在设计微指令时，是否发出某个微操作命令，只要将操作控制字段中的对应位设置成"1"或"0"即可，如图 8-5 所示。

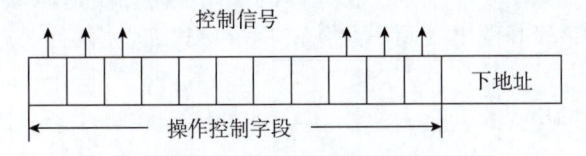

图 8-5 微指令的直接编码方式

这种编码方式的优点是简单、直观、含义清晰，只要微指令从控制存储器中读出，无须进行译码，即可由操作控制字段发出命令，执行速度快。但它的缺点也很明显，即微指令字长过长，n 个微操作命令就要求有 n 位的操作控制字段，造成控制存储器容量极大。为了改进设计，出现了以下各种编码方式。

2) 字段直接编码方式

字段直接编码方式将微指令的操作控制字段分成若干个小字段，将一组互斥的微操作命令放在同一个小字段内。所谓互斥的微操作命令，是指在一条微指令的执行时间内，这些微操作命令只有一个起作用。对每个字段用二进制独立编码，每种编码代表一个微操作

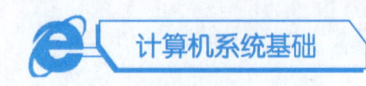

命令，如图 8-6 所示。

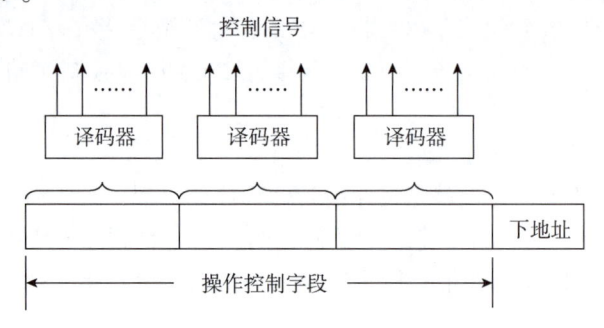

图 8-6 微指令的字段直接编码方式

字段直接编码方式可以缩短微指令字长，例如，将 7 个互斥的微操作命令编成一组，用 3 位二进制代码即可表示每个微操作命令，与直接编码相比可减少 4 位，但由于需要增加译码电路，通过对每一个小字段译码再发出微操作命令，所以比直接编码方式的速度慢。

一般来讲，每个小字段要留出一种编码，表示本字段不发出任何微操作命令。因此，当某个小字段的长度为 3 位时，最多只能表示 7 个互斥的微操作命令，通常用 000 表示不发出微操作命令。此外，每个小字段包含的位数也不能太多，否则将增加译码电路的复杂性和译码时间。

【例 8-2】某计算机的控制器采用微程序控制方式，微指令中的操作控制字段采用字段直接编码方式，共有 33 个微操作命令，构成 5 个互斥类，分别包含 7、3、12、5 和 6 个微操作命令，则操作控制字段至少有几位？

解：字段直接编码法将操作控制字段分成若干小字段，互斥性的微操作命令组合在同一字段中，每个字段还要留出一个状态，表示本字段不发出任何微操作命令。5 个互斥类，分别包含 7、3、12、5 和 6 个微操作命令，需要 3、2、4、3 和 3 位，共 15 位。

3）字段间接编码方式

字段间接编码方式是指微指令的一个字段的某些微操作命令需要由另一个字段中的某些微操作命令来解释。如图 8-7 所示，微指令的操作控制字段 a（假设 3 位）的微操作命令还受字段 b 控制，当字段 b 发出微操作命令 b_1 时，字段 a 发出 a_1，a_2，…，a_7 中的一个微操作命令。

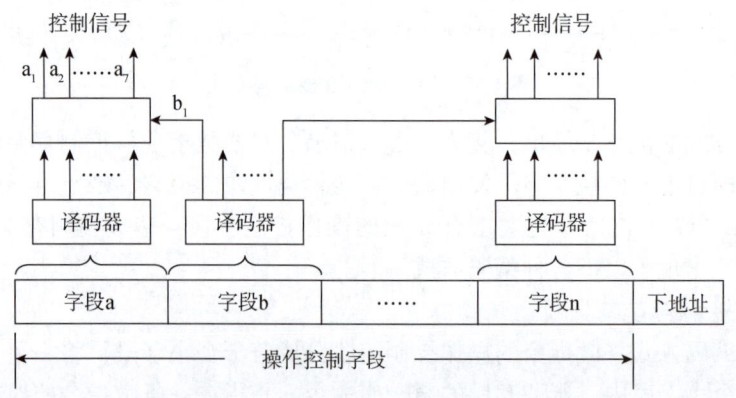

图 8-7 微指令的字段间接编码方式

字段间接编码方式可以进一步缩短微指令字长，但因削弱了微指令的并行控制能力，所以通常只是作为字段直接编码方式的一种辅助手段。

2. 微指令地址的形成方式

现行微指令执行完后，下一条要执行的微指令被称为后继微指令。所谓微指令地址的形成方式，就是指如何产生后继微指令的地址。从前文的分析中，可以看到，微指令地址形成方式主要有以下两种。

1) 直接由微指令的下地址字段给出

大部分微指令的下地址字段直接给出了后继微指令的地址，这种方式也被称为断定方式。

2) 根据机器指令的操作码形成

微指令的地址由操作码经微地址形成逻辑得到。例如，若现行微指令将执行周期的标记 EX 置为 1，表示接下来要进入指令的执行周期，则后继微指令地址（当前指令的执行周期对应的微程序的首地址）由微地址形成逻辑根据指令操作码形成。它可由 ROM 实现，以指令操作码为访问 ROM 的地址，该 ROM 相应的存储单元里存放对应微程序的首地址。

在实际的设计中，存在多种变化情况，例如，微程序的执行流程除顺序执行外，还存在转移或循环等情况，这都将影响后继微指令地址的形成。下面介绍几种常见的产生后继微指令地址的方法。

1) 增量计数器法

在很多情况下，微程序中后继微指令的地址是连续的，因此，在顺序执行微指令时，后继微指令地址由现行微指令地址加上一个增量形成，即 (CMAR)+1→CMAR 来形成后继微指令地址。

2) 分支转移

在遇到条件转移指令时，微指令就会出现分支，这就需要根据各种标志（如运算器的结果所置的标志位）来决定后继微指令的地址。

分支转移的一种可能是，当满足转移条件时，则转移到给出的转移地址，不满足条件时顺序执行微指令；另一种可能是，当满足转移条件时选择一个转移地址，不满足转移条件时选择另一个转移地址。

3) 由硬件电路直接产生

机器加电后执行的第一条微指令的地址来自专门的硬件电路。

当出现中断请求需要处理中断时，CPU 进入中断周期，此时中止现行程序，转去执行中断周期的微程序。设计人员在进行微程序设计时，已经安排好中断周期微程序在控制存储器中的位置，该微程序的入口地址实际上是已知的。因此，在响应中断请求时，也是由硬件电路产生中断周期微程序的入口地址。

3. 微指令格式

微指令格式大体上可分为两类：水平型微指令和垂直型微指令。

1) 水平型微指令

水平型微指令的基本特点是在一条微指令中定义并执行多个并行操作的微操作命令。在实际应用中，前面介绍的直接编码、字段直接编码和字段间接编码都属于水平型微指令。从速度来看，直接编码方式速度最快，字段直接编码和字段间接编码方式要经过译码，速度会受到影响。水平型微指令格式如图 8-8 所示，操作控制字段的每一位对应一个控制信号，有输出时为 1，反之为 0。

a_1	a_2	......	a_n	
←―――――操作控制字段―――――→				←―顺序控制字段―→

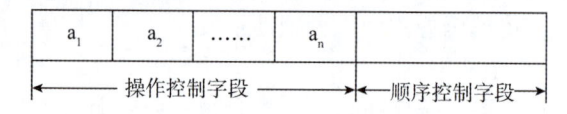

图 8-8　水平型微指令格式

2）垂直型微指令

垂直型微指令的特点是采用类似机器指令操作码的方式，在微指令中设置微操作码字段，由微操作码规定该条微指令的功能。垂直型微指令不强调实现微指令的并行控制能力，通常一条微指令只要求能控制实现一两种操作即可。它的基本格式与机器指令相似，如图 8-9 所示。

微操作码	源地址	目的地址

图 8-9　垂直型微指令格式

3）水平型微指令和垂直型微指令的比较

（1）水平型微指令并行操作能力强、效率高、灵活性强；垂直型微指令则较差。

在进行微程序设计时，采用水平型微指令可以同时定义较多的并行操作的控制信号，控制尽可能多的并行信息传送，因而水平型微指令具有效率高和灵活性强的特点。而对于一条垂直型微指令，一般只完成一个微操作，因此垂直型微指令的并行操作能力低、效率低。

（2）水平型微指令执行一条指令的时间短，垂直型微指令执行时间长。

水平型微指令并行能力强，因此可以用较少的微指令来实现一条指令的功能，从而减少了指令的执行时间。此外，与水平型微指令的直接控制相比，垂直型微指令需要对微操作码进行译码，这也会影响速度。

（3）由水平型微指令解释指令的微指令，具有微指令长但微程序短的特点，而垂直型微指令则相反。

（4）垂直型微指令与指令比较相似，相对来说，用户比较容易掌握，而水平型微指令用户难以掌握。

▶▶ 关键词

组合逻辑控制器：Combinational Logic Controller。

微程序控制器：Micro-program Controller。

微指令：Micro-instruction。

微程序：Micro-program。

控制存储器：Control Memory。

▶▶ 本章小结

本章介绍了组合逻辑设计原理，并通过一个示例予以说明。对微程序设计，本章也介绍了其基本概念、设计原理以及关键设计技术。

知识窗

龙芯 3A6000 研制成功!

龙芯中科技术股份有限公司　2023-08-08

近日,基于龙架构的新一代四核处理器龙芯 3A6000 流片成功,代表了我国自主桌面 CPU 设计领域的最新里程碑成果。

龙芯 3A6000 处理器采用龙芯自主指令系统龙架构(LoongArchTM)。龙架构从顶层架构,到指令功能和 ABI 标准等,全部自主设计,无须国外授权。龙架构得到了上百个与指令系统相关的国际软件开源社区的支持,得到了统信、麒麟、欧拉、龙蜥、鸿蒙等操作系统的支持,得到了 WPS、微信、QQ、钉钉、腾讯会议等基础应用的支持,已形成与 x86、ARM 等并列的基础软件生态。龙芯 3A6000 处理器是龙芯第四代微架构的首款产品,集成 4 个最新研发的高性能 6 发射 64 位 LA664 处理器核。主频达到 2.5 GHz,支持 128 位向量处理扩展指令(LSX)和 256 位高级向量处理扩展指令(LASX),支持同时多线程技术(SMT),全芯片共 8 个逻辑核。龙芯 3A6000 片内集成双通道 DDR4-3200 控制器,集成安全可信模块,可提供安全启动方案和国密(SM2、SM3、SM4 等)应用支持。

龙芯 3A6000 的研制成功表明,在芯片设计领域只要坚持刻苦钻研、潜心积累,并结合市场需求不断迭代,自主研发 CPU 的性能完全可以达到世界先进水平。龙芯中科将继续坚持"为人民做龙芯"的根本宗旨,继续坚持"自力更生、艰苦奋斗"的工作作风,继续坚持"实事求是"的思想方法,在提升 CPU 性能、完善龙架构软件生态、构建自主信息技术体系和产业生态的新征程上勇毅前行,为实现我国信息产业自立自强而努力奋斗!

习题8

8.1 填空题。

(1)在微程序控制器中,(　　)用来存放微程序。

(2)微指令的编码方式又称为微指令的控制方式,常见的编码方式主要有(　　)、(　　)和(　　)3 种。

(3)大部分微指令的下地址字段直接给出了后续微指令的地址,这种后续微指令的地址形成方式又被称为(　　)。

8.2 选择题。

(1)相对于微程序控制器,组合逻辑控制器的特点是(　　)。

A. 指令执行速度慢,指令功能的修改和扩展容易

B. 指令执行速度慢,指令功能的修改和扩展难

C. 指令执行速度快,指令功能的修改和扩展容易

D. 指令执行速度快,指令功能的修改和扩展难

(2)微程序控制存储器属于(　　)的一部分。

A. 主存　　　　　　B. 外存　　　　　　C. CPU　　　　　　D. 高速缓冲

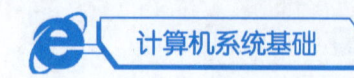

（3）在微程序控制器中，机器指令和微指令的关系是（　　）。

A. 每条机器指令由一条微指令来执行

B. 每条机器指令由若干微指令组成的微程序来解释执行

C. 若干机器指令组成的程序可由一个微程序来执行

D. 以上说法都不对

（4）微指令格式分为水平型和垂直型，水平型微指令的位数（　　），用它编写的微程序（　　）。

A. 较少　　　　B. 较多　　　　C. 较长　　　　D. 较短

（5）通常情况下，一个微程序的周期对应一个（　　）。

A. 指令周期　　B. 机器周期　　C. 时钟周期　　D. 工作周期

8.3　什么是垂直型微指令？什么是水平型微指令？各有何特点？

8.4　微指令的地址有几种形成方式？

8.5　简述微程序控制器和组合逻辑控制器各有什么特点。

8.6　某微程序控制器中，采用水平型直接编码方式的微指令格式，后续微指令地址由微指令的下地址字段给出。已知机器共有28个微操作命令，6个互斥的可判定外部条件，控制存储器的容量为512×40位。试设计其微指令的格式，并说明理由。

习题答案

第 9 章

输入/输出系统

输入/输出系统是计算机系统中的主机与外部进行通信的部分,本章主要阐述输入/输出(I/O)系统的有关知识,包括 I/O 接口技术、I/O 设备与主机联系方式、程序查询方式、中断相关技术和 DMA 数据传送方式等知识,介绍输入/输出系统的发展历程和工作原理。

本章重难点

重点:I/O 设备与主机联系方式、程序查询方式、中断相关技术和 DMA 数据传送方式。

难点:中断相关技术。

素养目标

知识和技能目标:掌握计算机输入/输出系统的基本功能和原理,理解 CPU 与外围设备交换数据的方式;掌握数据传输的控制方式、中断的概念和相关技术、DMA 原理;能够区别各种输入/输出方式的特点。

过程与方法目标:通过 I/O 设备与主机联系方式、中断技术和 DMA 技术演进,了解输入/输出设备的总体设计思路和设计过程,锻炼逻辑思维能力。

情感态度和价值观目标:树立科学的世界观和人生观,懂得辩证看待计算机技术发展,树立科学技术与社会协调发展的理念。

本章思维导图

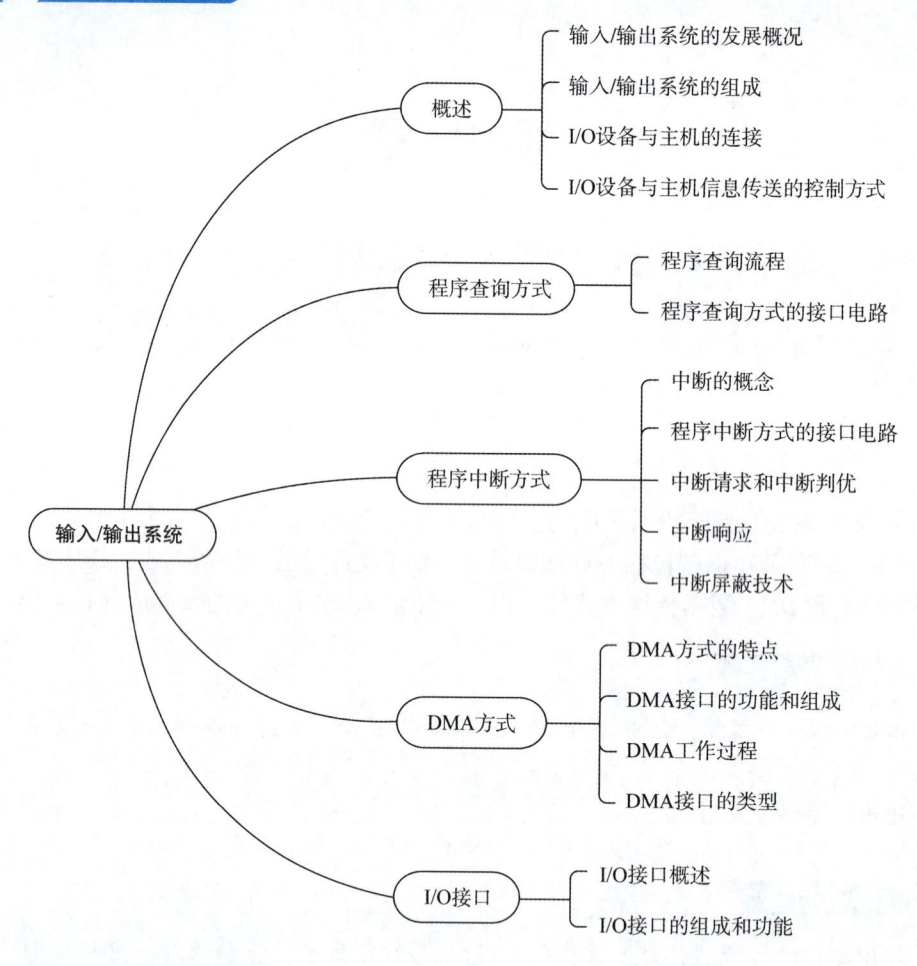

输入/输出系统
- 概述
  - 输入/输出系统的发展概况
  - 输入/输出系统的组成
  - I/O设备与主机的连接
  - I/O设备与主机信息传送的控制方式
- 程序查询方式
  - 程序查询流程
  - 程序查询方式的接口电路
- 程序中断方式
  - 中断的概念
  - 程序中断方式的接口电路
  - 中断请求和中断判优
  - 中断响应
  - 中断屏蔽技术
- DMA方式
  - DMA方式的特点
  - DMA接口的功能和组成
  - DMA工作过程
  - DMA接口的类型
- I/O接口
  - I/O接口概述
  - I/O接口的组成和功能

9.1 概述

按照经典的冯·诺依曼计算机系统的结构与特点,输入/输出系统(Input/Output System,I/O系统)是负责计算机系统中的主机与外部世界进行通信的部分,一般由外围硬件设备(I/O设备)和输入/输出控制系统软件两部分组成,是计算机系统重要的组成部分。

9.1.1 输入/输出系统的发展概况

计算机输入/输出系统的发展是伴随计算机技术发展和演进的。从计算机诞生到现在,基本经历了3个发展阶段。

1. 早期阶段

在计算机发展早期,计算机的I/O设备较少,计算机结构相对简单,I/O设备主要通过CPU与计算机系统进行数据交换。

该阶段由于技术不发达,计算机的设计经验还不丰富,I/O设备种类较少,I/O设备是和计算机系统同步设计的,与CPU的连接都需要独立的逻辑电路,线路设计复杂、分散。

由于所有I/O设备均由CPU协调控制信息的传输,CPU不但需要进行计算,还要负责 I/O 设备的信息传输控制，所以 I/O 设备的信息传输主要是穿插在 CPU 执行计算机程序的过程中，而且多个 I/O 设备的数据传输也是按照串行方式工作的，CPU 和数据传输的效率都很低。

由于 I/O 设备是和计算机系统同步设计的，计算机系统设计完成后，CPU 与其所能够管理和使用的 I/O 设备便已固定且联系紧密，无法添加新的 I/O 设备，旧的设备也无法更新或删除。

2. 接口和 DMA 阶段

在接口和 DMA 阶段，计算机系统采用了总线结构，一般各种 I/O 设备均通过接口与总线连接。总线是各个设备信息共享和交换的部件，I/O 设备通过接口模块、总线和主机连接，如图 9-1 所示。

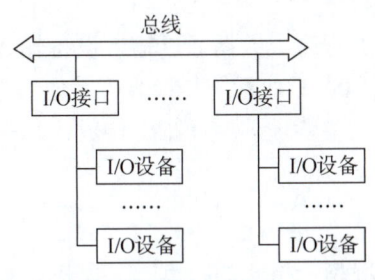

图 9-1 总线连接方式

通过接口可以实现设备的接入、管理和数据交换，遵循接口模块标准的设备都可以接入，提高了 I/O 设备接入主机的灵活性和扩展性。接口具有一定的数据缓冲作用，所以在一个 I/O 设备通过接口占用总线使用权与主机进行数据通信的时候，其他设备仍可以与接口进行数据通信，总线也可以采用分时复用，这样各个接口实际上可以并行工作，有利于提高整机效率。

接口工作时仍需要 CPU 进行干预处理，频繁和大量数据交换严重消耗 CPU 的计算资源，所以对于涉及大量数据、高速设备的数据交换，引入了直接存储器访问（Direct Memory Access，DMA）的概念和技术，即在 I/O 设备与主存之间设置一个直接数据通道，可以大大减少数据传输过程中 CPU 的干预，减轻 CPU 工作负担。

3. 通道技术阶段

对于中小型计算机来说，DMA 基本可以应付数据的传输要求，但是大型计算机系统的外围设备种类更多，各个设备性能指标差异较大，如果所有外围设备的工作都要 CPU 的参与，必然使 CPU 的负担很重而影响用户程序的运行效率。

因此，产生了通道技术。通道是负责与 CPU、主存和设备控制器连接的设备部件，而设备控制器可以通过各种接口挂载多种 I/O 设备，通道代替 CPU 控制 I/O 设备的操作。通道有专门控制 I/O 设备的指令，这些通道指令受 CPU 控制，并在操作结束时向 CPU 发送中断信号。通道方式进一步减轻了 CPU 的工作负担，提高了计算机系统的并行工作程度，通道结构如图 9-2 所示。

图 9-2 通道结构

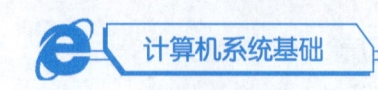

通道技术进一步发展出了两种体系结构，一种是输入/输出处理器(I/O Processor，IOP)，另一种是外围处理机(Peripheral Processor Unit，PPU)。

IOP 可以和 CPU 并行工作，提供高速的 DMA 处理能力，实现数据的高速传送，但是它不是独立于 CPU 工作的，而是主机的一个部件，广泛应用于中小型及微型计算机。

PPU 基本上是独立于主机工作的，有自己的指令系统，完成算术逻辑运算、读写主存、与外设交换信息等，一般应用于大型计算机系统。

9.1.2　输入/输出系统的组成

I/O 系统一般由 I/O 软件和 I/O 硬件组成。

1. I/O 软件

I/O 软件主要负责将用户的程序或数据通过输入设备输入计算机，并将运算结果通过输出设备传送给用户，还可以负责 I/O 系统与计算机其他部件工作的协调。

I/O 软件一般由负责 I/O 设备管理的 I/O 指令构成，其一般格式如图 9-3 所示。

| 操作码 | 设备码 |

图 9-3　I/O 指令格式

I/O 指令格式既反映了一般指令格式的特点，又反映了 CPU 与 I/O 设备信息交换的要求，其中操作码指明了 I/O 设备的操作类型，设备码指明了需要操作的设备。

I/O 指令一般可以完成如下工作。

(1) 将 I/O 设备的数据送入主机的某个部件，例如，将 I/O 设备接口缓存的数据送入 CPU 的某些寄存器。

(2) 将数据从主机的某个部件输出到 I/O 设备，例如，将 CPU 的某些寄存器的数据输出至 I/O 设备接口缓存。

(3) 状态监测，例如，查询 I/O 设备工作状态信息，是正在工作(忙，Busy)，还是准备就绪(Ready)，便于确定主机和 I/O 设备工作的状态、流程和阶段。

(4) 某些控制操作。I/O 设备各不相同，因此，I/O 指令在控制设备的具体操作也不相同，如读取磁盘数据时，可能还会产生一定的扇区移动和寻道等，一般这些操作对主机来说是透明的，但是如果把这类操作也等同于对设备的操作的话，实际上对这些设备的操作也可看作 I/O 指令的使用范围。

I/O 指令是 CPU 指令系统中的一部分，是用来控制 I/O 操作的指令，由 CPU 译码后执行。为了区别众多的 I/O 设备，一般为每个 I/O 设备设置一个编号，以确定 CPU 需要通信的设备究竟是哪个设备，这个编号就是设备地址或设备码。

在具有通道结构的计算机中，通道内部也存在一种通道 I/O 指令(Channel Command)。具有通道结构的机器中，I/O 指令不实现 I/O 数据传送，而是主要完成 I/O 设备启、停，查询通道和 I/O 设备的状态，以及控制通道进行一些其他操作，CPU 发出启动 I/O 的操作后，通道便可以代替 CPU 完成对设备的管理。

2. I/O 硬件

不同的 I/O 设备其技术细节各有差异，带有接口功能模块的 I/O 设备中，一般包括了接口模块部分和 I/O 设备两部分。接口模块电路中包含各种数据通路、数据缓存和数据处理的硬件逻辑电路。

9.1.3　I/O 设备与主机的连接

I/O 设备与主机的连接不同于 CPU 和主存交换信息，需要解决以下几个问题。

1. I/O 设备编址方式

为了便于与 I/O 设备进行通信，需要对每个 I/O 设备设置一个唯一的设备编号，也就是设备码，目前常用的编址方式有两种：一种是统一编址；另一种是独立编址。

I/O 设备统一编址是将 I/O 设备地址看作存储器地址的一部分，因此，需要在主存中指定一段地址空间作为 I/O 设备地址，对 I/O 设备的数据访问，可以看作是对主存地址的访问。因此，统一编址可以使用访存指令，不需要专用的 I/O 指令，但是需要占用一定的主存空间。在计算机发展早期，主存空间一般较小，统一编址减少了可用的主存空间，但是随着计算机技术的不断发展，目前计算机主存空间都比较大，统一编址对主存空间影响很小。

I/O 设备独立编址不占用主存空间，但是需要专门的 I/O 指令。

计算机系统究竟使用哪种 I/O 设备编址方式，需要根据计算机设计的具体情况来综合考虑。

2. I/O 设备寻址

当需要和 I/O 设备进行通信时，通过 I/O 指令的设备码字段指明需要访问的 I/O 设备，通过与计算机系统连接的设备接口电路来选中需要通信的具体设备。

3. 数据传输方式

当 CPU 和 I/O 设备同时有多位信息在同一时刻进行传送时，一般称这种传送方式为并行传输。并行传输某个时间可以同时传输多位信息，但是需要增加数据线的数量，一般同时传输的数据位数就是数据线的数量。并行传输的传输速度快，但是当数据线数量增多时，数据线的串扰也会随之增加，使得数据传输的误码率增高，对计算机系统数据传输速率有较大影响，一般不适合远距离数据传输。

如果 CPU 和 I/O 设备连续地每隔一段时间只传送 1 位信息，称这种数据传送方式为串行传输。串行传输减少了数据线的使用量，一般来说可以只有一根数据线负责数据通信，从技术和经济方面更适合远距离数据通信。

4. 通信方式

在主机与 I/O 开始通信之前，双方需要了解对方当前的工作状态，以便判断是否可以进行通信。另外，各个 I/O 设备工作形式和速度不同，因此可能相互采取的通信方式也不同。一般常用的通信方式有以下 3 种。

1）立即响应

当 CPU 和一些工作速度缓慢的 I/O 进行通信的时候，通常这些 I/O 设备都已处于某种就绪状态，只要 CPU 发出的 I/O 指令到达，这些 I/O 设备可以立即开始工作，一般把这种不需要工作前进行联络的通信方式称为立即响应方式。立即响应适用于结构功能简单、速度极慢的 I/O 设备，CPU 可以直接控制 I/O 设备工作。

2）同步方式

当 CPU 和 I/O 设备工作速度一致时，可以考虑使用同步通信，双方可以在同一个时标下同时发送和接收数据。

3) 异步方式

当 CPU 和 I/O 设备工作速度不一致时,可以采用异步方式进行通信,在数据交换之前,一方必须等到另一方的状态信号才能开始数据的传输工作。

一般当 CPU 将数据缓存到 I/O 接口后,I/O 接口可以向设备发送数据"就绪"信号,此时 I/O 设备便可以从接口取走数据。当 I/O 设备从接口取走数据后便又向 I/O 接口回送一个状态信号,表明数据已被取走,此时 I/O 接口收到该信号后便可以通知 CPU 发送下一次数据。

同理,当 I/O 设备向 CPU 发送数据时,先将数据缓存到 I/O 接口,同时 I/O 设备向 I/O 接口发送一个状态信号,表明数据已发送至 I/O 接口,I/O 接口收到数据后可以向 CPU 发送数据"就绪"信号,此时 CPU 便可以从 I/O 接口取走数据,I/O 接口的数据被取走后,I/O 接口可以继续向 I/O 设备发送"就绪"信号,I/O 设备再向 I/O 接口发送数据。

如果异步方式通信采用串行数据传送,一般会连续发送多位二进制数据,成为一个数据包(Package)。数据包一般由控制位和数据位构成,这些数据位在通信时使用高低电平来表示数据的 0 或 1,串行数据传送数据包如图 9-4 所示。

| 起始标记位 | 二进制数据 | 校验位 | 结束标记位 |

图 9-4 串行数据传输数据包

5. 连接方式

目前主机与 I/O 设备的连接方式一般有两种:一种是分散连接(或辐射式),另一种是总线连接。

采用分散连接方式时,要求 I/O 设备都有独立的一套控制线路与 CPU 连接。这种方式在计算机发展早期应用广泛,随着计算机 I/O 设备增多,会使得计算机的设计变得相当复杂。

采用总线连接方式时,所有的 I/O 设备与主机挂接在一组总线上,通过争用总线使用权来共享和交换数据,设备的增加、更新和删除都很方便,设备线路逻辑相对简单,目前大多数计算机系统都采用了总线连接方式。

9.1.4 I/O 设备与主机信息传送的控制方式

目前,CPU 与 I/O 设备交换信息主要有程序查询方式、程序中断方式、DMA 方式、IOP 和 PPU 等 5 种控制方式。9.1.1 节已经简单介绍了 IOP 和 PPU 的基本情况,此处主要简单介绍程序查询方式、程序中断方式和 DMA 方式 3 种,后续对其进行详细介绍。

1. 程序查询方式

程序查询是 CPU 通过不断查询 I/O 设备的状态信息,CPU 根据 I/O 设备的状态信息进行后续操作,主要有以下特点。

1) I/O 设备的状态信息标记

为了便于 CPU 了解 I/O 设备的状态信息,需要在 I/O 设备接口内设置一个状态标记,CPU 通过查询该状态标记了解 I/O 设备状态信息。

2) 串行程序查询

对 I/O 设备状态信息的查询是穿插在 CPU 执行程序的过程中的,CPU 程序的执行和 I/O 设备的查询是串行进行的,CPU 不仅要执行程序,还需要定时对 I/O 设备进行查询。

CPU 查询 I/O 设备时，如果 I/O 设备需要数据传送，且设备状态就绪，CPU 就需要去执行 I/O 设备数据传送的工作，由于 I/O 设备的数据有优先级，可能比较重要的数据需要 CPU 立即处理，为了能够让 CPU 及时了解 I/O 设备状态，CPU 就需要花费很多的时间去执行 I/O 设备的查询工作。如果 I/O 设备正好在 CPU 查询的时候还没有准备好，那么这一次查询所消耗的 CPU 资源就被浪费掉了。

3）按字传送

CPU 每传送一个字，就需要进行一次 I/O 查询操作，如果传送的数据较多，CPU 需要长时间地进行 I/O 的查询，直到数据传送完毕。

4）多设备轮询

一般来说，CPU 需要进行数据传送的 I/O 设备数量众多，如果使用程序查询方式，那么每个设备都需要进行查询，这样就形成了一个多设备不断轮询的过程。

通过以上可以看出，CPU 的工作时间被大量 I/O 查询工作占用，工作效率比较低。

2. 程序中断方式

程序查询方式需要 CPU 不断查询 I/O 设备工作状态，即使此时 I/O 设备未就绪，也需要查询，这导致 CPU 工作效率较低。如果 CPU 启动 I/O 设备后，不用去主动查询 I/O 设备状态，I/O 设备未就绪时也无须对 I/O 设备进行查询，而是当 I/O 设备就绪时才需要 CPU 介入处理，那么将极大提高 CPU 的工作效率。

程序中断方式在启动 I/O 设备后，不查询 I/O 设备是否就绪，而是继续执行原程序，当 I/O 设备就绪时，I/O 设备会发出中断请求，此时 CPU 暂停现行程序的执行，转去中断服务程序处理 I/O 设备的数据。

程序中断方式中，CPU 向 I/O 设备发出数据读写指令后便继续执行自己的程序或工作，当 I/O 设备发出中断请求后，CPU 才从 I/O 设备接口读写一个字，如果需要读写一批数据，那么 CPU 需要再次启动设备，当 I/O 设备发出中断请求后再进行下一次数据处理，重复上述工作，直到所有数据传送完毕。

程序中断方式最大的特点是无须对设备进行不断的查询，相比程序查询方式，节省了大量 CPU 资源，提高了 CPU 工作效率。

3. DMA 方式

CPU 在响应 I/O 设备中断请求后，需要停止现行程序而进入中断服务程序，由于 CPU 在数据处理完成后还需要返回原程序继续执行，所以还要 CPU 存储程序断点数据，与 I/O 设备交换数据时也需要消耗 CPU 资源。如果 I/O 设备能直接与主存交换信息而不占用 CPU 资源，那么 CPU 的资源利用率可以继续提高。

DMA 方式是在主存与 I/O 设备之间建立一条数据通路，主存与 I/O 设备交换信息时，仅需 CPU 设置 DMA 设备数据传送信息，I/O 设备和主存数据传输开始后，便不需要 CPU 的参与，也不需要大量的中断处理。

如果 DMA 和 CPU 都需要访问主存，CPU 总是将总线使用权转给 DMA，把这种对总线的占有称为窃取或挪用。窃取的时间一般为一个存取周期，这个周期也被称为窃取周期或挪用周期，在这段时间内，CPU 虽然不能访问总线，但是可以做一些其他工作而不会停止或等待。

DMA 方式进一步提高了 CPU 的资源利用率。

9.2 程序查询方式

9.2.1 程序查询流程

对于单个 I/O 设备，CPU 需要不断检查 I/O 设备状态，如果 I/O 设备就绪，CPU 就可以和 I/O 设备开始进行数据通信。

对于多个 I/O 设备，CPU 一般按照 I/O 设备预先设定的优先级进行 I/O 设备轮询，如果 I/O 设备就绪，CPU 就可以和 I/O 设备开始进行数据通信，如果当前设备未就绪，就开始检查下一个 I/O 设备的状态。

CPU 开始进行 I/O 设备的查询和数据传输的工作需要穿插在 CPU 现行程序中执行，CPU 交替访问 I/O 设备工作流程如图 9-5 所示。

→ 查询I/O设备 → 执行现行程序 → 查询I/O设备 → 执行现行程序 →

图 9-5　CPU 交替访问 I/O 设备工作流程

程序查询方式传送数据时，需要保存现行程序的一些状态数据，需要占用一定数量的 CPU 内部寄存器，同时需要根据 CPU 与 I/O 设备传送的数据情况进行以下一些设置：根据 CPU 与 I/O 设备传送的数据量设置计数器；设置主存数据存储首地址；CPU 启动 I/O 设备；检查 I/O 设备状态，如果 I/O 设备未就绪，就继续检查直到 I/O 设备就绪；传送一个数据到主存；修改主存地址(一般地址加 1)；修改计数器(一般计数器减 1)；判断计数器是否为 0，若为 0 则数据传送完毕，若不为 0，则继续数据传送流程；结束 I/O 数据传输，回到主程序或继续进行其他 I/O 数据传送。

单个 I/O 设备程序查询方式工作流程如图 9-6 所示，多个 I/O 设备程序查询方式工作流程如图 9-7 所示。

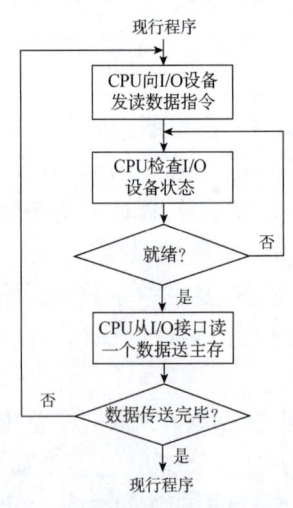

图 9-6　单个 I/O 设备程序查询方式工作流程

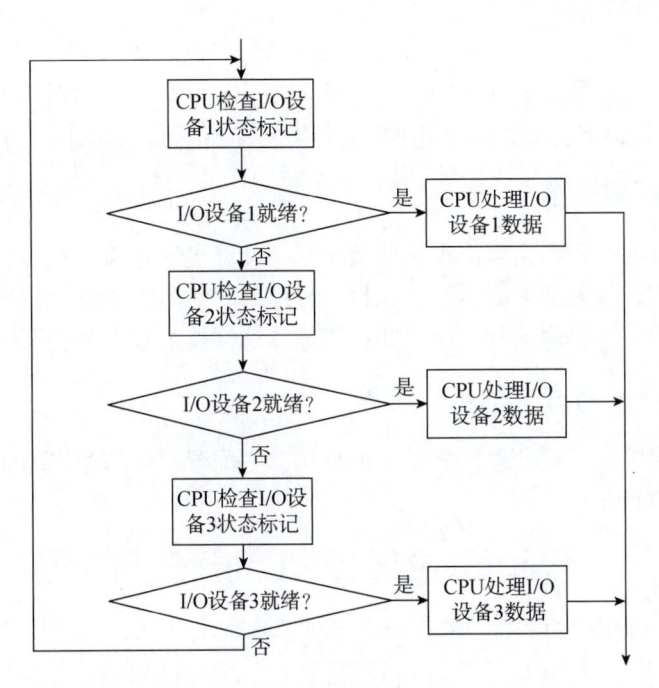

图 9-7　多个 I/O 设备程序查询方式工作流程

9.2.2　程序查询方式的接口电路

程序查询方式的接口电路由数据缓冲寄存器、设备选择电路、相应的硬件电路构成，一般结构如图 9-8 所示。数据缓冲寄存器用于存放所要传送的数据，设备选择电路用于接收总线地址线上传来的设备地址号并选中所要传输数据的设备。

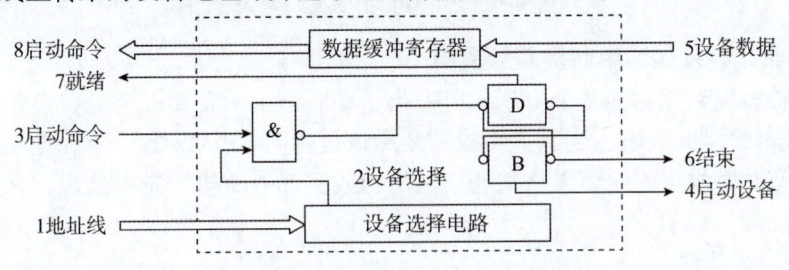

图 9-8　程序查询方式接口电路

例如，当 I/O 设备向 CPU 传送数据时，CPU 向 I/O 设备发送指令启动 I/O 设备，设备选择电路接收到设备地址号后与自身设备码比对，若一致，则输出有效的设备选择信号。I/O 设备的启动命令结合设备选择信号，经过与非门将工作触发器(B 触发器)置信号 1，将完成触发器(D 触发器)置信号 0，通过 B 触发器启动设备，此时 I/O 设备可将数据传送至数据缓冲寄存器，然后将 D 触发器置 1、B 触发器置 0，此时 D 触发器向 CPU 发出就绪信号，CPU 收到就绪信号后可以将数据缓冲寄存器内的数据存储在 CPU 或主存。

9.3　程序中断方式

一般来说 I/O 设备的速度相对 CPU 来说都比较低，为了避免 CPU 长时间等待 I/O 设备，引入了 I/O 中断的概念，就是当 I/O 设备准备好数据后才向 CPU 发出数据传送请求，CPU 暂停现行程序的执行，转去 I/O 设备中断服务程序，处理完后可以返回原程序继续执行，当 I/O 设备未向 CPU 发出处理请求时，CPU 可以做自己的工作。

9.3.1 中断的概念

在计算机运行的过程中，当出现某些情况时，计算机能够停止现行程序的运行，转向对这些情况的处理，处理结束后返回到原执行程序的间断处，继续执行原程序，计算机的这种机制被称为中断，实现这种中断功能所需的软硬件技术被称为中断技术。

9.3.2 程序中断方式的接口电路

为了实现程序中断方式处理，需要在 I/O 接口中配置相应的逻辑电路，程序中断方式接口电路如图 9-9 所示。

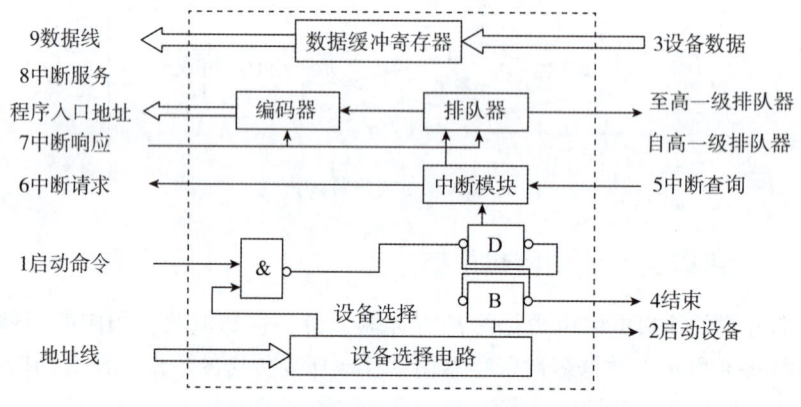

图 9-9 程序中断方式接口电路

1. 中断请求触发器和中断屏蔽触发器

为了能够监测到究竟是哪个 I/O 设备发出了中断请求，需要每个 I/O 设备都必须配置一个中断请求触发器 INTR，当其为 1 时，表示该设备向 CPU 发出了中断请求。

另外，有些时候可能需要忽略某些中断请求或实现中断的优先级处理，又设置了中断屏蔽触发器。

2. 中断判优部件

当多个设备向 CPU 发出中断请求时，CPU 只能选择一个重要的、优先级高的请求进行处理，因此 CPU 就需要对多个中断请求进行排队。

(1) 软件排队器：可以将所有中断请求输入一个软件模块，软件可以根据优先级设置规则，返回一个最高优先级的请求给 CPU。软件排队器可以根据 CPU 工作情况，灵活地修改设备处理优先级顺序，但是需要 CPU 执行一段排队程序，相对于硬件来说可能速度较慢。

(2) 硬件排队器：由硬件逻辑电路实现，可以集中配置到 CPU 中，也可以在 I/O 接口电路中实现。硬件排队器一般速度较快，但是硬件逻辑电路设计复杂，一旦设计完成，后期不便于修改。实际工作中也可以考虑采用可编程逻辑器件，较好兼顾速度与灵活性。

3. 中断服务程序地址形成部件

CPU 确定响应 I/O 中断后需要转去中断服务程序，此时需要中断服务程序的入口地址。中断服务程序地址形成部件就是根据中断判优部件的一组中断向量,处理后得到中断服务程序的入口地址,如图 9-10 所示。

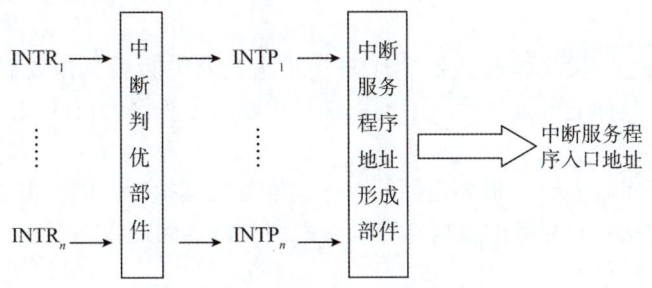

图 9-10　中断服务程序入口地址形成过程

9.3.3　中断请求和中断判优

1. 中断请求

CPU 的允许终端触发器 EINT 为 1 时才可以接收 I/O 设备发出的中断请求,对 EINT 的操作成为开中断和关中断,EINT 为 0 时,CPU 不会响应中断请求。设备要提出中断请求时,设备本身必须准备就绪,但是 CPU 此时不一定能够立即响应该请求,可能还有正在执行的指令,一般来说指令的执行不能被随意打断,只能在指令执行结束的时候才可以响应中断请求。

2. 中断判优

一般来说,可能有多个设备提出中断请求,但是 CPU 只能处理其中一个,因此,可以将中断请求寄存器的数据通过中断判优部件处理后得到需要处理的 I/O 设备的中断服务程序入口地址。

常见的一种链式排队器如图 9-11 所示。

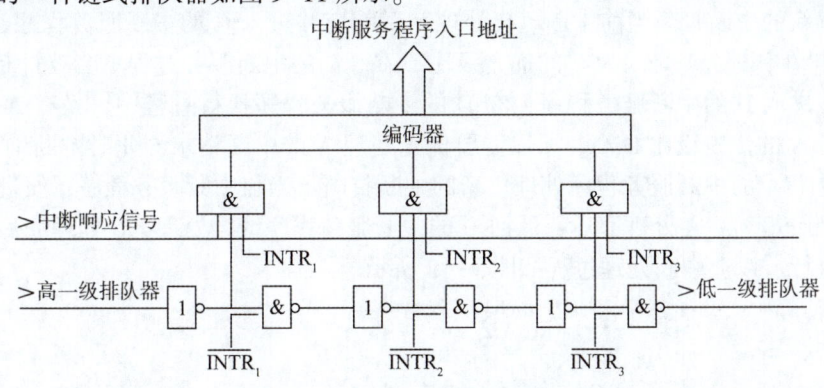

图 9-11　常见的一种链式排队器

9.3.4　中断响应

当 CPU 需要响应中断请求时,就进入中断服务程序,虽然不同设备的服务程序是不相同的,但是中断服务程序的流程基本是类似的,一般分为以下 4 个阶段。

1. 保护现场

保护现场的目的主要是便于程序处理完中断后可以返回原程序间断处继续执行,需要保护程序断点和各个通用寄存器和状态寄存器的数据到存储器,一般整个过程由计算机硬件自动完成。

2. 中断服务

中断服务一般是一段具体业务处理代码,就是进入中断后具体要做什么,不同的设备、不同的中断,具体业务处理代码不同,这是中断服务程序的目的和主体部分。

3. 恢复现场

中断服务处理完后,CPU 需要返回原程序间断处继续执行,因此需要将原先保存的程序断点数据和其他状态寄存器的数据从存储区取回并恢复到原状态。

4. 中断返回

原程序断点数据和其他状态寄存器的数据设置完后,此时只需要执行一条中断返回指令,一般是将原程序断点地址给 PC,使其返回到原程序的断点处,就可以继续执行原程序。

9.3.5 中断屏蔽技术

一般来说 CPU 进入中断处理后,有可能会有新的中断请求发生,此时如果 CPU 暂停当前中断服务程序的执行,进入新的中断服务程序,就会发生多重中断,或者说中断嵌套。如果 CPU 对于新的中断请求不予处理,而是等到当前中断处理完后再去响应新的中断,这种一般被称为单重中断。

对于多重中断,需要提前开中断,CPU 进入中断周期后自动关中断,进入中断服务程序后再开中断,此时如果有新的中断,一般是中断优先级比当前中断高的中断就可以打断当前中断,实现多重中断。

假设有 A、B、C 和 D 等 4 个中断请求,中断优先级依次降低,当 B、C 同时申请中断时,由于 B 优先级高于 C,所以需要优先响应和处理 B,CPU 进入 B 的中断服务程序进行处理,没有新的中断打断当前中断。B 处理完后响应并进入 C 的中断服务程序进行处理,此时有 D 申请中断,但是因为 C 的优先级比 D 高,C 的中断服务过程不会被打断。C 处理完后响应并进入 D 的中断服务程序,在 D 的中断服务程序执行过程中,又有 A 提出中断请求,由于 A 的优先级比 D 高,所以需要优先处理 A 的中断请求,此时中断 D 的中断服务程序,进入 A 的中断服务程序处理,新的中断打断了当前中断服务程序,便进入了多重中断(或中断嵌套)。A 处理完后,返回 D 的中断服务程序继续处理,D 处理完后再返回主程序继续执行。以上中断处理过程如图 9-12 所示。

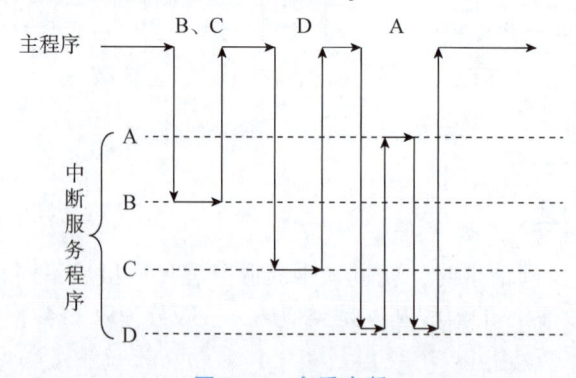

图 9-12 多重中断

为了保证中断优先级高的中断可以打断中断优先级低的中断，引入了中断屏蔽技术。在链式排队器的基础上，为每个中断请求引入一个屏蔽信号 MASK，MASK 置 1 时，中断请求信号是 0，该中断被屏蔽；MASK 置 0 时，若该中断有中断请求，则可以向 CPU 发出中断请求，所有中断请求再通过排队器进行优先级判断。中断屏蔽技术是中断技术的重要组成部分，具有中断屏蔽技术的排队器如图 9-13 所示。

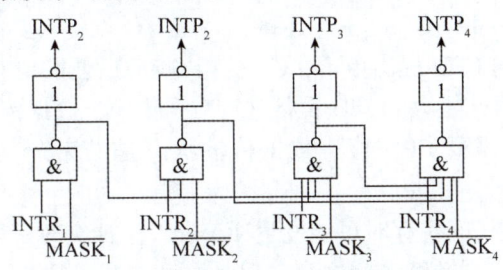

图 9-13 具有中断屏蔽技术的排队器

每个中断请求的屏蔽触发器组合可以得到一个屏蔽寄存器，该寄存器内的数据被称为屏蔽字，屏蔽字和中断优先级一一对应，如表 9-1 所示。

表 9-1 中断优先级与屏蔽字关系

优先级	屏蔽字
1	1111
2	0111
3	0011
4	0001

在中断服务程序中可以使用屏蔽字来实现中断的优先级控制，例如进入优先级最高的中断服务程序后，可以设置终端屏蔽字为 1111，便可以屏蔽所有中断源的中断请求，保证当前中断不被打断，进入 3 级中断服务程序后，可以设置终端屏蔽字为 0011，便可以屏蔽优先级为 3 和 4 的所有中断请求，但是不会屏蔽 1 级和 2 级中断，此时如果有 1 级和 2 级中断请求，便可以响应 1 级和 2 级中断请求，进入多重中断。

引入屏蔽技术后，实际上产生了中断响应优先级和中断处理优先级，中断响应优先级是指 CPU 响应各中断源请求的优先顺序，是硬件线路已经提前设置好的，一般是固定的；中断处理优先级是指 CPU 实际对各中断源请求的处理优先顺序，不采用屏蔽技术的时候，响应的优先顺序就是处理的优先顺序。

可以通过修改屏蔽字实现对中断处理顺序的改变。

9.4 DMA 方式

由于 CPU 参与主存与 I/O 设备的数据交换，需要消耗一定的 CPU 资源，当需要传输的数据较多时，对 CPU 的影响会很大。如果能够在主存与高速 I/O 设备之间设立一条数据通路，减少 CPU 的参与，就可以获得更高的工作效率。

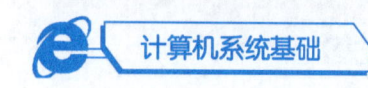

9.4.1　DMA 方式的特点

DMA 方式就是在主存和 DMA 接口之间设置一条数据通路，主存和设备交换信息时，不必通过 CPU，也不需要 CPU 中断现行程序处理 I/O 设备交换数据，提高了计算机工作效率。DMA 方式主要应用于高速 I/O 设备与主存之间的信息交换。

高速 I/O 设备通过 DMA 接口与主存连接，高速 I/O 设备需要使用 DMA 接口进行通信时，一般通过中断方式向 CPU 提出申请，CPU 作出响应后便需要对 DMA 进行一些初始化设置，待设置完成后便通知主存和 I/O 设备进行数据传输，数据传输完成后再通过中断方式告知 CPU 工作结束，需要 CPU 检查数据传输状态是结束还是进入下一批数据 DMA 传输。

DMA 接口和 CPU 在访问主存时可能发生冲突，发生冲突时一般停止 CPU 对主存的访问，待 DMA 完成后 CPU 再继续访问主存，但是这种方式可能导致 CPU 一直不能访问主存。另一种方法是将 CPU 对主存的访问延缓若干存储周期，这种方法也叫周期挪用或周期窃取，比较适合 I/O 设备的读写周期大于主存周期的情况，既实现了 I/O 设备的数据传送，又协调了 CPU 与主存的效率。还有一种方法，如果 CPU 工作周期比存储周期长，可以将 CPU 周期划分为两个阶段，前一个阶段 CPU 访问主存，后一个阶段 DMA 访问主存，这种方法无须 CPU 停止访问主存，CPU 和 DMA 可以同时工作，但是需要设置复杂电路控制总线的交换和其他控制。

9.4.2　DMA 接口的功能和组成

DMA 接口主要由 DMA 控制器、中断逻辑部件和数据缓存模块构成，如图 9-14 所示。

DMA 控制器主要实现 DMA 传送过程的管理与控制，数据准备就绪后，向 DMA 接口发出数据传输请求，再向 CPU 发出 DMA 服务请求并申请总线使用权，CPU 响应 DMA 控制器后，DMA 控制器便开始管理 DMA 传送过程。

一批数据传送完后，中断逻辑部件向 CPU 发出中断请求，CPU 可以进行后续处理。DMA 中断与 I/O 中断相比，技术相同但目的不同，I/O 中断实现数据的输入和输出，DMA 中断主要是通知 CPU 某批数据已传送完毕。

数据缓存模块主要是部分数据缓冲寄存器，例如用来存储设备码或设备地址信息的设备地址寄存器 AR、暂存中间数据的数据缓冲寄存器 BR、存储主存当前地址的主存地址寄存器 DAR，还有记录数据传送数量的字计数器 WC。

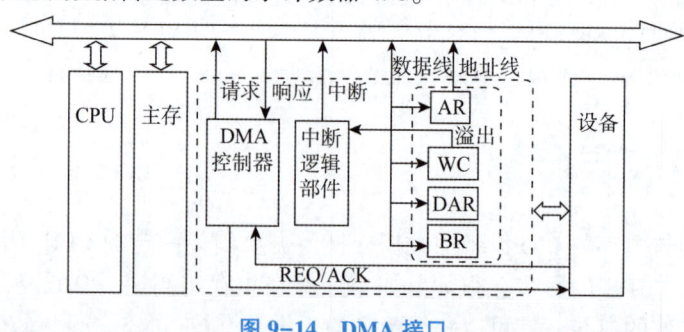

图 9-14　DMA 接口

9.4.3　DMA 工作过程

DMA 的数据传送过程分为预处理、数据传送和后处理 3 个阶段。

1. 预处理

CPU 向 DMA 控制器指明数据传送方向是输入还是输出，向 DMA 设备地址寄存器送入设备地址号，并发出启动设备命令，然后向 DMA 地址寄存器送入交换数据的主存起始地址并对字计数器设置数据传送数量。

DMA 接口信息初始化完毕，便向 CPU 提出总线使用申请，通过判优逻辑后，DMA 接口即可接管数据的传送过程。

2. 数据传送

DMA 方式是以数据块为单位传送的，以周期挪用的 DMA 方式为例，其数据传送流程如图 9-15 所示。

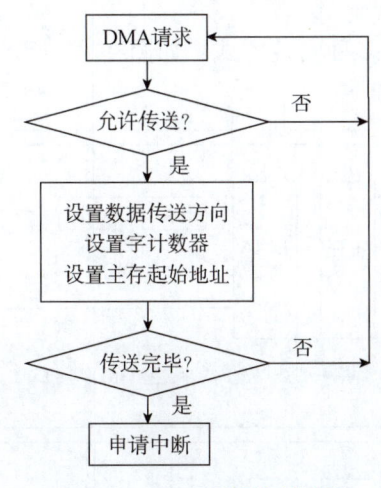

图 9-15　DMA 数据传送流程

当 I/O 设备准备好一批数据时，将该数据送到 DMA 的数据缓冲寄存器中，当数据缓冲寄存器准备好要传送的数据时，便向 DMA 接口发送请求信号，此时 DMA 接口再向 CPU 申请总线控制权，CPU 回送确认信号，表示允许将总线控制权交给 DMA 接口，DMA 地址寄存器中的主存地址送地址总线，并将数据写入存储器，DMA 控制器修改主存地址和字计数值，然后 DMA 回送 I/O 设备确认信号，为传送下一个数据做准备。

如果字计数器溢出，表明该批数据传输完毕，需要向 CPU 申请程序中断，结束数据传送，如果字计数器未溢出，DMA 接口继续传送数据。

3. 后处理

DMA 在结束数据传送后，需要确定是否继续用 DMA 传送后续数据块，若继续传送，则仍需要对 DMA 接口进行初始化，若不需要传送，则停止工作，释放总线使用权。

9.4.4　DMA 接口的类型

目前 DMA 接口类型一般有选择型和多路型两类，相应功能电路可以刻制成芯片。

选择型 DMA 接口可以连接多个 I/O 设备，但是在工作时，只能有一个 I/O 设备与 DMA 接口通信，因此，选择型 DMA 接口适用于数据传输率很高的 I/O 设备。选择型 DMA

接口如图 9-16 所示。

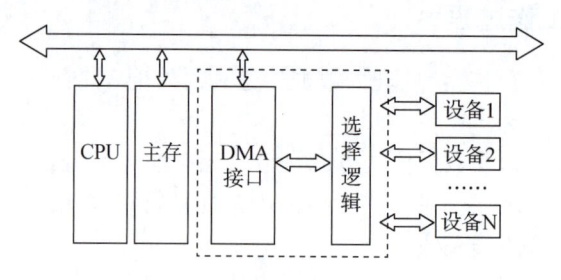

图 9-16　选择型 DMA 接口

多路型 DMA 接口同样可以连接多个 I/O 设备，由于采用字节交叉的方式进行数据传送，所以多个设备可以同时工作，但是需要为每个设备分配一套寄存器，用于保存该 I/O 设备通信的状态信息，而且由于需要在多个 I/O 设备之间不断切换数据传输，所以不适合速率太高的 I/O 设备。

多路型 DMA 接口可以有多种实现方式，如图 9-17 所示链式多路型 DMA 接口和图 9-18 所示独立请求式 DMA 接口。

图 9-17　链式多路型 DMA 接口

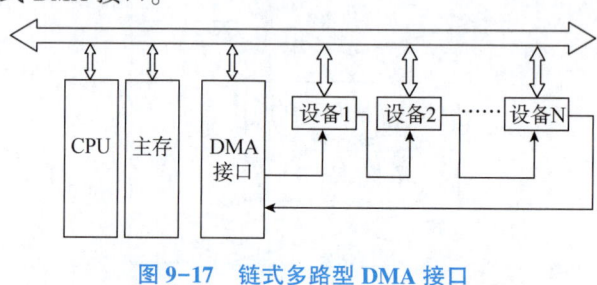

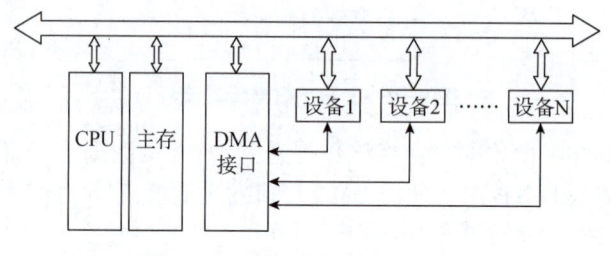

图 9-18　独立请求式 DMA 接口

9.5　I/O 接口

接口一般是两个系统或两个部件之间的连接部分，可以是两种硬件设备之间的逻辑连接电路，也可以是两个软件之间的通信交互部分。I/O 接口是设置在主机与 I/O 设备之间的，能够实现主机与 I/O 设备相互通信的软硬件部件。

9.5.1　I/O 接口概述

一般来说，I/O 接口可以实现不同系统或不同部件直接的连接和交互，需要解决两者之间通信的差异，各种设备是通过接口挂接到总线上的。

9.5.2　I/O 接口的组成和功能

I/O 设备挂接在 I/O 接口上，I/O 接口通过系统总线与主机连接，I/O 接口需要设置地址线、数据线和相应控制线与总线的对应功能线连接。总线与 I/O 接口的连接如图 9-19 所示。

地址线主要用来传送设备地址号，地址线的数量决定了可连接设备的数量。地址信息可以由主机发送给 I/O 接口，也可以通过 I/O 接口发送给主机，所以，大多数地址线都是双向传送地址信息的。

数据线主要用来传送数据信息，数据线的数量决定了同时可以传送的数据数量，大部分数据线都是双向传送的，若为单向，则需要两组数据线，一组负责输入，另一组负责输出。

控制线主要用来传送各种控制信息或状态监测信息，协调设备有序工作，控制线的数量一般由控制信息的复杂程度决定。

如果控制好时序和工作逻辑，实际上地址线、数据线和控制线可以复用，以减少各种线的数量，但是会使得信号逻辑控制变得复杂。

设置 I/O 接口一般可以实现如下功能。

（1）设备识别：I/O 接口一般挂载一个或多个设备，通过为 I/O 设备分配编号或地址号来区别 I/O 设备。

（2）数据传送：I/O 设备通过 I/O 接口与主机进行通信，传送数据。

（3）串并转换：I/O 设备可能是串行数据，通过 I/O 接口可以把多个串行数据组装转换成并行数据进行传输。

（4）协议转换：I/O 设备与 I/O 接口两端可能具有不同数据传输协议，例如数据传输的格式不同、高低电平代表的二进制数据意义不同等，I/O 接口可以实现解析原数据协议并按照新协议组装并传送数据。

（5）设备状态检测：I/O 接口可以通过状态信息检测电路获取 I/O 设备的工作状态信息，除了基本的"忙""就绪""异常"以外，一些附加的传感器也可以获得一些额外状态信息，如工作温度等。

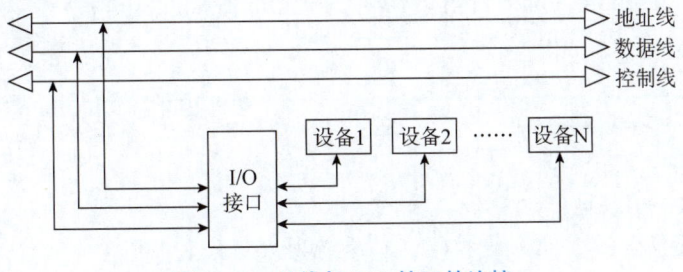

图 9-19　总线与 I/O 接口的连接

> **关键词**
>
> 输入/输出系统：Input/Output System。
> 中断技术：Interrupt Technology。

直接存储器访问：Direct Memory Access (DMA)。
接口：Interface。

本章小结

本章主要介绍 I/O 系统的有关知识，作为冯·诺依曼型计算机五大部件之中的两大部件，I/O 设备能够实现计算机与外部世界的交互。程序查询方式、中断方式、DMA 方式等相关技术的不断演进，反映了人们对提高计算机运行速度的不断探索精神。

知识窗

华为终端发布全新商用品牌"华为擎云"

人民网 2023-03-23

3月23日，在华为春季旗舰新品发布会上，华为终端正式发布全新商用品牌"华为擎云"。据了解，"擎云直上，共创新境"是华为擎云品牌的理念，华为认为，数字化转型不会是一个企业独立完成，而是每一个企业共同努力的结果。华为擎云作为华为旗下全场景终端商用产品及解决方案品牌，致力于对业务的深入理解，提供贴合用户场景的商用终端解决方案，成为企业数字化转型理想道路上的可靠伙伴。

基于此，华为擎云定位于通过全业务场景、敏捷迭代、创新领先、开放协作的能力打造贴合客户需求的商用终端解决方案，深挖行业应用场景，让科技赋能数字化转型进程。

华为终端业务商用办公产品线总裁朱懂东此前表示，华为终端商用始终秉持以人为本的服务理念，除以消费者为出发点去构建商用产品，同时也对中小企业和大企业提供相应服务。在过去一年里推出了赋能中小企业的"同路者计划"和服务大企业的"伴飞服务"。

此外，本次与华为擎云品牌一同发布的，还有华为擎云 S540 与华为擎云 G540 两款全新商用笔记本。"从产品的角度讲，我觉得终端商用是能够提供一个跨领域的产品组合，而且这些产品组合不是单独和割裂的，多屏协同、超级终端所有的设备之间是互联的，这也是华为非常独有的优势。"朱懂东曾说。

（责编：董童、李源）

习题9

9.1 填空题。

(1) I/O 系统包含(　　)系统和(　　)系统两大部分。

(2) 通道技术进一步发展出了两种体系结构，一种是(　　)，另一种是(　　)。

(3) I/O 设备编址目前常用的编址方式有两种：一种是(　　)；另一种是(　　)。

(4) (　　)的双方可以在同一个时标下同时发送和接收数据；(　　)中，在数据交换之前，一方必须等到另一方的状态信号才能开始数据的传输工作。

(5) 一次可以传送一位二进制数据的是(　　)，可以同时传送多位二进制数据的是(　　)。

(6) I/O设备与主机信息传送的控制方式主要有(　　)方式、(　　)方式和(　　)方式。

(7) 中断服务程序流程包含(　　)、(　　)、(　　)和(　　)。

(8) DMA方式可以(　　)传送数据,程序中断方式一般每中断一次可以传送(　　)字数据。

(9) DMA工作过程包含(　　)、(　　)和(　　)。

(10) 连接I/O设备的地址线、数据线和控制线可以(　　),以减少信号线的数量。

9.2 选择题。

(1) 以下方式中,不能和CPU并行工作的是(　　)。

A. 程序查询　　　B. 程序中断　　　C. DMA　　　D. 通道方式

(2) 中断向量可提供(　　)。

A. 被选中设备的地址　　　　　　　B. 传送数据的起始地址
C. 中断服务程序入口地址　　　　　D. 主程序的断点地址

(3) 周期挪用常用于(　　)方式的输入/输出中。

A. DMA　　　B. 中断　　　C. 程序查询　　　D. 通道

(4) DMA方式是在(　　)之间建立数据通路。

A. CPU与主存　　　　　　　　　B. CPU与I/O设备
C. 主存与I/O设备　　　　　　　　D. I/O设备

(5) I/O设备可以提出中断请求的条件是(　　)。

A. CPU空闲　　　　　　　　　　　B. 总线空闲
C. I/O设备就绪且允许发出中断请求　D. CPU执行指令结束且开中断

9.3 请说明I/O系统一般由哪些部分构成。

9.4 I/O指令和机器指令有何区别和联系?

9.5 在程序查询方式、程序中断方式和DMA方式的比较中,能够提高系统效率的核心思想是什么?

9.6 单重中断一般是如何实现的?

9.7 多重中断一般是如何实现的?

9.8 中断屏蔽技术是否可以更改中断的响应和处理顺序?

9.9 假设当前I/O设备中断响应优先级为3级,优先级顺序为1级>2级>3级,每级可以挂接若干I/O设备,请写出每级设备中断屏蔽字。

9.10 什么是中断?

9.11 CPU响应中断的条件和时机是什么?

习题答案

第 10 章

总线系统

计算机由五大部件构成，为了完成五大部件之间数据和控制信号的传输，需要将五大部件按照一定的方式进行连接，在计算机的发展过程中主要使用了两种连接方式，一种是分散连接方式，另一种是总线连接方式。

在计算机发展早期，主要采用了各部件单独连接的方式，即分散连接，主要是以运算器为中心，各个部件的信息交互都需要通过运算器，导致连接电路相当复杂。虽然一些特殊设计可以使一些部件的信息交换在一定程度上绕过运算器，但是电路设计仍然很复杂，而且由于电路已事先设计好，后面即使发展出了新的硬件设备，原先的分散连接也没有办法进行更改，无法接入新的硬件设备，而且由于电路已经固定，旧的硬件设备也无法更新或删除。

在总线连接方式中，所有部件均通过接口挂接在总线上，各设备均可以通过总线进行连接，便于设备的增减，提高了系统扩展性和灵活性，特别是总线标准化工作，极大提高了计算机系统兼容性，各种计算机硬件设备越来越丰富多彩。

本章重难点

重点：总线数据传输方式、传输过程、控制方式。
难点：总线控制方式。

素养目标

知识和技能目标：掌握总线的基本概念、总线的类型和应用范围、总线控制器和总线接口的组成；理解总线在计算机系统中的作用及意义，掌握总线的仲裁方式和总线的数据传输方式。

过程与方法目标：通过总线技术发展及多种总线结构举例，了解总线的总体设计思路和设计过程，锻炼逻辑思维能力。

情感态度和价值观目标：培养学生总体规划设计能力和协作精神。

第10章 总线系统

本章思维导图

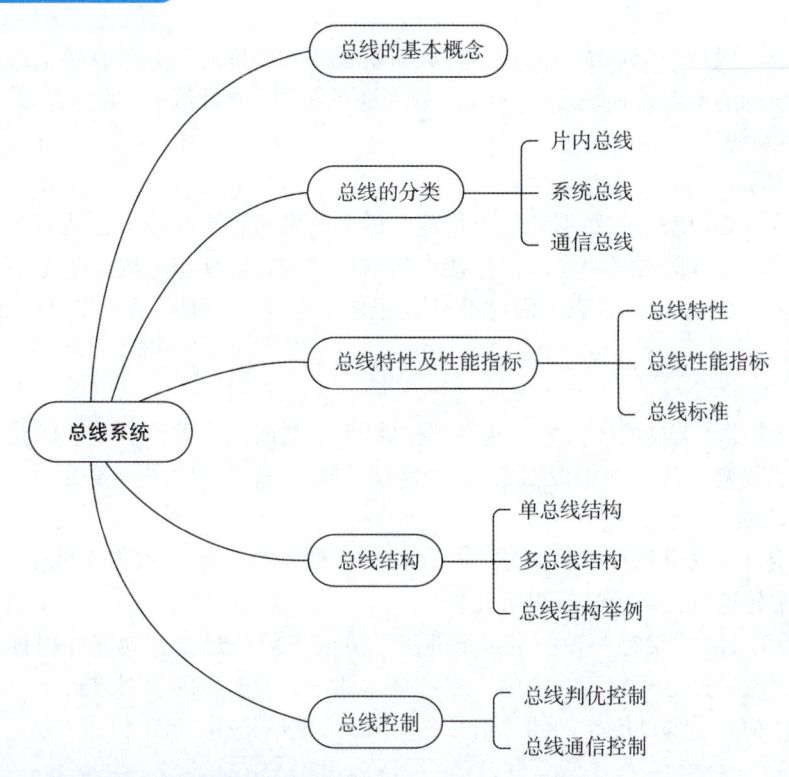

总线系统
- 总线的基本概念
- 总线的分类
  - 片内总线
  - 系统总线
  - 通信总线
- 总线特性及性能指标
  - 总线特性
  - 总线性能指标
  - 总线标准
- 总线结构
  - 单总线结构
  - 多总线结构
  - 总线结构举例
- 总线控制
  - 总线判优控制
  - 总线通信控制

10.1 总线的基本概念

总线连接是目前计算机系统内各大部件主要的连接方式，总线是一个公共的信息传输线，计算机系统各大部件全部连接在总线上。当某个部件需要发送信息时，首先向总线控制部件发出总线使用申请，总线某个时刻只能有一个设备发送数据。因此，总线控制部件需要经过优先级判断，发送信息的部件获得总线使用权后将信息发送到总线，挂接在总线上的其他部件都可以监听到数据传送，如果发现数据指明的接收设备是自己，便将数据接收并存储，发送信息的部件数据发送完毕便释放总线使用权。

总线连接具有很大的灵活性，只要符合总线连接协议的设备都可以连接到总线上，设备的增加、替换和删除都很方便。

10.2 总线的分类

总线技术和方法应用比较广泛，总线根据使用情况和范围可以划分成各种类别，按照所连接部件不同，总线可分为片内总线、系统总线和通信总线。

10.2.1 片内总线

片内总线一般是指设计在芯片内部的总线，刻制或封装在集成电路内部，可以实现芯片内部各个逻辑模块的数据通信。

10.2.2 系统总线

系统总线一般是一个系统内部连接各大模块或各大部件的公共信息传输线路。按照系统总线传输信息的不同，系统总线又可以分为地址总线(地址线)、数据总线(数据线)和控制总线(控制线)。

1. 地址总线

地址总线主要用来说明数据总线上传输的信息的发送者或接收者，或者数据在主存单元的地址。地址总线的数量决定着可连接设备数量或主存地址单元的寻址范围，一般一根地址线可以表示 0、1 两种状态，因此若有 N 根地址总线，则编码后可以寻址 2^N 个设备或地址单元。

2. 数据总线

数据总线用来传输数据信息，一般数据总线都是双向的。数据总线的数量决定了一次性数据传输的数量，例如 N 根数据总线一般可以同时传输 N 位二进制数据。

3. 控制总线

控制总线可以发出各种控制信号，用以协调控制地址总线和数据总线上信号的传递。控制总线经常传递的控制信号有以下几种。

(1) 时钟信号：一般是一种一定频率的正弦波或方波信号，其他部件根据波形的上升沿或下降沿，或者是电平翻转的一刻，或者是达到一定的电压阈值时进行下一步操作。时钟信号一般作为各个部件操作的同步信号，一种时钟信号波形如图 10-1 所示。

图 10-1 一种时钟信号波形

(2) 复位信号：可以对各个部件初始化。
(3) 总线控制信号：如总线请求信号、总线允许信号。
(4) 中断控制信号：如中断请求信号、中断响应信号。
(5) I/O 读写信号：将指定 I/O 设备的数据送至数据总线，或者将数据总线的数据送至指定 I/O 设备。
(6) 存储器读写信号：将指定主存单元的数据送至数据总线，或者将数据总线的数据送至指定主存单元。

10.2.3 通信总线

通信总线一般用于连接不同系统，实现不同的计算机系统，或者是计算机系统与其他系统，或者是其他系统之间的数据通信。

通信总线所连接的系统一般距离较远，受距离、成本和电磁的限制，往往有一些特殊性。

在近距离通信时，可以采用并行传输，但是在进行远距离通信时，由于线路距离和材质的差异，数据信号有较大减弱或延迟，所以并行通信很难进行数据的同步控制；另外，当数据传输速度提高到一定水平后并行的线路之间会存在较大的串扰，且数据传输速度越高，串扰越大，误码率越高。

还有比较重要的一点，就是串行传输相比并行传输可以大幅度降低线路铺设的材料成本，因此，通信总线大多都是串行通信。

10.3 总线特性及性能指标

总线最大的特点就是标准和开放，只要满足总线接入协议或标准的设备都可以接入总线，另外，为了方便设备接入，一般在总线的连接点部位都设计一些标准化的卡槽。

10.3.1 总线特性

为了保证总线与设备的可靠连接，需要总线和设备的连接部分满足一定的设计、特性要求。

机械特性：总线在机械连接方式上的一些形式、样式或性能，如插头与插座使用的标准，插头或接口的大小、形状、引脚的个数以及排列的顺序，接头处的连接保险等。

电气特性：主要指明连接的信号的有效电平范围，高低电平所分别代表的二进制数据是"0"还是"1"，还要确定信号线传递的方向等。

例如，RS-232C，其电气特性规定电平低于-3 V 表示逻辑"1"，高电平需高于+3 V 代表"0"，额定信号电平为±10 V 左右。而 RS-485 规定两线间的电压差为 2～6 V 表示"1"；两线间的电压差为-2～-6 V 表示"0"。接口信号电平比 RS-232C 低，较低的电平不易损坏接口电路的芯片，且该电平与 TTL 电平兼容，可方便与 TTL 电路连接。

功能特性：总线中每根传输线的功能，例如，地址总线用来指出设备地址码或存储单元地址；数据总线用来传递数据；控制总线发出控制信号。

时间特性：总线中每根线的工作都需要按照一定的时间顺序来传递信号，各个功能线才能协调完成工作。

10.3.2 总线性能指标

总线性能指标主要有以下几个。

(1) 时钟频率：总线工作频率，一般时钟频率越高，数据传输速度快。

(2) 总线位宽：一般是总线中数据总线的根数，或者数据总线一次性可以传送的数据位数。常见的位宽大多是二进制位(bit)的整数倍，如 8 位、16 位、32 位，分别对应 8 根、16 根、32 根数据线。

(3) 总线带宽：数据的传输速率，即单位时间内传输的二进制数，常用 B/s(字节每秒)表示。假设总线时钟频率为 133 MHz，位宽为 64 bit，每个时钟周期传送一次数据，则总线的数据传输速率为 133×(64÷8)= 1064 MB/s。

(4) 总线控制方式：总线如何申请、如何判优、如何管理和如何释放。

(5) 负载能力：一般指总线在正常工作时所能支持或连接的设备数。

10.3.3 总线标准

在总线发展早期，虽然方便了设备扩充，极大改善了计算机扩展能力，但是如果各个计算机生产商都有独立的总线系统和总线标准，那么不同生产商的设备仍旧相互不兼容。为了各种设备都能方便地接入不同的计算机系统，人们开始总线的标准化工作，随之也诞生了一系列应用广泛的协议标准。

1. ISA 总线

工业标准体系结构(Industry Standard Architecture，ISA)是 IBM 为 PC/AT 计算机而制

定的总线标准,为 16 位体系结构,只能支持 16 位的 I/O 设备,数据传输速率大约是 16 MB/s。也称为 AT 标准,现已被淘汰。

2. EISA 总线

扩展工业标准结构(Extended Industry Standard Architecture,EISA)是 1989 年工业厂商联盟为 32 位 CPU 设计的总线扩展标准,兼容 ISA 总线,现已被淘汰。

3. VESA 总线

频视电子标准协会(Video Electronics Standard Association,VESA)总线是 1992 年由多家扩展卡制造商联合推出的一种局部总线,简称为 VL 总线(VESA Local Bus)。它的推出为微机系统总线体系结构的革新奠定了基础。该总线系统考虑到 CPU 与主存和 Cache 的直接相连,通常把这部分总线称为 CPU 总线,其他设备通过 VL 总线与 CPU 总线相连,所以 VL 总线被称为局部总线,目前基本上已很少使用。

4. PCI 总线

外设部件互连标准(Peripheral Component Interconnect,PCI)总线,是个人计算机发展阶段中使用最为广泛的接口,几乎所有的主板产品上都带有这种插槽。PCI 插槽是主板带有最多数量的插槽类型,在流行的台式计算机主板上,ATX 结构的主板一般带有 5~6 个 PCI 插槽,而小一点的 MATX 主板也都带有 2~3 个 PCI 插槽。PCI 总线工作在 33 MHz(也可以工作在 66 MHz)时,最大数据传输速率为 132 MB/s,当位宽升级到 64 位时,数据传输速率可达 264 MB/s,除了高速特性,还有即插即用、高可靠性、扩展性好、自动配置和多路复用等特点。

5. AGP 总线

加速图像接口(Accelerated Graphics Port,AGP),是 Intel 推出的一种 3D 标准图像接口,其效率是 PCI 的 4 倍。AGP 基于 PCI 2.1 版规范并进行扩充修改而成,采用点对点通道方式,以 66.7 MHz 的频率直接与主存交互,以主存作为帧缓冲器,实现了高速缓冲。总线位宽为 32 位时,最大数据传输速率为 266 MB/s,是传统 PCI 总线带宽的 2 倍。AGP 还定义了一种双激励的传输技术,可以在一个时钟的上升、下降沿双向传输数据,这样 AGP 实现了传输频率 66.7 MHz×2,即 133 MHz,最大数据传输速率可提高到 533 MB/s,后续又推出了 AGP 2X、AGP 4X、AGP 8X 等多个版本,数据传输速率可达 2.1 GB/s。

AGP 总线目前已被 PCI-E 总线代替。

6. PCI-E 总线

PCI-E(PCI-Express)是一种通用的总线规格,最早由 Intel 所提倡和推广,最终的设计目的是取代现有计算机系统内部的总线传输接口(显示接口、CPU、PCI、HDD、Network 等多种应用接口),从而可以解决现今计算机系统内数据传输出现的问题,并且为未来的周边产品性能提升作好充分的准备。

PCI-E 采用了串行互联方式,以点对点的形式进行数据传输,每个设备都可以单独地享用带宽,从而大大提高了传输速率,而且也为更高的频率提升创造了条件。

同时,PCI-E 还有多种不同速度的接口模式,包括 X1、X2、X4、X8、X16 以及更高速的 X32。PCI-E X1 模式的传输速率便可以达到 250 MB/s,接近原有 PCI 接口 133 MB/s 的 2 倍,大大提升了系统总线的数据传输能力。而 X8、X16 的传输速率是 X1 的 8 倍和 16 倍。可以看出,不论是系统的基础应用,还是图形、视频等高速数据传输,PCI-E 都能够应付自如,是目前高速计算机设备的主流接口之一。

7. SAS 接口

串行 SCSI(Serial Attached SCSI，SAS)是主要为硬盘、CD-ROM 等设备而设计的接口。SAS 由并行 SCSI 物理存储接口演化而来，是由 ANSI INCITS T10 技术委员会(T10 Committee)开发及维护的存储接口标准。与并行方式相比，串行方式能提供更快速的数据传输以及更简易的配置。此外，SAS 支持与串行式 ATA(SATA)设备兼容，且两者可以使用相类似的电缆。

SAS 目前广泛应用于服务器存储设备的连接，第一代 SAS 为每个驱动器提供 3.0 Gbps 的传输速率，第二代 SAS 为每个驱动器提供 6.0 Gbps 的传输速率。

8. USB 总线

通用串行总线(Universal Serial Bus，USB)是一个外部总线标准，用于规范计算机与外部设备的连接和通信，具有传输速度快、使用方便、支持热插拔、连接灵活、独立供电等优点，可以连接键盘、鼠标、大容量存储设备等多种外设。USB 接口是计算机等智能设备与外界数据交互的主要方式之一。

10.4 总线结构

在总线技术发展过程中出现了多种总线结构，以适应不断更新和变化的计算机系统。

10.4.1 单总线结构

单总线结构是一种比较简单的总线结构，可以将 CPU、主存和各种 I/O 设备挂接在总线上，挂接在总线上的各个设备可以直接交换信息。单总线结构如图 10-2 所示。

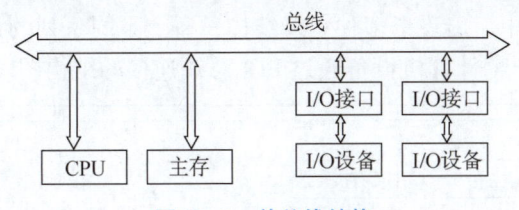

图 10-2 单总线结构

这种总线结构有很大的灵活性，但是由于所有设备共享总线，意味着当有设备使用总线进行信息传输时，其他设备只能等待，而且慢速设备或有大量数据传输的设备往往成为系统瓶颈。

另外，随着计算机的发展，当需要在总线上挂载的设备越来越多时，总线上控制和分配信号的传递具有较大的延迟，有可能存在设备长期无法获得总线使用权的情况。

10.4.2 多总线结构

针对单总线结构的问题，发展出了双总线和多总线结构。

双总线结构主要是将高速设备和低速设备分开，高速的 CPU 和主存挂载到一条高速总线上，其他低速设备挂载到另一条低速总线上，低速总线再通过一个特殊的连接部件挂载到高速总线上。一种双总线结构如图 10-3 所示。

```
     ┌─────────────────────────────────────────────┐
     ↕                    ↕              ↕
   ┌────┬────┐          ┌────┐
   │CPU │主存│          │通道│
   └────┴────┘          └────┘
                          ↕
                ┌─────────────────────┐
                ↕                     ↕
             ┌──────┐              ┌──────┐
             │I/O设备│ ……          │I/O设备│
             └──────┘              └──────┘
```

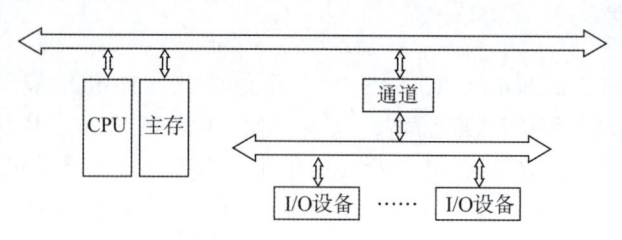

图 10-3 双总线结构

以上双总线结构一定程度上提高了计算机系统的效率，但是当个别 I/O 设备有大量数据需要与主存交换时，CPU 要么需要参与数据传送，要么需要等待，因此又发展出了多总线结构。图 10-4 所示是一种三总线结构，个别高速 I/O 设备可以和主存直接进行通信，不需要 CPU 干预，同时 CPU 和主存也可以直接交换数据而不必经过总线。

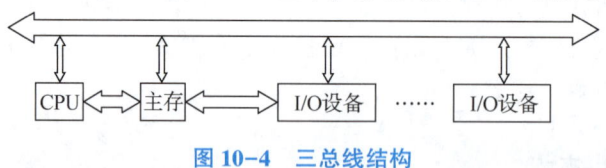

```
   ┌─────────────────────────────────────────────┐
   ↕        ↕         ↕              ↕
 ┌───┐    ┌───┐    ┌──────┐       ┌──────┐
 │CPU│↔↔ │主存│↔↔ │I/O设备│ ……   │I/O设备│
 └───┘    └───┘    └──────┘       └──────┘
```

图 10-4 三总线结构

总线结构不是一成不变的，没有一种总线结构能够应付各种计算机系统，所以要根据计算机设计实际情况，具体问题具体分析。随着计算机不断发展进步，目前在计算机系统内部，各种部件都在不断标准化，使得同一发展时期的计算机大多有类似的总线标准和结构。

10.4.3 总线结构举例

在计算机发展过程中，出现了多种总线结构，每个不同系列的计算机可能配置的总线不同，图 10-5 是一种早期计算机设备通过 PCI 总线连接的结构图。

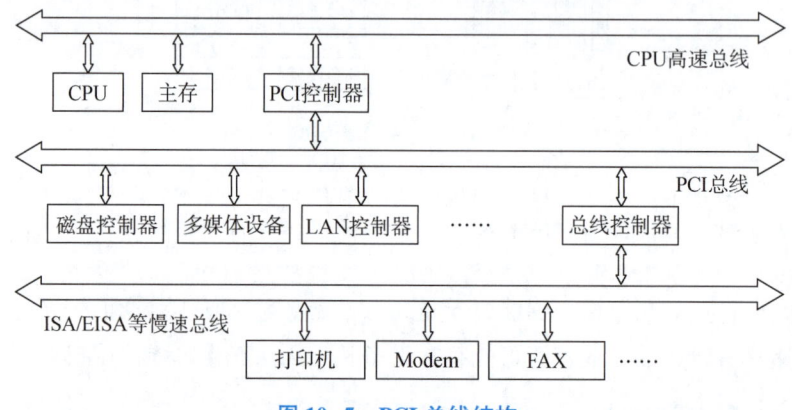

```
   ┌──────────────────────────────────────────────┐
   ↕       ↕          ↕                            CPU高速总线
 ┌───┐  ┌───┐   ┌────────┐
 │CPU│  │主存│   │PCI控制器│
 └───┘  └───┘   └────────┘
                    ↕
   ┌──────────────────────────────────────────────┐
   ↕          ↕          ↕              ↕          PCI总线
┌───────┐ ┌───────┐ ┌────────┐    ┌────────┐
│磁盘控制器│ │多媒体设备│ │LAN控制器│ ……│总线控制器│
└───────┘ └───────┘ └────────┘    └────────┘
                                       ↕
   ┌──────────────────────────────────────────────┐
   ISA/EISA等慢速总线  ↕        ↕        ↕
                   ┌─────┐  ┌─────┐  ┌───┐
                   │打印机│  │Modem│  │FAX│ ……
                   └─────┘  └─────┘  └───┘
```

图 10-5 PCI 总线结构

CPU 和主存通过 CPU 高速总线相互连接，CPU 高速总线再通过 PCI 控制器（PCI 桥）与 PCI 总线相连接，磁盘控制器、多媒体设备和其他高速设备通过 PCI 总线相互连接，较低速的设备再通过慢速总线连接 PCI 总线，使得各种设备可以按照通信速度进行分类连接和隔离，具有较高的灵活性和适应多种不同速度的设备连接。

图 10-6 是采用 PCI-E 总线连接各个 I/O 设备的一种计算机总线结构。

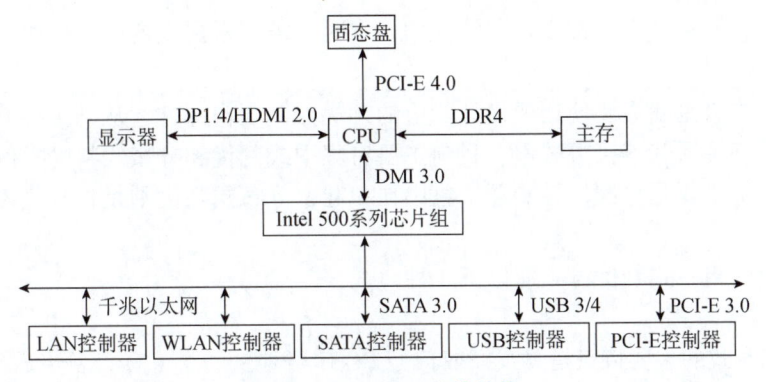

图 10-6　PCI-E 总线结构

PCI-E 是新一代总线结构，可以提供更高的速度、更好的扩展，是目前计算机中主流的总线标准。

目前服务器系统大多采用两个处理器（双路服务器），图 10-7 是华为 TaiShan 服务器的总线结构。CPU 自带 PCI-E 4.0 和高速 Serdes 接口，较低速设备可以通过 USB 接口扩展或 PIC-E 连接 BMC（Baseboard Management Controller，板级控制器，通过华为自研管理芯片 Hi1710 实现）再连接 VGA、管理网口、管理串口等相应设备。

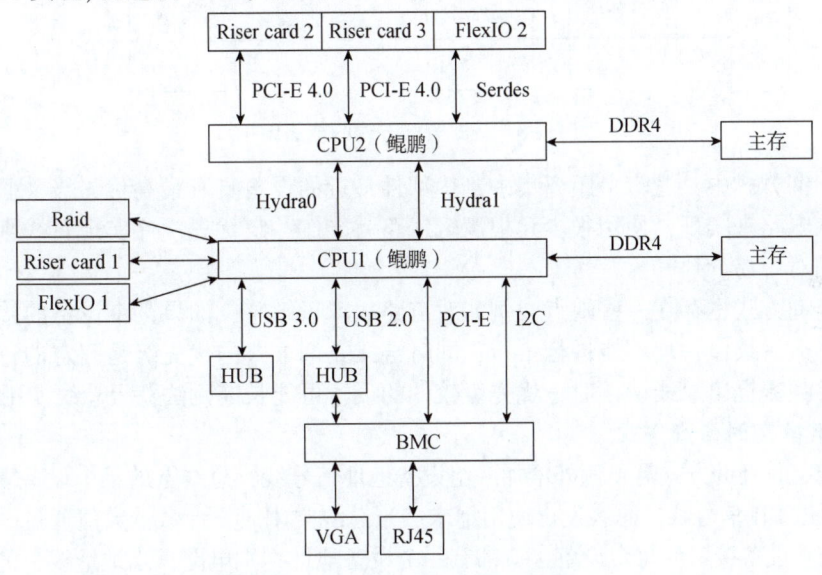

图 10-7　TaiShan 服务器总线结构

10.5　总线控制

总线上一般连接了多个部件，总线是一个公共的通信传输线路，因此，在各个设备使用总线传输数据时，需要决定总线使用权如何分配，设备获得总线使用权后如何进行通信等情况。

10.5.1　总线判优控制

总线上连接了多个设备，各个设备以共享方式使用总线，某个时间只能有一个设备使用总线，因此，当多个设备都发出总线使用请求时，需要根据设定的优先级顺序分配总线使用权。

总线的优先级判断需要使用或设计相应的判优控制逻辑部件，从判优控制逻辑部件和设备之间的相互关系和连接方式看，目前主要有集中式判优和分布式判优两种方式。

集中式判优主要是将判优控制逻辑集中在一起，分布式判优则是将判优控制逻辑分布到各个设备上。

目前常用的集中式判优方式有以下 3 种。

1. 链式查询方式

链式查询方式的主要特点是总线授权信号 BG 串行地从一个 I/O 设备传送到下一个 I/O 设备。若收到该 BG 信号的设备没有发出总线请求，则 BG 信号继续依次传送；如果 BG 到达的设备有总线请求，BG 信号便停止传送，该设备便获得了总线控制权。链式查询方式的电路结构如图 10-8 所示。

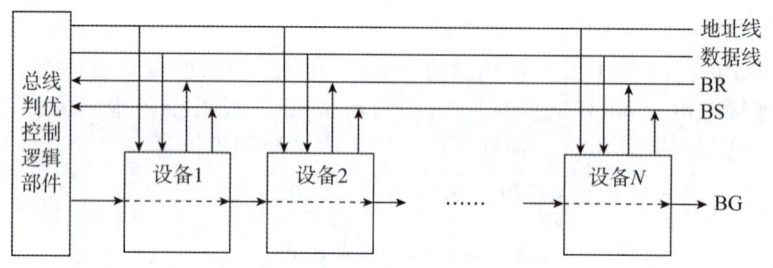

图 10-8　链式查询方式的电路结构

链式查询方式中，逻辑上距离集中判优部件最近的设备具有最高优先级，通过接口的优先级排队电路来实现，使用很少几根逻辑线路就能按一定优先次序实现总线判优，而且扩充设备相对容易。

链式查询方式也存在一些缺点，例如对链路故障很敏感，如果某个设备的接口电路发生故障，那么后续设备均不能进行工作；同时链式查询方式的优先级是固定的，如果优先级高的设备频繁提出总线请求时，优先级较低的设备可能长期无法获得总线使用权。

2. 计数器定时查询方式

计数器定时查询方式需要额外增加一组设备地址信号线，总线上的某个设备需要使用总线时，便通过 BR 信号线向总线发出使用请求。当总线空闲时，计数器数值通过一组设备地址信号传送至设备接口。每个设备接口都有一个设备地址判别电路，当地址线上的计数值与请求总线的设备地址相一致，且该设备有总线请求（BR）信号时，则置 BS 忙信号，该设备便获得了总线使用权，此时中止计数。计数器定时查询方式的电路结构如图 10-9 所示。

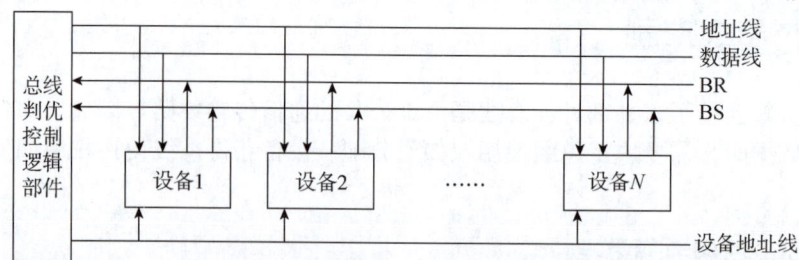

图 10-9　计数器定时查询方式的电路结构

计数器定时查询方式计数是可以灵活改变的,可以从初始设备地址号开始,也可以从某个设备地址号开始。如果从初始设备地址号开始,各设备的优先次序与链式查询方式相同,优先级的顺序是固定的。若从上一次获得总线使用权的位置开始,则每个设备使用总线的优先级相等。

计数器的初值可以用程序来设置,因此,计数器定时查询方式可以方便地改变优先次序,但这种灵活性是以增加线路复杂程度为代价的。

3. 独立请求方式

独立请求方式中,每一个共享总线的设备均有一对总线请求线 BR 和总线授权线 BG,当设备要求使用总线时,便发出该设备的请求信号。判优控制逻辑部件的排队电路决定首先响应哪个设备的请求,给获得总线使用权的设备发送 BG 信号。独立请求方式的电路结构如图 10-10 所示。

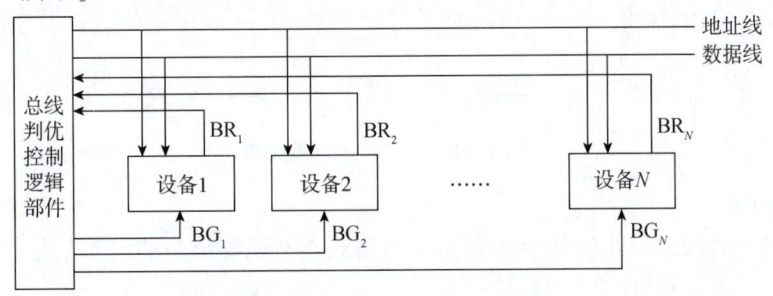

图 10-10 独立请求方式的电路结构

独立请求方式的优点主要是响应速度快,确定优先响应的设备所花费的时间少;而且对优先次序的控制相当灵活,可以预先固定也可以通过程序来改变优先次序;还可以通过程序屏蔽某些设备的总线请求。

链式查询方式仅用两根信号线(BR/BG)即可确定总线使用权,计数器定时查询方式管理 N 个设备,则需要大约 $\log_2 N$ 根信号线,但是独立请求方式控制 N 个设备需要 $2N$ 根信号线,控制逻辑复杂。

10.5.2 总线通信控制

从总线获得授权并完成一次总线操作所需要的时间被称为一个总线周期,按照总线周期内所做的工作的不同,一般又把总线周期分为以下几个阶段。

总线争用阶段:各个需要使用总线的设备向总线发出总线申请,总线判优控制逻辑部件根据设备优先级判断后,决定授予某个设备总线使用权。

设备寻址阶段:获得总线使用权的设备通过总线发出需要通信的设备地址,并发出相应的控制命令启动需要通信的设备。

数据传输阶段:通信双方通过总线传输数据。

结束阶段:设备通信结束,设备交还总线使用权。

在设备使用总线进行数据传输的过程中,需要采用一定的数据传输方式,以对通信双方进行相应的通信控制。

1. 同步通信

在同步通信机制中,需要一个统一的时钟信号,相互通信的设备严格按照时钟信号进行同步。数据传输开始时，发送数据的设备先发送一些特殊字符，该字符被称为数据传输开始标记字符。当通信双方同步后，就可以一个字符接一个字符地发送数据；当通信结束的时候，发送数据的设备再发送一些特殊字符，该字符被称为数据传输结束标记字符，当设备收到发送方发来的结束标记字符后便停止接收数据，数据传输结束。

以同步方式读数据，如图 10-11 所示。

CPU 在统一时钟信号 T_1 上升沿到来时发出地址信息，T_2 上升沿到来时发出读数据信号，在 T_3 上升沿到来时数据已经送到总线上。

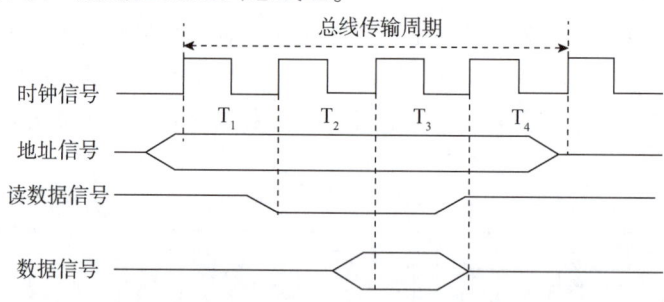

图 10-11 以同步方式读数据

2. 异步通信

相对于同步通信，异步通信更为普遍，通信双方不需要统一的时钟信号，通信步调无须同步，通信双方的速度也无须保持一致。

在异步通信中，按照双方通信特点，可以分为不互锁、半互锁和全互锁 3 种通信方式。

(1) 不互锁方式：主设备向从设备发出请求信号后，不必等到从设备的应答信号，而是经过一段时间后便认为从设备已经接收到请求信号，此时会自己撤销请求信号；从设备以类似方式处理，当发出应答信号后，经过一段时间便会撤销该应答信号，通信双方没有互锁关系。

(2) 半互锁方式：通信的一方需要等待应答信号，而另一方不必等待应答信号，一方存在互锁关系，而另一方没有互锁关系。

(3) 全互锁方式：主设备收到从设备的应答信号后方可撤销自己的请求信号，从设备确认主设备信号已撤销后才撤销自己的信号，通信双方存在互锁关系。

一般异步通信采用请求应答的方式进行数据传输，数据传输的时候采用传输一定格式的数据包(帧)的方式。

数据包的格式一般由多位二进制数据按照一定的顺序组成，包含了数据起始位、数据位、校验位和终止位。在异步通信中，若通信双方无法保持数据包的传输顺序，则还需要在数据包中加入数据包编号，以便于接收方按顺序重新组装数据。数据包的格式如图 10-12 所示。

| 起始位 | 0/1 | 0/1 | 0/1 | 0/1 | 0/1 | 0/1 | 0/1 | 终止位 |

图 10-12 数据包的格式

在异步通信中，使用波特率来衡量异步通信传输数据的能力。波特率是指单位时间内传送二进制位的数量，单位使用 bps(位/秒)。

【例 10-1】在异步通信中，每秒可以传送 1000 个数据包，每个数据包包含 1 个起始位、7 个数据位、1 个奇校验位、1 个终止位，试计算波特率。

解：根据题目给出的数据包格式，每个数据包包含 1+7+1+1 = 10 位二进制数据，故波特率为(1+7+1+1)×1000 = 10000 bps。

异步通信中的数据包不全是数据，包含了一部分起始位、校验位和终止位等非数据信息，因此，另外采用比特率来衡量数据的传输速率。比特率指单位时间内传送的数据包中数据位的数量。

数据传输过程中，可能连续地传输数据包，此时数据的传输速率最高，也有可能在数据包传输的间隔有一些空闲，因此波特率实质上只是反映了总线传输数据的能力，不代表实际的数据传输速率。图 10-13 所示是一种连续发送数据包的情况，图 10-14 所示是一种存在空闲间隔的数据包传输情况。

| 起始位 | 数据位 | 校验位 | 终止位 | 起始位 | 数据位 | 校验位 | 终止位 |

图 10-13 连续数据包

| 起始位 | 数据位 | 校验位 | 终止位 | 空闲 | 起始位 | 数据位 | 校验位 | 终止位 |

图 10-14 非连续数据包

3. 半同步通信

半同步通信与同步通信基本类似，主设备在某个前沿开始发送信号，而从设备按照相同的时钟信号，在后沿进行信号处理，同时增设一个等待信号。在与不同速度的设备通信时可以插入等待信号，因此可以和不同速度的设备进行通信。

4. 分离式通信

分离式通信中，通信双方将传输周期分为两个子周期，不再区别主从设备，通信双方均可在自己所在的子周期内申请并占用总线向另一方通过同步方式发送信息。

在分离式通信中，通信双方在准备数据的阶段不占用总线，而且通信过程中不存在空闲或等待，提高了通信效率，但是控制逻辑比较复杂。

关键词

总　　线：Bus。
数据总线：Data Bus。
地址总线：Address Bus。
控制总线：Control Bus。
插　　槽：Slot。
同步通信：Synchronous Communication。
异步通信：Asynchronous Communication。

本章小结

本章主要介绍了总线的基本概念、总线的分类、总线的控制及数据传输方式。

总线技术的产生是计算机技术发展史上具有里程碑意义的事件，使用总线可以合理组织部件，增强计算机系统的灵活性，提高计算机运行效率。总线技术的知识、理念和思想不仅仅能够应用到计算机的设计之中，在人们的生产、生活中也有充分体现。

> **知识窗**
>
> ### 分布式软总线
>
> 来源：华为开发者社区
>
> 分布式软总线是伴随华为面向全场景的分布式操作系统，鸿蒙系统（Harmony OS）所研发的总线技术，区别于传统的计算机总线技术，可以实现多种设备分布式互联和管理。
>
> 分布式软总线是手机、平板、智能穿戴、智慧屏、车机等分布式设备的通信基座，为设备之间的互联互通提供了统一的分布式通信能力，为设备之间的无感发现和零等待传输创造了条件。开发者只需聚焦于业务逻辑的实现，无须关注组网方式与底层协议。
>
> 分布式软总线可以实现分布式设备虚拟化平台、分布式数据管理、分布式任务调度和分布式连接能力。
>
> 分布式设备虚拟化平台可以实现不同设备的资源融合、设备管理、数据处理，多种设备共同形成一个超级虚拟终端。针对不同类型的任务，为用户匹配并选择能力合适的执行硬件，让业务连续地在不同设备间流转，充分发挥不同设备的能力优势，如显示能力、摄像能力、音频能力、交互能力以及传感器能力等。
>
> 分布式数据管理基于分布式软总线的能力，实现应用程序数据和用户数据的分布式管理。用户数据不再与单一物理设备绑定，业务逻辑与数据存储分离，跨设备的数据处理如同本地数据处理一样方便快捷，让开发者能够轻松实现全场景、多设备下的数据存储、共享和访问，为打造一致、流畅的用户体验创造了基础条件。
>
> 分布式任务调度基于分布式软总线、分布式数据管理、分布式Profile等技术特性，构建统一的分布式服务管理(发现、同步、注册、调用)机制，支持对跨设备的应用进行远程启动、远程调用、远程连接以及迁移等操作，能够根据不同设备的能力、位置、业务运行状态、资源使用情况，以及用户的习惯和意图，选择合适的设备运行分布式任务。
>
> 分布式连接能力提供了智能终端底层和应用层的连接能力，通过USB接口共享终端部分硬件资源和软件能力。开发者基于分布式连接能力，可以开发相应形态的生态产品为消费者提供更丰富的连接体验。

习题10

10.1 填空题。

(1)总线是连接计算机系统各大部件的(　　)信息传输线。

(2)(　　)一般是指设计在芯片内部的总线；(　　)一般用于连接不同系统，实现不同的计算机系统，或者计算机系统与其他系统，或者其他系统之间的数据通信。

(3)通信总线大多都是(　　)，以降低成本和避免通信中数据同步问题。

(4)(　　)一般是总线中数据线的根数，或者数据线一次性可以传送的数据位数。

(5)(　　)是指数据的传输速率，即单位时间内传输的二进制数。

(6) 目前总线常用的集中式判优方式有(　　)、(　　)和(　　)。
(7) 异步通信中，使用(　　)来衡量异步通信传输数据的能力。
(8) (　　)一般是一定频率的正弦波或方波信号，作为各个部件操作的同步信号。
(9) 系统总线还可分为(　　)、(　　)和(　　)。
(10) 连接 I/O 设备的地址线、数据线和控制线可以(　　)，以减少信号线的数量。

10.2　选择题。

(1) 不同速度的设备之间传送数据(　　)。

A. 必须采用同步控制方式

B. 必须采用异步控制方式

C. 可以采用同步控制方式，也可以采用异步控制方式

D. 必须采用应答方式

(2) 在 3 种集中式总线控制中，响应最快的是(　　)。

A. 链式查询方式　　　　　　　　B. 计数器定时查询方式

C. 独立请求方式　　　　　　　　D. 无法确定

(3) 不同信号在同一条信号线上分时传输的方式被称为(　　)。

A. 总线复用　　　B. 并行传输　　　C. 串行传输　　　D. 异步传输

(4) 挂接在总线上的多个部件(　　)。

A. 可以同时向总线发送数据，并可以同时从总线接收数据

B. 可以同时向总线发送数据，但只能分时从总线接收数据

C. 只能分时向总线发送数据，但可同时从总线接收数据

D. 只能分时向总线发送数据，且只能分时从总线接收数据

(5) 总线上同一时刻(　　)。

A. 只能有一个主设备控制总线传输操作

B. 只能有一个从设备控制总线传输操作

C. 只能有一个主设备和一个从设备控制总线传输操作

D. 可以有多个主设备控制总线传输操作

10.3　使用总线方式连接计算机各部件有什么优势？

10.4　总线结构是否是固定不变的？

10.5　总线标准化有何意义？

10.6　在总线数据通信中，若数据线为 8 位，时钟频率为 100 MHz，总线每 4 个时钟周期传送一次数据，则总线带宽是多少？

10.7　若异步数据传输中，每秒可以传送 1200 个数据帧，每个数据帧中包含 1 位起始位、8 位数据位、1 位校验位、1 位终止位，则异步数据传输系统的波特率和最大数据传输速率是多少？

10.8　在通信总线中主要是串行数据通信方式的主要原因是什么？

参 考 文 献

[1] 白中英,戴志涛,周锋,等. 计算机组成原理[M]. 4版. 北京:科学出版社,2007.
[2] 包健,冯建文,章复嘉. 计算机组成原理与系统结构[M]. 北京:高等教育出版社,2009.
[3] 唐朔飞. 计算机组成原理[M]. 3版. 北京:高等教育出版社,2020.
[4] William S. 计算机组成与体系结构:性能设计[M]. 彭蔓蔓,吴强,任小西,等译. 原书第8版. 北京:机械工业出版社,2011.
[5] 白中英. 计算机组成原理[M]. 6版. 北京:科学出版社,2019.
[6] 蒋本珊. 计算机组成原理[M]. 4版. 北京:清华大学出版社,2019.
[7] 王爱英. 计算机组成与结构[M]. 3版. 北京:清华大学出版社,2001.
[8] 袁春风. 计算机系统基础[M]. 北京:机械工业出版社,2016.
[9] 王诚,郭超峰. 计算机组成原理[M]. 北京:人民邮电出版社,2009.
[10] 唐朔飞. 计算机组成原理:学习指导与习题解答[M]. 2版. 北京:高等教育出版社,2012.